计算机辅助园林设计

（第三版）

卢圣　王芳　编著

U0364153

气象出版社
China Meteorological Press

内容简介

本书主要从实际工作中园林图制作理论与实例的结合入手,介绍了辅助设计与制图的一般方法及技巧。

全书主要分四大部分。第一部分介绍 AutoCAD 的基础知识,第二部分介绍 Photoshop 的基础知识,第三部分介绍 SketchUp 的基础知识,根据园林制图的特点分别就各个软件进行针对性的介绍,第四部分为实例制作,共 20 个练习题,就应用 AutoCAD、Photoshop、SketchUp 软件的园林制图进行举例。其中,AutoCAD 部分主要有园林平面图、立面图、施工图的绘制;Photoshop 部分则以园林彩色平面图、效果图制作为例,说明园林效果图的一般制作过程;SketchUp 部分以常见三维模型制作为例,介绍 3D 建模及其相关知识。希望通过简单实例的制作,让读者在较短时间内了解和掌握计算机辅助园林制图的工作。

本书适用于有一定园林知识和计算机知识的读者,想进一步学习计算机辅助园林设计与制图的园林工作者及爱好者。也可作为相关院校或培训班的教学参考材料。

图书在版编目(CIP)数据

计算机辅助园林设计/卢圣,王芳编著.—3 版.

北京:气象出版社,2014.6

ISBN 978-7-5029-5944-9

Ⅰ.①计… Ⅱ.①卢…②王… Ⅲ.①园林设计-计算机辅助设计-应用软件 Ⅳ.①TU986.2-39

中国版本图书馆 CIP 数据核字(2014)第 108407 号

出版发行:气象出版社			
地　　址:北京市海淀区中关村南大街 46 号		邮政编码:100081	
总编室:010-68407112		发行部:010-68409198	
网　　址:http://www.cmp.cma.gov.cn		E-mail:qxcbs@cma.gov.cn	
责任编辑:方益民　黄海燕		终　　审:朱文琴	
封面设计:刘扬		责任技编:吴庭芳	
印　　刷:北京奥鑫印刷厂			
开　　本:750 mm×960 mm　1/16		印　　张:29	
字　　数:568 千字		彩　　插:4	
版　　次:2014 年 6 月第 3 版		印　　次:2014 年 6 月第 3 次印刷	
定　　价:60.00 元			

本书如存在文字不清、漏印以及缺页、倒页、脱页等,请与本社发行部联系调换

《风景园林与观赏园艺系列丛书》
出 版 说 明

　　《风景园林与观赏园艺系列丛书》在原《园林建设管理丛书》的基础上经过再次修订终于与读者见面了，这是一件值得庆贺的事。

　　北京农学院与中国花卉报社联合举办了 24 期园林花卉函授班、9 期面授、9 期园林规划设计与工程培训班及 5 期林业站长培训班，为我国园林花卉行业培训了 1 万余名学员，遍及全国。自 1992 年出版第一套油印教材开始，先后经历了中国建筑工业出版社、气象出版社三次修订再版，参加编写的人员涉及北京农学院、北京林业大学 30 余名专家教授，不断有新的内容充实，新的课程教材增加，有新人加入编写队伍，向全国推广普及数万套，近百万册的教材，不能不说这是一个历经 10 年的巨大工程。总结 10 余年所走过的道路，深感再次系统修订出版这套教材的重大意义。此次修订再版特别新增了《园林工程概预算》、《草坪与地被植物》、《植物造景》、《风景区规划》、《园林树木栽植养护学》、《花坛、插花与盆景艺术》、《景观设计初步》7 部新教材，以便让更多的园林工作者和生产第一线的干部、工人、农民选择更适合自己的教材。

　　这套丛书较系统地阐述了园林花卉专业的基本理论、基本技能，又有最新的研究成果和新的应用技术，参考了大量的国内外较有价值的文献资料，在编写中注意由浅入深，程度适中，是一套易于推广使用的普及型丛书。由于其内容较丰富，特别是配有大量的黑白图及彩色照片，直观丰富，也适于园林、城市林业、园艺等专业的科技人员及农林院校的师生作为参考用书及教材用书。

　　由于编者水平有限，多有不足，望得到园林界的同仁批评指正。

　　本丛书在出版过程中得到了气象出版社方益民同志的大力支持，在此表示深深谢意。

《风景园林与观赏园艺系列丛书》

编委会

2004 年 3 月 30 日

第三版前言

计算机技术在国内各行各业应用越来越广泛,园林设计行业也开始大量使用计算机技术,计算机代替了繁重的手工制图工作,提高了效率,使设计者能有更多的时间投入到园林设计中去。园林设计行业中计算机辅助园林设计是从业者的必须掌握的技术之一,并在从园林制图、园林设计、绿地规划等各个层面都深刻地影响着风景园林行业的发展。因此,本书也列入《风景园林与观赏园艺系列丛书》而问世了。

辅助园林设计核心的软件选择问题一直是一个比较纠结的问题。专业软件一般功能较为强大,但是其复杂的操作及一些局限性,使许多园林从业者使用有较大难度。本人从实际工作经验中总结认为,现阶段 AutoCAD、Photoshop、SketchUp 三大软件相结合,能够满足大部分的园林设计工作,具有很强的实用性,所以本书以这三套软件作为重点来做一个简介。作为一般的园林工作者,可能没有机会使用专业的园林辅助设计软件,只能通过一些方法来进行计算机辅助园林设计与制图工作,此书的主要功能就是帮助普通的园林工作者,从最初的软件学起,不需要你是计算机软件使用专家,只需要有足够的信心来掌握几个常用计算机软件,就能最快地应用这几套软件来进行有效的工作。本次再版,主要替换了原来的 3ds Max 软件,以更流行、实用、易学的 SketchUp 作为 3D 制作的软件进行了介绍及相应的制图练习的讲解。AutoCAD 及 Photoshop 以最近的新版本为基础进行了相应的内容修改和升级。原制图练习也进行了一些更新和删减,使其更具实用性和目的性。

全书主要分四大部分。第一部分介绍 AutoCAD 的基础知识,第二部分介绍 Photoshop 的基础知识,第三部分介绍 SketchUp 的基础知识,根据园林制图的特点分别就各个软件进行针对性的介绍,第四部分为实例制作,共 20 个练习题,就应用 AutoCAD、Photoshop、SketchUp 软件的园林制图进行举例。其中,AutoCAD 部分主要有园林平面图、立面图、施工图的绘制;Photoshop 部分则以园林彩色平面图、效果图制作为例,说明园林效果图的一般制作过程;SketchUp 部分以常见三维模型制作为例,介绍 3D 建模及其相关知识。希望通过简单实例的制作,让读者在较短时间内了解和掌握计算机辅助园林制图的工作。

本书适合于有一定园林知识和计算机知识的读者,想进一步学习计算机辅助园林制图的园林工作者及爱好者。也可作为相关院校或培训班的教学参考材料。

由于时间仓促,加之作者水平有限,不当之处在所难免,恳请读者批评指正。

编 者
2013 年 7 月

前　　言

目前,计算机的广泛应用使得国内各行各业应用计算机技术越来越多,园林设计行业也开始大量使用计算机技术,许多设计单位都已实现了计算机辅助制图,让计算机代替以往人们繁杂的工作,提高效率,让出更多的时间投入到实质性的园林设计中去是这项工作发展的必然趋势。

作为辅助园林设计核心的软件选择问题一直是一个难以解决的问题,目前还没有一套合适的软件来进行辅助园林设计,本人从实际工作中的经验总结,认为 Auto-CAD、Photoshop、3ds Max 三大软件相结合,能够满足大部分的园林设计工作,所以本书以这三套作为重点来做一个简介。作为一般的园林工作者,可能没有机会使用专业的园林辅助设计软件,只能通过一些方法来进行计算机辅助园林设计与制图工作,此书的主要功能就是帮助普通的园林工作者,从最常用的软件学起,不需要你是计算机软件使用专家,只需要有足够的信心来掌握计算机软件,使广大的读者能够最快地应用这几套软件来进行有效的工作。

本书分为三部分。第一部分介绍了园林辅助设计与制图的现状及常用软件,提出在现阶段以 AutoCAD、Photoshop、3ds Max 三者相结合进行园林设计平面图、立面图、施工图和效果图等园林图的制作和设计,各个软件只取其对园林制图有用的部分,力求简单实用地应用三大软件;并对一些园林制图常用硬件进行简介。第二部分为 AutoCAD、Photoshop、3ds Max 基本理论部分,就各个软件对园林制图有针对性地进行介绍。第三部分为实例制作部分,就应用 AutoCAD、Photoshop、3ds Max 软件对园林制图进行了举例。AutoCAD 部分主要有园林平面图、立面图、施工图的绘制;Photoshop 部分,以园林彩色平面图、效果图制作为例,说明园林效果图的一般制作过程;3ds Max 部分以亭、廊、桥、地形、水面、喷泉水池的三维制作为例,主要介绍3D 建模和材质制作。希望通过简单实例的制作,让读者能在较短时间内了解和掌握计算机辅助园林制图的工作。

本书适合于有一定园林知识和计算机知识的读者,想进一步学习计算机辅助园林制图的园林工作者及爱好者。也可作为相关院校或培训班的教学参考材料。

由于时间仓促,加之作者水平有限,不当之处在所难免,恳请读者批评指正。

编　者

2004 年 7 月

前　言

目　录

第三部分　SketchUp 基础知识

第四部分　园林图纸实例制作

第1章 绪 论

1.1 计算机辅助园林设计的基本状况

计算机硬件技术和软件技术的飞速发展及计算机的普及,使计算机在广告制作、影视制作、建筑设计、室内设计、服装设计、电子和机械设计及城市规划等领域广泛应用,并取得了很好的实践效果。相应地,计算机辅助园林设计(Computer Aided Landscape Architecture Design)的应用虽然也有一定的发展,但却显得相对迟缓。尽管在实践中,园林设计行业内普及和应用 CAD(Computer Aided Design)技术的范围很大,但由于一些客观、主观的原因,使得计算机辅助园林设计实际上发展缓慢。

计算机辅助园林设计在中国的应用,可以说属于初期,能够用于场地分析、规划、设计的专业软件相对较少,目前大部分园林工作者利用计算机进行的工作主要是辅助绘图(Computer Aided Drafting),而辅助园林设计却相对很少,造成这种状况的主要原因有以下几方面:

(1)园林艺术学科的复杂性决定了其发展有一定的难度。园林艺术是一门时间与空间的艺术,除了表现园林设计中的空间实体,如植物、建筑、山石、水体外,更重要的是在园林规划设计中设想阶段的动态概念,这是一个虚体,如景观在时间上的变换就比较难表达。在园林规划设计中,只有做到实体、虚体的完美结合,才能完整地表达规划设计者的设计思想,才是一个完整的规划设计,这是园林规划设计表现的特点所决定的。正因为园林设计是一门综合性的交叉学科,涉及领域广泛,对象复杂多变,信息量极大,因此要完全依赖计算机技术应用还有较多的实际困难,特别是对于园林设计中的计算机模拟技术。建筑业和装潢业的三维模拟技术已较为成熟,相应的软件开发也较为完善,专门配套的图库、插件等很多;而对于园林来说,它所要表现的主体是建筑和装潢等行业作为陪衬的配景,如山水、亭台楼阁、花草树木、园林小品等,其中山石、植物又是园林三维模拟的重点和难点,这方面的专业图库及三维插件的制作难度相对较大,所以现在很少见到。

(2)没有一个权威、功能齐全的适合中国园林工作者使用的计算机辅助园林设计软件。这种状况使得园林工作者只能应用各种变通的方法来进行一些辅助园林设计的工作,这也是现在进行计算机辅助园林设计的主流,但这要求使用者掌握大量的计算机硬件和软件的使用知识。尽管国内已经有一些先行者开发了一些辅助园林设计的软件，但其功能模块相对比较单一，实际应用效果并不如人意。国外的专业辅助园林设计软件，由于语言、规范、使用习惯、价格等原因，国内用户较少使用，只出现在一些相对有实力的单位或公司。

（3）中国的园林发展状况决定了现阶段只是一个初级阶段。国内从事计算机辅助园林设计的软件开发人员少，尤其是园林专业人员，所以说基本处于一个理论阶段，不少专家有针对性地提出了一系列理论体系，为以后的实践提供了良好的理论基础。现在迫切需要有关部门来组织专业的园林设计人员和软件开发人员，一起开发一套模块齐全、符合中国人习惯和规范的辅助园林设计软件。在国内，计算机在园林设计中主要是制作各种图纸，如平面图、立面图、工程图、效果图，常常使得设计与计算机的工作完全脱节，图纸都是在设计完成以后用计算机替代手工来完成的。如现在进行设计投标时，决策层往往是根据电脑立体效果图的"漂亮"程度来决定是否投标，而根本不管设计在事实上的拙劣，这样就出现了一个误区，即电脑效果图决定了一切。事实上，电脑效果图只能作为一个辅助的画面来表达一些设计思想，而不是设计表达的全部，何况极少有效果图能与实际效果很贴近，所以电脑效果图并不是设计的全部。

计算机辅助园林设计应该是计算机与设计过程的紧密结合，包括园林设计过程任务书阶段、基地调查和分析阶段、方案设计阶段、详细设计阶段、施工图制作阶段等。设计师利用计算机软件进行辅助园林设计，把基本资料输入计算机，让计算机参与分析、计算、设计的过程，并能够实时进行三维效果预视或者三维虚拟，与实景环境合成，一边观察、感受效果，一边设计和修改创作，设计过程结束时设计图纸也就相应地输出，包括各种设计必要的设计图、工程图、效果图等，甚至是三维动画漫游的效果。后期处理又可成为多媒体的一个设计过程，综合成一个丰富多彩的设计报告，更好地争取项目投资或得到甲方对规划设计的肯定。一个完美的计算机辅助园林设计软件的基本功能也许就是这样，设计者更多的工作是放在设计工作上，而不是放在制图工作上，就像设计者与描图员的关系，设计者大部分时间都在画泡泡图，而不是在细心地描图。

现在，国外虽有相关计算机辅助园林设计系列软件面世，如美国的 LANDCADD 系列，这是一个较好的专业软件，功能模块齐全，但因设计方式、设计规范、软件价格等原因，现在并没有能够在中国园林界广泛应用。在国内，有一些园林工作者在 AutoCAD平台上进行了一些辅助园林设计软件的开发，形成了自己的园林辅助设计软件，但大都是因为技术原因，功能较为单一，某些方面绘图不太理想，还不能成为一个真正意义上的计算机辅助园林设计软件；不过相对来说解决了一部分设计和制图问题，如能够很好地进行园林工程预算、古建筑的三维制作、平面图的制作等。

计算机辅助园林设计有很多的优势。在目前缺乏适合中国国情的园林辅助软件的情况下，园林工作者可以充分利用现有的硬件、软件条件，尽可能发挥计算机技术在园林设计中的优势，用计算机来做一些辅助的工作，减轻人们的工作量，提高设计效率和质量。例如，设计工作中存在绘图工作量大的问题，同一种图例通常可能需要重复几十次甚至几百次，手工绘图者只能机械地重复画上几十次甚至几百次，这极大地增加了设计人员的工作强度和降低了设计效率；手工绘图还存在难于修改、不易复制和保存、手工图交流困难等问题。如果运用计算机来进行这些工作，这一切将是轻而易举的，电子文件可以随意修改，这大大降低了设计人员的工作强度，能有更多的时间去进行更深入细致的构思和创作，使得设计质量和效率得到极大提高。计算机技术的使用，也使管理工作变得轻松而又高效，如一张光盘就可以保存大量图纸，并且可以根据要求，如按工程名称或日期进行归类保存，极易查找和复制，使得交流和保存都很容易，这些都是手工图纸所无法比拟的。使一切都变得更轻松，这是我们应用计算机技术的初衷。

1.2 园林设计中 CAD 技术的特点及绘图要求

CAD 与园林设计在技术上有许多共同特点：①绘图精度高，数字图形易于修改、重复利用和管理。例如，可以将花架、亭、廊、树木的平立面、铺装等存放于图形数据库，可重复进行使用和数据管理。又如土方量的计算、工程预算等，计算机可以按照程序来进行自动计算，并进行数据统计。②园林场地空间由三维模型描述，透视关系由计算机精确计算完成。对于同一模型设定不同的观察视点，而形成不同场景，可一次绘制平面、立面、轴测、鸟瞰等图纸，工作效率较高。③材质制作真实，树木、花草、建筑、人物渲染效果逼真，与真实环境较为一致，特别是真实环境合成图像，可以制作出较有现场感的预期效果图。

与建筑 CAD 应用相比，园林设计与制图又有其自身的特点：①雕塑、置石、堆山等物体自由曲面多，完整的三维造型难度大，数据信息量大，所以常需要在渲染图像的后期处理阶段对图纸进行调整、润色。②主体是植物配置、建筑小品和环境气氛。③树木、花草等植物材料的造型和材质更为确定，常需要表达具体的植物种类、姿态等。

同其他 CAD 技术一样，计算机在处理园林环境信息过程中，应用软件是核心技术，而硬件是支持这一技术的必需物质条件。优化硬件设备，强化软件功能，并使二者有机结合，才能充分发挥计算机技术在园林环境设计中的优势。

目前，CAD 技术在园林中的主要应用是辅助设计及制图。鉴于以上所说的原因，现阶段园林制作软件的优化配置是 AutoCAD、SketchUp、Photoshop 三套软件组合,以 AutoCAD 来进行平面的建立,而其 3D 部分的功能,通常会用 3ds Max 来代替 AutoCAD 进行 3D 建模,然后进一步应用 Photoshop 来进行后期的处理,做出优美的平面图、立面图、剖面图、效果图等,当然也可以结合一些专业软件来更加轻松地进行效果图的制作。能够应用 AutoCAD 软件完成园林图的草图描绘、施工图的绘制、施工图的打印,与 Photoshop 结合应用制作图册、动画。

1.3 建立自己的计算机辅助园林设计室

针对现阶段的状况,有针对性地建立自己的计算机辅助园林设计室,是一个重要的工作,因为一个良好的工作条件,可以事半功倍,有利于身体健康。首先我们从最基本的计算机辅助园林设计室的建立入手,来说明一般要注意的问题。

1.3.1 硬件

(1)主机 高性能的主机系统是确保设计速度和质量的硬件环境,处理器运转速度越快,设计绘图时间便会相应缩短。硬盘是各类计算机文件的存储器,用来存储软件、各种电子文件。从目前的发展趋势看,绘图软件也向功能强大、体积大发展;其次,设计产生的各种图形文件占用大量空间,因此硬盘必须提供这些软件安装、正常运转和大量文件储存的空间,特别是对于绘图、动画软件来说,更需要大硬盘。内存是计算机运行时临时存放数据的存储器,内存大,可以减少向硬盘读取数据的次数。一般内存越大,机器运行速度越快。综上所述,园林工作者若进行计算机辅助园林设计工作,主机系统应该在经济容许的范围内尽量选运行速度快一些的,特别是内存要尽量大一些。另外还需提及的是显卡,它是决定屏幕色彩质量的关键,也会影响图像的显示速度,所以尽量使用专业显卡;显示器尽量能够使用 19 英寸* 以上的,以满足软件的需要和有足够大的视窗。

(2)外设设备

①键盘和鼠标:它们是计算机应用中不可缺少的设备,尽管它们极为常见,但我们不要因此忽略对它们的选择,手感好、灵活、不费力、符合人体工学原理、稳定的为上选,因为它们是使用最多的外设。良好的性能,可以使你在长时间的工作里,轻松舒适,不易损伤手部的关节和肌肉。

②扫描仪:扫描仪是把图形图像变为电子文件的设备,主要记录图形元素的绘图信息来描述对象,能够以电子的形式精确再现对象。扫描仪按扫描原理分为 3 种:手持式扫描仪、平板式扫描仪和滚筒式扫描仪。手持式扫描仪扫描质量较差,已被淘

---

* 1英寸≈2.54厘米,下同。

汰。最为常见和常用的是平板式扫描仪,它采用线性 CCD 传感器,拥有固定的像素数目,一般覆盖的扫描幅面越小,光学分辨率越高,它价格较低,幅面以 A4 最为常见,是性价比较高的一种类型,扫描精度可以达到一般的园林设计要求,所以使用最广。滚筒式扫描仪是专业性扫描仪,有较高的分辨率和动态范围,特别是图像层次丰富精准,可扫描大幅面图像,但价格较为昂贵,扫描速度慢,常用在广告、印刷等要求较高的领域。当然还有其他一些更为高端的扫描仪,其价格也是天文数字。对于园林环境设计而言,扫描仪的功能主要为获得光栅格式图片、文字和图纸等,另外还可通过识别软件将光栅信息转译为可再编辑信息,如把文字转化为可编辑的文字文件,把图纸转化为可再编辑的矢量文件。分辨率在扫描仪各项技术中是非常重要的一项技术指标,它直接决定了扫描仪的档次,目前主要应用的是光学分辨率,一般地,分辨率为 600×800 dpi、色彩为 24 bit 以上的 A4 幅面彩色扫描仪足以满足园林 CAD 的基本要求。

③数字化仪:与价格昂贵的滚筒式扫描仪相比较,它是一种低投资、可处理大幅图纸的输入设备。它对已有的线条图形进行描绘后,转变为可编辑的矢量电子文件,一般与 AutoCAD 2013 配合使用。数字化仪规格有 A5~A0 多种幅面,一般 A1 幅面使用较多,可以一次性进行数字化工作,当然小幅面的数字化仪也可以对大幅面的图形进行数字化,但必须以拼图的方式进行,较为麻烦。数字化仪的缺点是使用时需逐条线跟踪输入,手工劳动量大,对曲线(如等高线、道路等曲线)的跟踪精确度不够高,在软件里还必须进行再次的编辑描绘。尽管如此,数字化仪仍是园林设计室常用的数字化输入设备。

④外置硬盘:现在主流的外置硬盘是 USB 口的移动硬盘,其体积小,更为方便,支持热拔插,可以不关闭计算机,还有良好的抗震、防磁场性能,是移动存储的首选;但注意标准的主板配置一般支持 4 个 USB 口,若同时用 4 个以上,必须用 USB HUB,因为现在有很多设备都用 USB 口,如键盘、鼠标、音箱、扫描仪等。

⑤UPS:为不间断电源,可以在短时间内提供持续供电,使你的计算机安全度过无电期,或可以使你能够有足够的时间来保存文件和退出系统。

⑥局域网:多台 PC 和工作站组成局域网,多人协同工作,资源共享,是大型的园林项目和场景所必需的。工程量庞大的项目,以分工合作的形式进行,局域网则可发挥巨大的优势。同时在进行复杂的三维渲染时,可以进行网络渲染,以缩短工作的时间。

⑦其他:刻录机、数码相机、彩色喷墨打印机或绘图仪等。

提示:影响主机系统性能的硬件最主要的是处理器、硬盘、内存及显卡 4 个部件。对于图形图像处理来说,最高速的 CPU 是处理大量图形文件的重要保证,快速的显卡对于实时、真实地显示图像更为关键;大硬盘是能够安装大量各种软件、材质、模型所必需的;内存对于图形处理尤其重要,较大的内存可以一次容纳更多的数据进行运算,缩短运算时间,特别是对于 Photoshop 和三维软件,在计算时需要占用很大的内存,所以尽量使用大内存。优秀的硬件设备将为设计提供良好的物理环境。

兼容机与品牌机的选择:前者较为经济实用,有很多的扩展空间,但缺点是兼容机设备往往工作不稳定,容易出现各种各样的故障,对电脑硬件比较了解的人建议用兼容机。品牌机则由于电脑商家的各种测试,稳定性较好,长时间工作时有保障,故障率低。

1.3.2 软件

(1)操作系统　主流操作系统有 windowsXP、windows7、windows8 等。

(2)AutoCAD　是由美国 Autodesk 公司开发的通用计算机辅助绘图与设计软件包,具有易于掌握、使用方便、体系结构开放等特点,深受广大工程技术人员的欢迎。AutoCAD 自 1982 年问世以来,已经进行了近 27 次的升级,其功能逐渐强大,且日趋完善。如今,AutoCAD 软件是世界上使用最广泛的计算机辅助绘图和设计软件,已广泛应用于机械、建筑、电子、航天、造船、石油化工、土木工程、冶金、农业、气象、纺织、轻工业等领域,在准确的 CAD 的世界中,AutoCAD 程序和它的 dwg 格式已经非常普及,即使不使用 CAD 程序,遇到 dwg 格式或 dxf 格式文件的概率也相当高。

AutoCAD 已成为计算机辅助设计(CAD)领域中的代表,占有大部分的 CAD 市场份额。各种广泛使用的建筑设计、室内设计、城市规划、机械设计等 CAD 应用软件都以它为开发平台,进行有针对性的开发工作,使其成为各行各业设计的得力助手。在不具备中国专业园林设计软件之前,AutoCAD 仍是我国园林 CAD 领域的首选核心软件。应用其基本功能,可以使我们的设计工作效率提高和质量提高。当然我们也可以利用一些中国人自己在 CAD 平台上开发的园林软件。

园林规划设计涉及众多的要素,如植物、建筑、园林小品、地形、水体和山石等。这些要素虽然复杂多变,但 AutoCAD 的强大绘图和编辑功能可以帮助设计师充分表达设计意图。AutoCAD 产生的矢量图,其主要特点是产生可编辑的各种线,有直线、圆、文字和尺寸标注等基本的绘图命令;有非常多的编辑功能,如复制、修剪、镜像、旋转、阵列和修改等,这些功能不仅有二维命令,也有三维命令。AutoCAD 的绘图和编辑功能,主要用来绘制平面图、立面图、剖面图及施工图等以线条为主的园林图,在充分熟悉软件的基础上灵活应用于园林设计中的绘图。例如,地形、水体和植物等要素的线型变化毫无规律,用普通的曲线命令难以完成,可利用多义线功能,先用折线模拟,然后通过多义线编辑,将其转化成流畅曲线,也可以利用徒手画来完成,但应先设置系统变量 skpoly 为 1,这样 sketch 绘制成的自由曲线是一根完整的多义线,而不是前后连接的许多短线,便于以后删除和修改,这一功能尤其适于利用数字化仪输入的等高线,类似的经验要在大量的实践中积累。

现在,AutoCAD 已经过 27 次升级,现在版本是中文版到 AutoCAD 2014 中文版。AutoCAD 除在图形处理等方面的功能有所增强外,一个最显著的特征是增加了参数化绘图功能。用户可以对图形对象建立几何约束,以保证图形对象之间有准确的位置关系,如平行、垂直、相切、同心、对称等关系;可以建立尺寸约束,通过该约束,既可以锁定对象,使其大小保持固定,也可以通过修改尺寸来改变所约束对象的大小。

当然 AutoCAD 能直接调用 TIF 和 JPGE 等光栅格式文件,直接控制各种线型的宽度,直接导入导出 3DS 格式文件,具有实体自动捕捉等辅助工具,这些功能的改善使设计更轻松。只要灵活利用 CAD 的一些基本功能,在 AutoCAD 中就可精确地绘制各种园林平面图、立面图和三维模型,不一定要紧跟软件的升级。

当然,提高设计质量和工作效率,仅靠软件本身的基本功能是不行的,需要园林工作者针对园林规划设计的一些特殊性,开发其实用功能。AutoCAD 具有良好的二次开发能力,利用其专门的内部编辑语言 Visual LISP 或其他高级语言(如 C++)可开发适于园林环境设计的菜单和功能命令。例如:设计中常需绘制许多植物平面图、立面图,可利用 AutoCAD 中的 block 或 wblock 命令,将各种绘制好的植物图例分别做成块,以便在同一张图或不同图纸中调用。但当更多的块被建立之后,利用简单的 Insert 命令调用时,图面上只能反映块的名称,而不能直观地反映图像,因此迫使操作者必须记住大量的块信息,在实际工作中这是很被动的。用 Visual LISP 语言可以编写插入命令,用对话框形式加入 AutoCAD 下拉菜单中。另外建立植物块分类图形库,按不同视角可分为平面图、立面图,按形态可分为乔木、灌木和草本等。在需要配置植物时,拉下自定义菜单,便可开启对话框,选择预览图框中合适的植物图例,系统便会自动搜索出对应的植物块插入。还可加入建筑、园林小品、车辆、人物等其他要素,使用便捷,界面直观。这其实是对 CAD 的初步开发。类似这样的实用性技巧,有待于进一步探索和总结,使其更好地为辅助园林设计服务。

对辅助园林设计而言,AutoCAD 存在一定的局限性、不便性:①对于园林业而言,它太要求精确性,对输入点要求很准确,随意性较少,让人觉得有些枯燥。②三维渲染能力不够强大。③命令众多,不易通学。因此在设计过程中我们经常需要联合一些后期处理软件,进一步完善设计。常用的二维软件如 CorelDRAW 和 Photoshop,三维处理软件如 3ds Max,渲染软件 AccuRender 和 LIGHTSCAPE 等。

(3)SketchUp　详见第 23 章。

(4)3ds Max　是专业的三维动画制作软件,具有建模、渲染、动画合成等功能,有丰富的材质、贴图、灯光和合成器。在建模方面,其三维路径放样、截面变形放样、面片建模等功能可弥补 AutoCAD 的不足,为抽象雕塑、各种构筑物等对象建模时功能较强;其粒子系统在模拟喷泉、流水等对象时表现良好。R3 版可以直接导入 AutoCAD 的三维模型。我们一般可利用其渲染性能,将建模阶段生成的透视图,赋予模型材质和灯光,渲染生成初步或最终效果图。

在三维渲染领域中,3ds Max 系列是目前领先的核心软件,它集成了建模、渲染和动画功能。在辅助园林设计中,我们较多使用其静态三维渲染功能,而在一些特别重要的项目中,可以应用动画表现,但技术的复杂程度便会加大。3ds Max 系列软件能应用 AutoCAD 的 dxf 格式三维模型,经过一系列赋材质、布置灯光和设置环境因子(如烟、雾)的过程后,就可以将特定视角的设计对象模拟显示出来,其渲染图像可用多种格式保存。不足的是,虽然 3ds Max 系列内有丰富的材质库、图形库,但对于园林植物这种类型丰富、形体复杂的要素来说,却难以真实表现。

3ds Max 软件是在 PC 机上使用最为广泛的一种三维动画软件,它具有很强的建模能力和高品质的渲染功能,并可以进行后期影视合成处理,但它缺乏 AutoCAD 那样显著的开放结构和绘图精度。

(5)Photoshop 是应用广泛的图像处理软件,如用来编辑加工 3ds Max 所需的材质贴图、校正图像色彩以及烘托气氛。在方案阶段直接借用现有的亭台楼阁、奇石堆山、流水喷泉等材质以替代建模,可缩短提交方案的时间。对于透视要求不高的场景,甚至可以直接利用现有的材质通过粘贴绘制出一幅效果图。Photoshop 是将所生成的初步效果图与植物、人物、交通工具、背景以及天空进行合成处理,得到最终效果图的较好软件。该软件拥有强大的图像处理功能,其各式各样的外挂滤镜能创作出令人惊叹的艺术效果。

扫描输入的图片和 3ds Max 渲染生成的图片都可以在 Photoshop 软件中进一步加工。Photoshop 具有图像缩放、剪辑、镶拼与色彩及亮度调整、滤镜处理等多种功能,能以多种文件格式输入输出,它是电脑美术界的核心处理软件。绘制园林环境设计效果图时,可以将 3ds Max 渲染的模型主体调入 Photoshop,嵌入在 3ds Max 中较难处理的基址环境图像和其他景素图像,从而较真实地表达出建成后的景观。表现图是在 3ds Max 渲染后的建筑、小品图形中嵌入乔木、灌木、草坪、人物和车辆之后的效果。这种表现手法既有利于设计者对设计详细分析,又有助于设计者与甲方直观交流。与真实模型相比较,它具有价廉、动态的各种优势。

(6)其他应用软件 如 CorelDRAW,和 AutoCAD 一样,都是矢量软件,它的强大功能值得园林工作者重视。与 AutoCAD 相比较,CorelDRAW 不过分要求精确性,具有细腻的平面渲染功能,如平涂、退晕、双色渐变、多色混合、透明叠加和质感填充等;拥有多种线型和符号,并允许用户创建图库;此外它还具有丰富的文字艺术处理能力。CorelDRAW 能接受多种光栅格式和矢量格式的图像。需注意的是,Corel-

DRAW 只对封闭的形状进行渲染填充,当准备对图中的水体、草坪和建筑小品进行渲染时,需在其着色范围边缘形成一根封闭线条,然后拾取边缘线进行渲染。利用 CorelDRAW 进行后期加工,可以得到色彩丰富、变化柔和的彩色园林平面、立面图。

(7)一些相关园林设计软件(见附录三)。

1.4 创建一个环境良好的计算机制图室

(1)计算机房应有良好的通风、足够的光线 光线强度不能太强,也不能太弱,光线以柔和为好。不要用日光灯,使用传统的黄色白炽灯,其光线柔和较为适宜。光源的位置最好在显示器的侧面,以避免光线在屏幕的反射和直接刺激人眼,机房最好不用白色墙和家具。最好以淡黄为主色调。良好的通风可使电脑干爽,机房空气清新,使显示器周围阴阳离子均匀,避免使用者患皮肤病和头痛。防静电地板可以使计算机在无静电环境下工作,较为安全。空调可以使计算机在一个较为恒定的温度下工作,使计算机散热较好。

(2)一套好的电脑桌和椅,可以使你保持正确的坐姿,使你能够长时间舒适地工作,保证你的健康 一般背部贴近座椅靠背,双手自然放在键盘和鼠标上。上臂自然垂直,前臂与上臂呈 90°,手腕与前臂同一水平,大腿与椅面水平,小腿与大腿成 90°,脚板自然置于地面。显示器与眼睛的安全距离在 50 cm 以上,屏幕位置与视线有 10°~20°夹角,即视线向下,不要仰视显示器屏幕,这样容易眼睛疲劳。

(3)便捷的网络 与互联网相连可以保证文件的传输、相关软件的学习及资料的下载等,制图室之间的计算机网格宜保证能够方便快速地进行资料的共享。

第一部分
AutoCAD 2013 基础知识

第 2 章　AutoCAD 2013 操作环境

2.1　AutoCAD 2013 概述

　　Autodesk 公司推出的 AutoCAD 2013 由于其符合人性的设计界面、操作方式，最大限度地方便了用户的使用，因此在各行各业有着广泛的应用。AutoCAD 2013 具有良好的设计环境、透明的用户界面，使用户可以将精力集中在设计对象和设计过程，减少了用户对键盘和其他输入设备的依赖。AutoCAD 2013 以设计为中心，把设计连成一体，实现了在网络中的任何时间、地点与任何人沟通，共享设计作品。以下是 AutoCAD 2013 的新增功能。

　　(1)工作空间增强功能　使用新的或增强的工作空间工具提高工作效率。状态栏托盘中的图标可以快速访问常用功能。"特性"选项板可以查看和修改选定对象的特性。工具选项板将块和图案填充组织到工具选项板上，以便快速插入到图形中。设计中心和工具选项板使用设计中心创建自定义工具选项板，在其中包含其他图形中的块。使用联机设计中心(DC Online)作为访问图形的 CAD 库和产品信息的快捷入口。通信中心接收来自 Autodesk 的最新信息。

　　(2)演示图形　使用新颜色和着色打印工具创建动态演示图形。使用渐变填充，可以创建从一种颜色到另一种颜色平滑过渡的效果。使用真彩色，可以对颜色进行微调，以获得真正所需的着色效果。使用配色系统，可以从标准配色系统(如 Pantone)中选择颜色，打印着色图像或渲染图像。

　　(3)设计发布　发布图形集以进行电子交换。可以对图形进行数字签名并使用口令保护图形以提高安全性。电子图形集可以在不使用 AutoCAD 2013 的情况下进行查看。

　　(4)口令保护　为机密图形添加口令。验证数字签名功能确保图形自签名后未被修改。

　　(5)i-drop　使用 i-drop 获取工程所需的制造商目录。一些制造商为自己的产品创建了启用 i-drop 的网页，用户可以转到这些网页，将 i-drop 内容拖到图形中，并将其作为块插入。i-drop 内容还包含 dwg 文件、Autodesk Architectural Desktop 样式、3D Studio Max 文件和 Autodesk Inventor 文件。i-drop 内容也可与关联文件(如产品的价格列表、订单表格、规格等)绑定到 i-drop 软件包中。单击右键并将 i-drop 软件包拖到图形中时,可以确定要下载的关联文件及其在计算机上的保存位置。使用 i-drop 可以节省时间,在图形中可以使用制造商的 i-drop 内容,而不必自己创建块。

(6)绘图和效率工具　改进的绘图工具提高了工作效率。如快速创建文件使用 QNEW 立即创建一个新图形;修订云线使用新选项控制修订云线的外观;多重放弃/重做可以立即放弃或重做多个操作;格式化多行文字并创建缩进和制表位。客户请求许多工具均已根据客户反馈进行了改进。

(7)外部参照管理　可以从宿主图形中快速编辑外部参照。用相对路径附着外部参照以获得更大的灵活性。可以在单独的窗口中选择一个附着的外部参照,然后在新窗口中立即打开它。在位编辑外部参照可以对宿主图形的可见上下文中附着的外部参照略做更改。可以用相对路径附着外部参照,并保存外部参照相对于宿主图形的位置。

(8)CAD 标准　用于工作时检查是否与图形标准冲突。在与他人进行工程协作时,如果每个人都使用相同的标准集,则所有图形会更加一致。使用 CAD 标准工具,用户可以更容易地设置和增强图形间的标准。可以将标准文件(dws)与所有工程图形关联,这样,标准文件中的图层、标注样式、文字样式和线型即可用作工程的标准。可以在工作时使用 CAD 标准工具检查冲突。如果创建了非标准命名对象,系统将立即警告用户。例如,创建了没有在关联的标准文件中定义的新图层。可以修复冲突,也可以保留非标准对象。

(9)网络改进　更有效地使用网络许可证。可轻松地访问网络展开工具和文档。

(10)加速文档编制　借助 AutoCAD 中强大的文档编制工具,可以加速项目从概念到完成的过程。使用自动化、管理和编辑工具可以最大限度地减少重复性任务,并加快项目完成速度。几十年来,AutoCAD 在文档编制方面一直处于领先地位,并不断进行创新,无论项目是何种规模与范围,都能借助它应对挑战。

(11)图纸集　组织安排图纸不再是一件令人头疼的事情。AutoCAD 图纸集管理器能够组织安排图纸,简化发布流程,自动创建布局视图,将图纸集信息与主题图块和打印戳记相关联,并跨图纸集执行任务,因此所有功能使用起来都非常方便。

(12)注释比例　借助 AutoCAD 注释比例工具,可以创建一个注释对象,该对象能够自动重新调整大小,以反映当前视口和模型空间比例。在跨多个图层创建和管理多个项目时花费的时间更少。

(13)文本编辑　可以轻松地处理文本,在输入文字时可以对其进行查看、调整大小和定位。可以根据自己的需求使用熟悉的 AutoCAD 工具调整文本的外观,使文本格式更加专业。这些 AutoCAD 工具在文本编辑应用中比较常见,包括段落和分栏工具。

(14)参数化绘图　AutoCAD 参数化绘图功能可以帮助缩短大量设计修改时间。

(15)动态块　该功能可以节约时间,轻松实现工程图的标准化。借助 AutoCAD 动态块,不必再重新绘制重复的标准组件,并可减少设计流程中庞大的块库。Auto-CAD 动态块支持对单个图块图形进行编辑,并且不必总是因形状和尺寸发生变化而定义新图块。

(16)高效的用户界面　同时处理多个文件不再是一件令人痛苦的事情。Auto-CAD"快速视图"功能不仅支持文件名还支持缩略图,因此可以更快地找到并打开正确的工程图文件和布局图。在菜单浏览器界面中,还可以快速浏览文件,检查缩略图,并查看关于文件尺寸和创建者的详细信息。

(17)自由形状设计　自由形状设计几乎可以设计各种造型。只需推/拉面、边和顶点,即可创建各种复杂形状的模型、添加平滑曲面等。

(18)体验无缝沟通　借助 AutoCAD 可以安全、高效、精确地共享关键设计数据。可以体验本地 DWG 格式支持带来的强大优势。DWG 是业界使用最广泛的设计数据格式之一,可以通过它让所有人员随时了解最新设计决策。借助支持演示的图形、渲染工具和强大的绘图及三维打印功能,设计将会更加出色。AutoCAD 能够带来最佳沟通体验。

(19)PDF 集成　软件支持更加轻松地共享和重复使用设计,这要归功于软件在简化沟通方面进行的大量升级。直接从 AutoCAD 工程图发布 PDF 文件,并将其作为底图进行附着和捕捉。

(20)DWG　让保存和分享文件更有信心。来自 Autodesk 的 DWG 技术能够可靠、精确地存储设计数据,并且几乎可以与业内所有人士分享数据。而且,完全不必担心数据的完整性和可靠性。

(21)Autodesk Impression　它是 CAD 着色工具,为设计演示增加手绘效果,显著提高设计演示质量。Autodesk Impression 软件支持直接使用 DWG 和 DWF 文件创建出众的演示图形。

(22)照片级真实感的图像渲染　借助最新的渲染技术,可以在更短的时间内渲染出出色的模型。滑动控制功能可以以图形方式权衡时间与渲染质量。

(23)可视化　以更为逼真的方式实现设计创意的可视化。可以从 300 多种材质中任意选择,应用光度计功能,并对显示加以控制,从而实现更精确的照片般真实感的渲染图。

(24)以前所未有的方式进行定制　根据独特的需求定制 AutoCAD 轻而易举。可以配置设置,扩展软件,构建定制工作流程,开发个人专用应用或者使用已构建好的应用。有了 AutoCAD,不会再在灵活性和强大功能之间处于两难境地,可以同时拥有这两大优势。

(25)编程接口充分利用我们灵活的开发平台,大幅提高工作效率　通过直接访问数据库结构、图形处理系统和本地命令定义,可以根据自己的需求定制设计和绘图应用。

(26)动作录制器用户无须 CAD 经理的帮助,就可自动处理重复性的任务 它可以节省时间,提高工作效率。现在,可以录制正在执行的任务,添加文本信息和输入请求,然后快速选择并回放录制的宏。

(27)Autodesk 合作伙伴产品和服务 充分利用 Autodesk 全球数千软件合作伙伴的优势,这些合作伙伴拥有广泛的全面集成的互操作解决方案,能够进一步增强各行业设计人员的软件开发和使用水平。

2.2 启动 AutoCAD 2013

启动 AutoCAD 2013,可以通过双击桌面上的图标 或从"开始→程序→AutoCAD 2013"菜单中点取图标。系统启动 AutoCAD 2013 界面(图 2-1)。

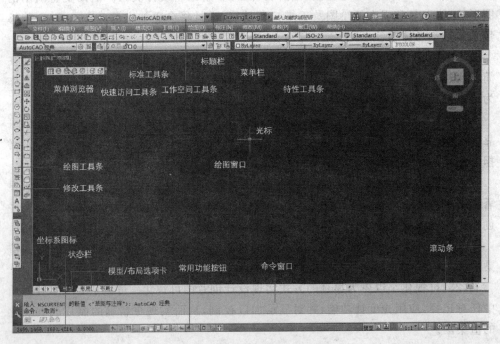

图 2-1 AutoCAD 2013 界面

AutoCAD 2013 可以打开 dwg 文件、dxf 文件、dwt 模板文件、dws 标准文件,在文件类型下拉列表框中可选取不同的文件类型。

2.3　界面简介及基本控制

2.3.1　菜单

　　AutoCAD 2013 包含了系统必备的菜单项,且绝大部分命令都可以在菜单中找到,见图 2-2。

　　菜单命令一般通过单击菜单项打开和执行;也可以通过按 Alt＋菜单中带下划线的字母,打开和执行菜单项;还可以通过光标移动键在菜单项中进行选择,再按回车键执行。

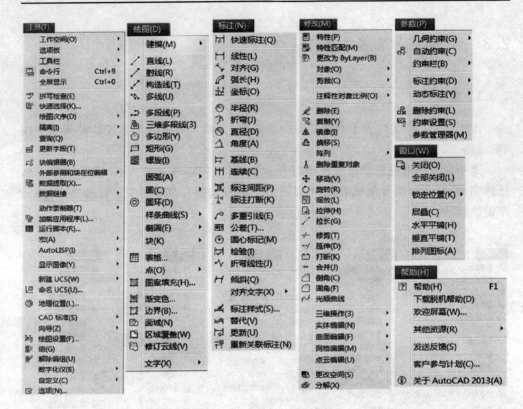

图 2-2 AutoCAD 2013 菜单

在菜单项中带小三角形的菜单,指该菜单项有下一级子菜单;带省略号的,指执行该菜单项命令后,会弹出一对话框。

菜单项后有快捷键的,指该菜单命令可以通过快捷键直接打开和执行。例如,按"Ctrl+P"键,则执行打印命令。

2.3.2 工具条

图 2-1 中绘图区左侧和上方显示的为工具条,工具条提供了命令的按钮。使用工具条可以快速执行命令,尤其在使用鼠标等指点设备时比较方便。在图 2-1 中有"绘图""修改""标准"以及"特性"4 条工具条,可以通过工具按钮打开其他的工具条。移动鼠标到工具条边框上,按住并拖动,可以将工具条拖到其他地方,并可以改变其形状。

工具条主要有 4 个不同的位置。当工具条被拖到最左、上或其他一些位置时,自动变成长条状,并放置在靠边的位置。如果被拖到中间某个位置,此时即成为"浮动工具条",可以改变其外形和大小并可以被点按关闭,同时带有标题栏。如图 2-3 所示的为"修改"工具条。

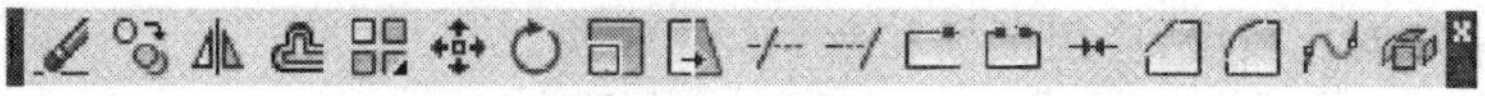

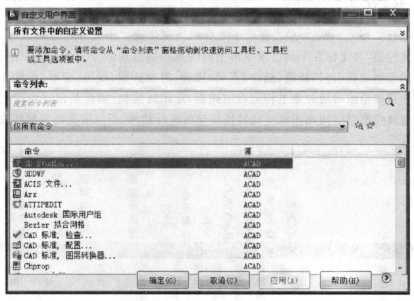

图 2-3　"修改"工具条

在工具条影响到观看绘制的图形时,可以移动工具条到合适的地方,在浮动工具条标题栏,提示有该工具条的类型。当光标移动到工具条图标上时,会出现该图标所代表的命令名称,同时在状态栏显示其功能和命令。在"标准"工具条中,还有一种工具按钮的右下角有一个小箭头,它可以作为单独的工具条打开。当鼠标点在该按钮上不动时,将弹出整个工具条,可以移动鼠标到需要的按钮上松开执行该按钮功能,同时该按钮在其他工具条上成为当前缺省按钮。

工具条可以根据需要定制。移动鼠标在任意一个按钮上右击,在弹出快捷菜单中选择"自定义",弹出如图 2-4 所示的工具栏对话框,通过选择进行定制。

图 2-4　工具栏对话框

2.3.3　绘图区

绘图区域是无限大的,可通过视图中的相关命令进行缩放、平移等。绘图区左下角显示的是 UCS 图标。UCS 图标可以根据原点被移动或隐藏,也可以在坐标系图标上按右键在快捷菜单上选择原点后任意拖拽移动,可以不必输入命令就能定位(0,0,0)坐标原点位置。不同的图标表示了不同的空间或视点。在右侧和右下角有滑块和滚动条,通过滑块在滚动条上移动到不同的位置,可以改变显示的区域,但这种方法观看图形相对比较慢,应用鼠标和命令会比较快。

2.3.4　命令提示窗口和命令行

命令提示窗口包含了所用的命令和命令提示信息,AutoCAD 2013 的输入及反馈信息都在其中。其包含的行数可以设定成多行或一行。初学命令时一定要看清楚命令提示窗口的信息,以便进行下一步操作。

通过剪切、复制和粘贴功能将历史命令粘贴在命令行,可重复执行以前的命令。通过"F2"键可以切换成独立的窗口或默认的大小。

注意:命令在执行过程中发生错误时,可以在命令行中输入 U(放弃);如果想退出命令,按键盘左上角的"Esc"即可。

2.3.5　状态行

状态行如图 2-5 所示,左边显示了光标的当前位置。当光标在绘图区时会同步显示其坐标值,当光标在工具条或菜单上时则显示功能及命令。状态行右侧显示了各种辅助绘图工具,包括捕捉、栅格、正交、极轴、对象捕捉、线宽、模型/图纸开关等,它们用于精确绘图时对对象上特定点的捕捉、定距离捕捉、捕捉某设定角度上的点、显示线宽及在模型空间和图纸空间转换等随时进行切换,所以需随时观察和改变。

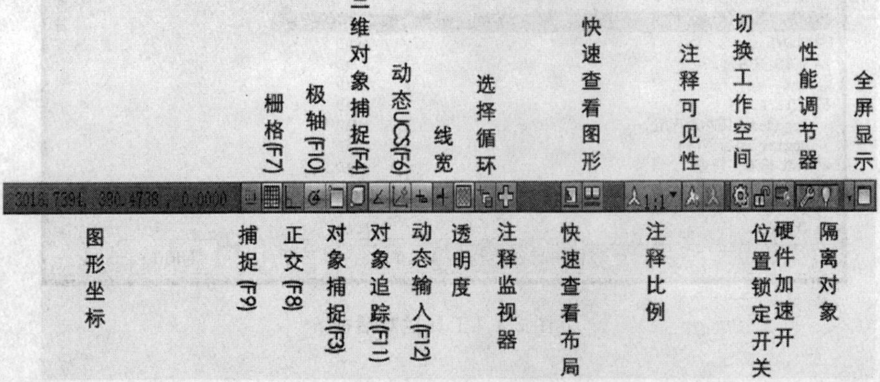

图 2-5　状态行内容

捕捉开关:打开状态时,光标只能在 X 轴、Y 轴或极轴方向移动固定距离的整数倍,该距离可以通过"工具→物体捕捉设置"菜单打开"物体捕捉设置"对话框进行设定。在绘图尺寸大都是设定值的整数倍时,可以设定该开关为"开",以保证精确绘图。按钮按下时为"开",弹起时为"关"(以下"开关"均同此)。

栅格开关：栅格常和捕捉配合使用。当用户打开栅格时，如果栅格间距足够大，在屏幕上会出现间隔均匀的栅格点，其间隔同样可以在"物体捕捉设置"对话框中进行设定。一般该间隔和捕捉的间隔设定成相同，绘图时光标点将会捕捉显示出来的小点。

正交模式：用于辅助用户绘制的水平线或垂直线。当对象捕捉开关打开时，如果捕捉到指定点，则正交模式暂时失效。

极轴追踪：在绘图的过程中，显示一条跟踪线，在跟踪线上可以移动光标进行精确绘图。系统的缺省极轴为 90°、180°、270°，用户通过"物体捕捉设置"对话框中的极轴追踪卡，修改或增加极轴的角度或数量。打开极轴追踪绘图时，当光标移到极轴附近时，系统将显示极轴，并显示光标当前的方位。

对象捕捉：通过对象捕捉可以精确地取得直线的端点、中点、垂足，圆或圆弧的圆心、切点、象限点等。在绘图过程中对象捕捉模式打开时，在提示输入点时，光标移到对象上，会显示自动捕捉的点，如果同时设定了多种点捕捉，将首先显示离光标最近的捕捉点，此时移动光标到其他位置，系统将会显示其他捕捉的点。不同的提示形状表示了不同的捕捉点，详见"草图设置"对话框中的"对象捕捉"选项卡。

对象追踪：该开关处于打开状态时，可以通过捕捉对象上的关键点，然后沿正交方向或极轴方向拖动光标，系统将显示光标当前位置与捕捉点之间的关系。找到符合要求的点时，直接点取。

线宽显示开关：线宽对象特性，用户可在画图时直接为所画的对象指定其宽度或在图层中设定其宽度。当某对象被设定了线宽，同时该开关打开时，屏幕上显示其宽度。

图纸/模型空间开关：用于模型空间和图纸空间切换。一般地，模型空间用于图形的绘制，图纸空间用于图纸布局，方便输出控制。系统处于模型空间和图纸空间时显示的坐标系图标不同，要进入模型或图纸空间，直接在状态栏按钮上点取或在绘图窗口下的模型/布局卡上点取。

2.4　AutoCAD 2013 基本操作

2.4.1　尽量使用功能键和热键

在 AutoCAD 2013 中定义了不少功能键和热键。通过这些功能键或热键，可以快速实现指定功能，提高作图效率。AutoCAD 2013 中预定义的部分功能键和热键见附录二。

2.4.2 命令输入方式

AutoCAD 2013 交互绘图必须输入必要的指令和参数。命令输入方式包括鼠标输入、键盘键入、菜单输入及按钮输入。

(1)在命令提示区输入命令,可用命令的缩写形式,以提高效率(命令提示区的〈 〉内表示默认值) 在大多数情况下,直接键入命令会打开相应的对话框。如果不想使用对话框,可以在命令前输入"_",如"_Layer",此时不打开"图层特性管理器"对话框,而是显示等价的命令行提示信息,同样可以对图层特性进行设定。现在,在输入命令时有近似命令提示输入功能,可以快速找到想要的命令。

(2)选取相应的菜单栏,进行命令输入。

(3)用工具栏输入 AutoCAD 2013 各种命令的工具栏是一种直观快捷的方式。

(4)鼠标输入 常见的鼠标输入方式如下:当鼠标移到绘图区以外的地方,鼠标指针变成一空心箭头,此时可以用鼠标左键选择命令或移动滑块、或选择命令提示区中的文字等。在绘图区,当光标呈十字形时,可以在屏幕绘图区按下左键,相当于输入该点的坐标;当光标呈小方块时,可以用鼠标左键选取实体。在不同的区域右击,会弹出不同的快捷菜单。如"Shift+右键",打开"对象捕捉"快捷菜单。

AutoCAD 2013 作图和编辑命令以及命令所需参数的输入,可以采用默认值和命令缩写等技巧来提高命令和参数输入的速度。如鼠标右按钮与回车键功能相同;鼠标左按钮表示认可;空格键和回车键具有相同的功能(字串输入时除外);按空格键重复执行刚执行过的命令;命令参数输入中,当遇到距离输入时,可直接输入数值,也可输入一个或两个值,输入一个值时,距离为该点到当前点的距离,两个值时为两点距离;取消一项命令时按"Esc"键即可退出。

2.4.3 透明命令

可以在其他的命令执行过程中运行的命令称为透明命令,一般用于环境的设置或辅助绘图,如在绘图时,进行平移、放大、缩小等。透明命令在普通命令前加一撇号('),执行透明命令后会出现"》"提示符。透明命令执行完后,继续执行原命令。

只有那些不选择对象、不创建新对象、不导致重生成,以及结束绘图任务的命令才可以透明执行,并不是所有的命令都可以透明执行。

2.4.4 命令的重复、撤销、重做

(1)命令重复执行有下列方法

①按回车键或空格键可快速重复执行上一条命令。

②在命令提示区或文本窗口中右击鼠标,在弹出的快捷菜单中选择"近期使用的

命令",可选择最近执行的六条命令之一重复执行。

③在命令提示行中键入 Multiple 命令,在下一个提示后输入要重复执行的命令,将会重复执行该命令直到按"Esc"键为止。

(2)正在执行的命令可以用下面的方法撤销

①按"Esc"键中断正在执行的命令,如取消对话框,终止命令继续执行。

②连续按两次"Esc"键可以终止绝大多数命令的执行,回到"命令:"提示状态。

③采用 U,Undo(可带有不同的参数选项),可以撤销前面执行的命令直到存盘时或开始绘图时的状态,也可以撤销指定的若干次命令或回到做好的标记处。或者通过点取 ↰ 或按"Ctr1+Z"键来完成。

(3)命令的重做　是恢复撤销的最后一个命令,可以键入 Redo 或通过菜单"修改→重做"来执行,但重做命令仅限恢复最近的一个命令,无法恢复以前被撤销的命令。如果是刚用 U 命令撤销的命令,可以用"Ctrl+Y"键重做。

2.5　点 的 输 入

拾取点:在 AutoCAD 中点的输入大部分是"拾取点"的方法。执行命令提示输入点时,如"指定下一点""指定点""指定起点""指定正多边形的中心点""指定第一个角点""指定圆的圆心"等类似的输入要求,用户可以用定点设备(如鼠标或数字化仪等)把十字准线移到绘图区的适当位置来拾取点,常常可以通过"对象捕捉"功能来捕捉一些相关点。而有时也要通过键盘精确输入坐标。键盘输入坐标常用的方法有以下几种:

(1)绝对直角坐标　要求输入点的(X, Y, Z)坐标,在二维图形(2D)中,Z 坐标为 0 并省略。如"10,20"指点的坐标为$(10, 20, 0)$。所以,绝对直角坐标是将点看成从原点$(0,0)$出发的 X 轴与 Y 轴的位移。例如,绝对直角坐标$(4, -3)$定义的点在正 X 轴 4 个单位的位置上。负的位移要加负号,说明对应的点位于原点$(0,0)$的左边或者下边。坐标值可以用科学计数法、十进制格式、工程格式、建筑格式或分数格式来表示,坐标值之间要用逗号隔开。这种绝对坐标输入法较少用,大部分都用相对坐标。

(2)绝对极坐标　将点看成是对原点$(0,0)$的位移,输入的是距离与角度。在距离和角度中间加"<"符号。例如,30<60 表示距离为 30 个图形单位,角度为 60°。通常规定,X 轴正向为 0°,Y 轴正向为 90°,而正的角度是从 0°逆时针旋转得到的角度。角度值可以用梯度、弧度或者度、分和秒的形式来表示。

(3)相对坐标　输入点的相对坐标值,较为方便和实用。使用相对坐标,用户可以通过输入相对于上一点的位移或者距离与角度的方法来输入新的点。直角坐标与极坐标都可以指定为相对坐标。为了区别相对坐标与绝对坐标,在所有相对坐标的前面都添加一个"@"符号。例如,"@15,20"指该点相对于当前点,沿 X 方向移动 15,沿 Y 方向移动 20。如"@20<30",指输入的点距上一点的距离为20,和上一点的连线与 X 轴成 30°。

当状态行极轴追踪打开时,随着十字光标的移动,在状态行左侧显示追踪的极点坐标。

2.6 常用文件操作命令

常用文件操作包括新建、打开、保存、赋名存盘等。

2.6.1 新建文件

开始绘制一幅新图,首先应该新建文件。

方法:New　文件→新建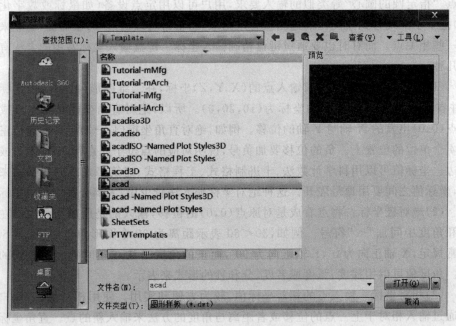

执行该命令后,弹出图 2-6 所示的"选择样板"对话框。可以选择一个样板文件作为新文件的样板,使用样板可以减少大量重复的图形设置工作。点击"打开",即可进入 AutoCAD 2013 绘制图形。当然也可以选择一个 dwg 或 dwt 文件新建一个文件。

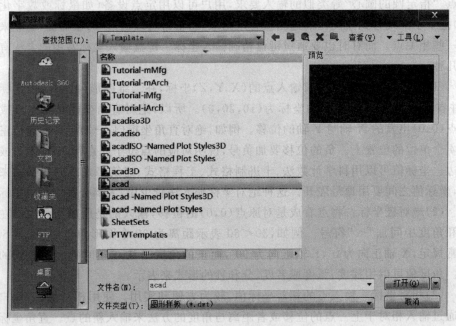

图 2-6　创建新图形对话框

2.6.2　打开文件

方法：Open 文件→打开

基本操作和"启动"时选择文件操作相同,此外还包含下列功能:

(1)可以同时打开多个文件　使用"Ctrl"键依次点取多个文件或用"Shift"键连续选中多个文件。

(2)选中"以只读方式打开"复选框后,打开的文件不可被更改,即只能读不能写。

(3)局部打开按钮　当所选的文件包含了命名视图时,可以依视图将图形中的某个视图及其相关的环境设定打开。

2.6.3　保存文件

方法：Save 文件→保存

如果图形文件已经取名保存,则无提示,直接存盘;如果未取名,将"Drawing"加上序号作为预设的文件名,弹出如"赋名存盘"一样的对话框,以让用户确认文件名后保存。

2.6.4　赋名存盘

如果想对编辑的文件另取名称保存,应执行赋名存盘。

方法：Saveas 文件→另存为

执行该命令后,弹出对话框。在文件名文本框中键入图形文件名,点取保存,即可将编辑的图形以该文件保存。如果想改变文件存放的目录,可以使用最上一行按钮或点取"保存于"下拉列表框右侧的向下小箭头,弹出目录后,点取希望保存的目录即可。如果想要以其他格式(如 dxf、dwt、dws)存盘,在"保存类型"中选取类型。

注意:保存类型时注意低版本的 AutoCAD 一般不能直接读取高版本的 Auto-CAD 文件,必须另存为低版本的才能读取。

2.6.5　输出数据

编辑的文件可以转换成其他格式文件数据供其他软件读取,AutoCAD 2013 提供了多种输出格式。

方法：export 文件→输出数据

在该对话框中可以选择不同的存储格式,同样也可以改变存储目录。对部分格式,允许设定其中的选项。

2.6.6 电子传递

由于字体不能嵌到 dwg 文件里,可以用 CAD 的电子传递功能,选择将字体一起打包,然后拿这个文件去打印,解压后将字体拷贝到 CAD 的 FONTS 目录下。该功能可以把图档所有信息及设置一起拷贝,不用担心文字不能识别、参数被改变等情况出现。

方法:etransmit 文件→电子传递

2.6.7 帮助信息

按 ⃝? 键,在命令行键入 help 或"?"及点取"帮助"菜单都可以获得 AutoCAD 2013 帮助信息。

第 3 章　绘图的一般过程

3.1　绘图流程

AutoCAD 2013 绘图一般按照以下的顺序进行：

（1）环境设定　包括图限、单位、捕捉间隔、捕捉方式、尺寸样式、字样式和图层（颜色、线型、线宽）等的设定。单张图纸、文字和尺寸样式的设定可以在要用的时候设定。对于整套多张图纸，应全部设定完后保存成模板文件，以便绘制新图时套用该模板文件的设定。

（2）绘制图形　一般先绘制辅助线层，作为单独层来确定尺寸基准的位置，然后设置好其他必要的图层，包括其中的颜色、线宽、线型等；设置要绘制的图层为当前层后，开始绘制该层的线条；绘制时应充分利用计算机重复功能，充分发挥每条编辑命令和辅助绘图命令的优势，对同样的操作尽可能一次完成，并采用必要的捕捉、追踪等功能进行精确绘图。

（3）标注尺寸、文字　标注图中的尺寸、文字，具体应根据图形的种类和要求来标注。

（4）保存、输出图形　将图形保存起来备用，需要时在布局中设置好后输出成拷贝。

3.2　绘图的一般原则

（1）先设定图限、单位、图层后再进入图线绘制，这样的制图顺序较为有序。

（2）尽量采用 1∶1 的比例绘制，最后在布局中控制输出比例。

（3）注意命令提示信息，避免错误操作。

（4）注意采用对象捕捉等精确绘图工具和手段辅助绘图。

（5）图框不要和图形绘制在一起，应分层放置。在布局时采用插入或向导来使用图框。

（6）常用的设置如图层、文字样式、标注样式等应该保存成模板，新建图形时直接利用模板生成初始绘图环境。

第4章　基本绘图命令

所有以线条为主的图形都是由点、直线、圆、圆弧以及复杂一些的曲线,如椭圆、样条曲线等组成的,所以必须能够熟练地掌握这些线的操作。本章介绍直线、矩形、正多边形、圆、椭圆、样条曲线、点、轨迹等常用绘图命令,绘图工具条如图4-1所示。

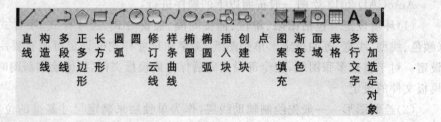

直线　构造线　多段线　正多边形　长方形　圆弧　圆　修订云线　样条曲线　椭圆　椭圆弧　插入块　创建块　点　图案填充　渐变色　面域　表格　多行文字　添加选定对象

图 4-1　绘图工具条

4.1　AutoCAD 2013 的点输入方式

(1)用定标设备(如鼠标)或键盘方向键在屏幕点取。

(2)用对象捕捉方式捕捉特殊点。

(3)键盘输入点的绝对坐标或相对坐标。

(4)在指定的方向上通过给定距离确定点。

点的输入通过对象捕捉、等距点捕获和正交输入以及数字坐标直接输入等功能,可使 AutoCAD 2013 的作图速度得到极大的提高。

4.2　绘直线

(1)方法:line 绘图→直线　　L

生成线时若发现已生成的线段有误,可以在"指定下一点或[放弃(U)];"提示后输入 U,废除上一点的输入;另外线要闭合时,最后一点可以简单地输入 C。

(2)命令及提示

命令:line

指定第一点：

指定下一点或[放弃(U)]：

指定下一点或[闭合(C)/放弃(U)]：

(3)参数

·指定第一点：定义直线的第一点。如果以回车响应，则为连续绘制方式，该段直线的第一点将为上一个直线或圆弧的终点。

·指定下一点：定义直线的下一个端点。

·放弃(U)：放弃刚绘制的一段直线。

·闭合(C)：封闭直线段使之首尾相连成封闭多边形。

4.3　绘构造线

构造线(参照线)是指通过某两点或通过一点并确定了方向向两个方向无限延长的直线。一般作辅助线用，如 AutoCAD 2013 中提示的极轴线(虚线)即是参照线。

(1)方法：xline　绘图→构造线　✏ XL

(2)命令及提示

命令：_xline

指定点或[水平(H)/垂直(V)/角度(A)/二等分(B)/偏移(O)]：

指定通过点：

(3)参数

·水平(H)：绘制水平参照线，随后指定的点为该水平线的通过点。

·垂直(V)：绘制垂直参照线，随后指定的点为该垂直线的通过点。

·角度(A)：指定参照线角度，随后指定的点为该线的通过点。

·偏移(O)：复制现有的参照线，指定偏移通过点。

4.4　绘多段线

多段线是由一系列具有宽度性质的直线段或圆弧段组成的单一实体。

(1)方法：polyline　绘图→多段线　↪ PL

(2)命令及提示

命令：_pline

指定起点：

当前线宽为 10.0000

指定圆弧的端点或[角度(A)/圆心(CE)/闭合(CL)/方向(D)/半宽(H)/直线(L)/半径(R)/第二点(S)/放弃(U)/宽度(W)]:

指定下一个点或[圆弧(A)/半宽(H)/长度(L)/放弃(U)/宽度(W)]:

指定下一点或[圆弧(A)/闭合(C)/半宽(H)/长度(L)/放弃(U)/宽度(W)]:a

指定圆弧的端点或[角度(A)/圆心(CE)/闭合(CL)/方向(D)/半宽(H)/直线(L)/半径(R)/第二个点(S)/放弃(U)/宽度(W)]:

在制图时,常用多段线绘制有宽度的直线。在 AutoCAD 2013 系统中,宽度并非是几何实体的属性,而仅是多段线这一特殊几何实体的基本几何特征,就像直线端点坐标,多段线必须含有宽度信息,且多段线起始线宽与终止线宽可以不一样,当图形输出时,多段线都将严格地按其宽度输出。

(3)参数

- 圆弧:绘制圆弧及多段线同时提示转换为绘制圆弧的系列参数。
- 端点:输入绘制圆弧的端点。
- 角度:输入绘制圆弧的角度。
- 圆心:输入绘制圆弧的圆心。
- 闭合:将多段线首尾相连封闭图形。
- 方向:确定圆弧方向。
- 直线:转换成直线绘制方式。
- 半径:输入圆弧的半径。
- 第二点:输入决定圆弧的第二点。
- 放弃:放弃最后绘制的圆弧。
- 宽度:输入多段线的宽度。
- 半宽:输入多段线一半的宽度。
- 长度:输入欲绘制直线的长度,其方向与前一直线相同或与前一圆弧相切。

4.5 绘正多边形

(1)方法:polygon 绘图→多边形

(2)命令及提示

命令:_polygon 输入侧面数〈4〉:5

指定正多边形的中心点或[边(E)]:

输入选项[内接于圆(I)/外切于圆(C)]〈I〉:

指定圆的半径:

(3)参数

- 侧面的数目:输入正多边形的边数。最大为 1024,最小为 3。
- 中心点:指定绘制的正多边形的中心点。
- 边(E):采用输入其中一条边的方式产生正多边形。
- 内接于圆(I):绘制的正多边形内接于随后定义的圆。
- 外切于圆(C):绘制的正多边形外切于随后定义的圆。
- 圆的半径:定义内接圆或外切圆的半径。

4.6 绘矩形

可通过定义矩形的两个对角点来绘制矩形,同时可以设定其宽度、圆角和倒角等值。

(1)方法:rectang 绘图→矩形 rec

(2)命令及提示

命令:_rectang

指定第一个角点或[倒角(C)/标高(E)/圆角(F)/厚度(T)/宽度(W)]:

指定另一个角点或[面积(A)/尺寸(D)/旋转(R)]:

(3)参数

- 指定第一角点:定义矩形的一个顶点。
- 指定另一个角点:定义矩形的另一个顶点。
- 倒角(C):绘制带倒角的矩形。第一倒角距离定义第一倒角距离;第二倒角距离定义第二倒角距离。
- 圆角(F):绘制带圆角的矩形。矩形的圆角半径定义圆角半径。宽度(W)定义矩形的线宽。
- 标高(E):矩形的高度。
- 厚度(T):矩形的厚度。
- 宽度(W):指线的宽度。
- 面积:使用面积与长度或宽度创建矩形。如果"倒角"或"圆角"选项被激活,则区域将包括倒角或圆角在矩形角点上产生的效果。
- 标注:使用长和宽创建矩形。
- 旋转:按指定的旋转角度创建矩形。

4.7 绘圆弧

(1)方法:arc 绘图→圆弧 a

(2)命令及提示

命令:_arc

指定圆弧的起点或[圆心(CE)]:

指定圆弧的第二点或[圆心(CE)/端点(EN)]:

指定圆弧的端点:

绘图→圆弧共有 11 种不同的定义圆弧的
方式,如图 4-2 所示,可以指定圆心、端点、起
点、半径、角度、弦长和方向值的各种组合
形式。

通过菜单可以直接指定圆弧绘制方式。
通过命令行则要输入相应参数。通过按钮也
要输入相应参数。

三点(P)	
起点、圆心、端点(S)	
起点、圆心、角度(T)	
起点、圆心、长度(A)	
起点、端点、角度(N)	
起点、端点、方向(D)	
起点、端点、半径(R)	
圆心、起点、端点(C)	
圆心、起点、角度(E)	
圆心、起点、长度(L)	
继续(O)	

图 4-2 菜单中 11 种绘制圆弧的方式

(3)参数

• 三点:指定圆弧的起点、终点以及圆弧
上的任意一点。

• 起点:指定圆弧的起始点。

• 终点:指定圆弧的终止点。

• 圆心:指定圆弧的圆心。

• 方向:指定和圆弧起点相切的方向。

• 长度:指定圆弧的弦长。正值绘制小于 180°的圆弧,负值绘制大于 180°的
圆弧。

• 角度:指定圆弧包含的角度。顺时针为负,逆时针为正。

• 半径:指定圆弧的半径。按逆时针绘制,正值绘制小于 180°的圆弧,负值绘制
大于 180°的圆弧。

4.8 绘圆

(1)方法:circle 绘制→圆 c

(2)命令及提示

命令：_circle

指定圆的圆心或[三点(3P)/两点(2P)/切点、切点、半径(T)]：

指定圆的半径或[直径(D)]：

(3)参数

• 圆心：指定圆的圆心。

• 半径(R)：定义圆的半径大小。

• 直径(D)：定义圆的直径大小。

• 两点(2P)：指定的两点作为圆的一条直径上的两点。

• 三点(3P)：指定圆周上的三点定圆。

• 切点、切点、半径(T)：指定与绘制的圆相切的两个元素，再定义圆的半径。半径值必须不小于两元素之间的最短距离。

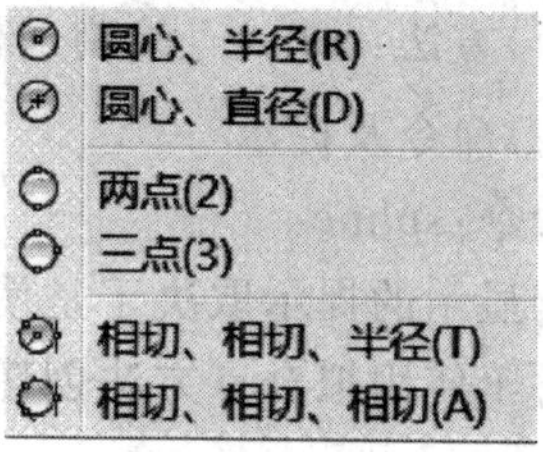

通过菜单有 6 种方法绘制圆(图 4-3)。

图 4-3　菜单中绘制圆的 6 种方式

4.9　修订云线

修订云线是由连续圆弧组成的多段线，用来构成云线形状的对象。在查看或用红线圈阅图形时，可以使用修订云线功能亮显标记以提高工作效率。可以从头开始创建修订云线，也可以将对象(如圆、椭圆、多段线或样条曲线)转换为修订云线。可以选择样式来使云线看起来像是用画笔绘制的。

(1)方法：revcloud　绘图→修订云线　

(2)命令及提示

命令：revcloud

最小弧长：0.5 最大弧长：0.5 样式：普通

指定起点或[弧长(A)/对象(O)/样式(S)]〈对象〉：

沿云线路径引导十字光标...

修订云线完成

(3)参数

• 弧长：指定云线中弧线的长度，最大弧长不能大于最小弧长的三倍。

• 对象：指定要转换为云线的对象。

4.10　绘样条曲线

绘样条曲线是被一系列给定点控制的光滑曲线,点点通过或逼近样条曲线。

(1)方法:spline　绘制→样条曲线　　$\sim$ spl

(2)命令及提示

命令:spline

所显示的提示取决于是使用拟合点还是使用控制点来创建样条曲线。

对于使用拟合点方法创建的样条曲线:指定第一个点或[方式(M)/阶数(D)/对象(O)]:

对于使用控制点方法创建的样条曲线:指定第一个点或[方式(M)/节点(K)/对象(O)]:

(3)参数

• 第一点:指定样条曲线的第一个点,或者是第一个拟合点或者是第一个控制点,具体取决于当前所用的方法。

• 方式:控制是使用拟合点还是控制点来创建样条曲线(SPLMETHOD 系统变量)。

• 拟合:通过指定样条曲线必须经过的拟合点来创建 3 阶(三次)B 样条曲线。在公差值大于 0 时,样条曲线必须在各个点的指定公差距离内。

• 控制点:通过指定控制点来创建样条曲线。使用此方法创建 1 阶(线性)、2 阶(二次)、3 阶(三次)直到最高为 10 阶的样条曲线。通过移动控制点调整样条曲线的形状通常可以提供比移动拟合点更好的效果。

• 对象:将二维或三维的二次或三次样条曲线拟合多段线转换成等效的样条曲线。根据 DELOBJ 系统变量的设置,保留或放弃原多段线。

• 节点:指定节点参数化,它是一种计算方法,用来确定样条曲线中连续拟合点之间的零部件曲线如何过渡(SPLKNOTS 系统变量)。

其中弦(或弦长方法):均匀隔开连接每个零部件曲线的节点,使每个关联的拟合点对之间的距离成正比。

平方根(或向心方法):均匀隔开连接每个零部件曲线的节点,使每个关联的拟合点对之间距离的平方根成正比。此方法通常会产生更"柔和"的曲线。

统一(或等间距分布方法):均匀隔开每个零部件曲线的节点,使其相等,而不管拟合点的间距如何。此方法通常可生成泛光化拟合点的曲线。

样条曲线主要用来绘平滑曲线,在园林制图中主要用来绘道路平面、等高线等平滑曲线。

4.11　绘椭圆

AutoCAD 2013 中绘制椭圆和椭圆弧比较简单,和绘制正多边形一样,系统自动计算各点数据。

(1)方法:ellipse　绘制→椭圆　

绘制椭圆和绘制椭圆弧采用同一个命令,只是椭圆弧需要增加夹角的两个参数:圆弧的起始角度和终止角度。

(2)命令及提示

命令:_ellipse

指定椭圆的轴端点或[圆弧(A)/中心点(C)/等轴测圆(I)]:指定点或输入选项

(3)参数

• 轴端点:根据两个端点定义椭圆的第一条轴。第一条轴的角度确定了整个椭圆的角度。第一条轴既可定义椭圆的长轴也可定义短轴。

• 中心点:使用中心点、第一个轴的端点和第二个轴的长度来创建椭圆。可以通过单击所需距离处的某个位置或输入长度值来指定距离。

• 等轴测圆:在当前等轴测绘图平面绘制一个等轴测圆。注意:"等轴测圆"选项仅在 SNAP 的"样式"选项设置为"等轴测"时才可用。

• 旋转:通过绕第一条轴旋转圆来创建椭圆。绕椭圆中心移动十字光标并单击。输入值越大,椭圆的离心率就越大。输入"0"则定义一个圆。

4.12　绘椭圆弧

(1)方法:ellipse　绘图→椭圆→圆弧　

(2)命令及提示

命令:_ellipse

指定椭圆的轴端点或[圆弧(A)/中心点(C)]:_a

指定椭圆弧的轴端点或[中心点(C)]:

指定轴的另一个端点:

指定另一条半轴长度或[旋转(R)]:

指定起点角度或[参数(P)]:

指定端点角度或[参数(P)/包含角度(I)]:

4.13 绘点

几何点仅表示空间的一个坐标位置。AutoCAD 2013 为了在视觉上表示一个几何点的存在,可以选择用一些特定的标志(PointStyle)标记几何点位置,因此,在园林制图中可以利用几何点的标志表示一些特定的几何位置。例如,可以在基础的中心生成一个几何点,通过选用十字标记来表示基础的中心位置等。

几何点生成的命令是 Point,命令输入后,系统即提示用户输入几何点。Point 命令运行一次生成一个几何点。几何点输入时可以采用已熟悉的任何一种方式,如直接输入几何点的坐标和使用目标捕获功能等。

使用何种标志标记几何点,是通过系统变量控制的,通过 DDPTYPE 命令启动图形对话窗口来选择标记的形式和大小,如图 4-4 所示。当更改了几何点标志的形式后,先前所生成的几何点,其标志并不会马上做出修正,只有当图形重新生成后才会更改。另外,当选用相对大小确定标志的大小时,标记的大小是相对屏幕尺寸确定的,因此当图形显示缩放后,会出现标志太大或太小的现象,但当图形重新生成时,这种现象会自动消失。几何点可以作为捕捉对象的节点。可以指定点的全部三维坐标。如果省略 Z 坐标值,则假定为当前标高。PD-MODE 和 PDSIZE 系统变量控制点对象的外观。可以使用 MEASURE 和 DIVIDE 命令沿对象创建点。

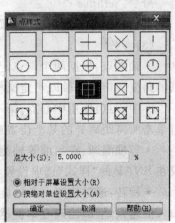

图 4-4 点的类型

4.14 徒手绘制

在计算机中同样可以徒手绘制线条。AutoCAD 2013 通过记录光标的轨迹徒手绘制线。也可采用鼠标徒手绘制线,但最好采用数字化仪及其他数字笔。徒手绘制对于创建不规则边界或使用数字化仪追踪非常有用。在徒手绘制之前,指定对象类型(直线、多段线或样条曲线)、增量和公差。

(1)方法:sketch ◎

在缺省的"绘制"工具条中没有该命令对应的按钮,可以在自定义"绘图工具栏"中找到,缺省的形状 ◎。

(2)命令及提示

命令:_sketch

类型＝直线增量＝1.0000 公差＝0.5000

指定草图或[类型(T)/增量(I)/公差(L)]:i

指定草图增量⟨1.0000⟩:

指定草图:

已记录 237 条直线。

(3)参数

•增量:增量值越小,记录越精确,直线段越多,文件越复杂,所以增量值相对合适即可,即以满足视觉要求为标准,宜大不宜小。定义每条手画直线段的长度(SKETCHINC 系统变量)。

•公差:对于样条曲线,指定样条曲线的曲线布满手画线草图的紧密程度(SK-TOLERANCE 系统变量)。

•类型:指定手画线的对象类型。有直线、多段线、样条曲线三种(SKPOLY 系统变量)。

注意:

①任何徒手线都是由较短的线段模拟而成的,记录越精确,直线段也越多,相应的数据量也越大。

②徒手线比较适用数字化仪输入已有图纸的工作。

③如果在徒手画时要使用捕捉或正交等模式,必须用键盘上的功能键切换,不能点击状态栏切换。如果捕捉设置大于记录增量,捕捉设置将代替记录增量,反之,记录增量将代替捕捉设置。

4.15　绘多条平行线

多线是一种由多条平行线组成的线型。例如,建筑平面图上用来表示墙的双线就可以用多线绘制。绘制多线过程和绘制直线基本类似。在缺省的"绘制"工具条中没有该命令对应的按钮,可以在自定义"绘图工具栏"中找到,缺省的形状 ╲╲ 。

(1)方法:mline　绘图→多行　 ╲╲

(2)命令及提示

命令:_mline

当前设置:对正＝上,比例＝20.00,样式＝STANDARD

指定起点或[对正(J)/比例(S)/样式(ST)]:

指定下一点：

指定下一点或[放弃(U)]：

指定下一点或[闭合(C)/放弃(U)]：

指定下一点或[闭合(C)/放弃(U)]：c

(3)参数

• 对正(J)：设置基准对正位置，包括以下 3 种：

①上(T)：以多线的外侧线为基准绘制多线。在光标下方绘制多线，因此在指定点处将会出现具有最大正偏移值的直线。

②无(Z)：以多线的中心线为基准，即 0 偏差位置绘制多线。

③下(B)：以多线的内侧线为基准绘制多线。在光标上方绘制多线，因此在指定点处将出现具有最大负偏移值的直线。

• 比例(S)：设定多线的比例，即两条多线之间的距离大小。控制多线的全局宽度。该比例不影响线型比例。这个比例基于在多线样式定义中建立的宽度。比例因子为 2 绘制多线时，其宽度是样式定义的宽度的两倍。负比例因子将翻转偏移线的次序：当从左至右绘制多线时，偏移最小的多线绘制在顶部。负比例因子的绝对值也会影响比例。比例因子为 0 将使多线变为单一的直线。

• 式样(ST)：输入采用的多线式样名，缺省为 STANDARD。

• 放弃(U)：取消最后绘制的一段多线。

第5章　基本编辑命令

　　图形的生成和图形的编辑是相辅相成的,大多数图形生成仅通过基本绘图是难以实现的,这时必须借助图形的编辑功能简化图形的生成过程。图形的编辑一般包括删除、恢复、移动、旋转、复制、偏移、剪切、延伸、比例、缩放、镜像、倒角、圆角、矩形和环形阵列、打断、分解等。编辑命令还可以帮助迅速完成相同或相近的图形绘制。通用的对象编辑对所有的对象有效,实际上图形的编辑中,不少编辑命令的对象输入不能使用构造选择集的方法输入。专用对象的编辑仅适用于部分对象,例如,可以对直线进行剪切,但不能对文字进行剪切。

　　一般对已有的图形进行编辑,有两种不同的编辑顺序:①先下达编辑命令,再选择对象。②先选择对象,再下达编辑命令。无论何种方式,都必须选择对象,所以首先介绍对象的选择方式,然后介绍不同的编辑方法和技巧。

5.1　选择对象

　　计算机制图更重要的特长是对已输入的图形进行编辑,同时编辑功能也大大方便了图形的输入。对已有图形的编辑需要指明编辑的具体对象,对象的输入一般是以一系列对象的集合输入的,对象集合选择的过程称选择集的构造。选择集的构造是在各个编辑命令中进行的,它是编辑命令的组成部分,具有通用性。在 AutoCAD 2013 中凡是仅需要一个或多个对象作为编辑对象,而不需附加的选项点的编辑命令,其对象的输入方法都一样,均可以采用构造选择集的办法。

　　当 AutoCAD 2013 提示选择对象时,光标会变成一个小框。在光标为十字形状中间带一小框时,也可以选择对象。

5.1.1　对象选择模式设置

　　方法:options　工具→选项→选择　op

　　执行 options 命令后弹出"选项"对话框,选择其中的"选择集"选项卡,如图 5-1 所示,其中包含了"选择集模式区"和"夹点"区,也可以用修改选择集构造的默认设定命令 DDSELECT 直接启动对话窗口。各项含义如下:

　　(1)选择集模式区

• 拾取框大小：滑动条可以设置拾取框的大小。

• 先选择后执行：被选中时为允许先选择后执行。

• 应用"Shift"键添加到选择集：在最近选中某对象时，选中的对象将取代原有的选择对象。在选择对象时按住"Shift"键使选择的对象加入。如果该选项被禁止，则选中某对象时，该对象自动加入选择集中。如果点取已经选中（高亮显示）的对象，则删除该对象，与该项设置无关。

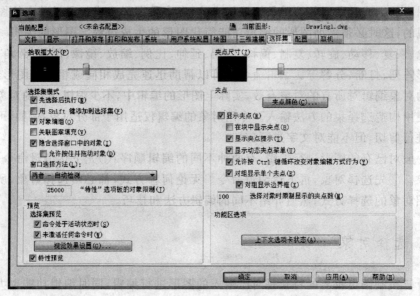

图 5-1　对象选择模式设置

• 对象编组：选中该设置，则当选取该组中的任何一个对象时，等于选择整个组。

• 关联图案填充：勾选该设置，当选择了某一关联图案时，图案的边界会同时被选择。

• 隐含窗口中的对象：如果该选项被选中，则当用户在绘图区点按鼠标时，如果未选中任何对象，则自动将该点作为窗口的角点之一。

• 允许按下并拖动对象：如该选项被选中，则在点取第一点后，需按住鼠标左键不放拖动到第二点，才形成窗口。如果该选项不被选中，只要在点取第一点后，点取第二点则可形成窗口。

• 窗口选择方法：共有 3 种选择方法，分别是两者自动检测、两次单击、按住并拖动。

（2）夹点区

• 夹点颜色：显示"夹点颜色"对话框，可以在其中指定不同夹点状态和元素的颜色。

  • 显示夹点：控制夹点在选定对象上的显示。在图形中显示夹点会明显降低性能，清除此选项可优化性能（GRIPS 系统变量）。

  • 在块中显示夹点：控制块中夹点的显示（GRIPBLOCK 系统变量）。

  • 显示夹点提示：当光标悬停在支持夹点提示的自定义对象夹点上时，显示夹点的特定提示。此选项对标准对象无效（GRIPTIPS 系统变量）。

  • 显示动态夹点菜单：控制在将鼠标悬停在多功能夹点上时动态菜单的显示（GRIPMULTIFUNCTIONAL 系统变量）。

  • 允许按 Ctrl 键循环改变对象编辑方式行为：允许多功能夹点的按 Ctrl 键循环改变对象编辑方式行为（GRIPMULTIFUNCTIONAL 系统变量）。

  • 对组显示单个夹点：显示对象组的单个夹点（GROUPDISPLAYMODE 系统变量）。

  • 对组显示边界框：围绕编组对象的范围显示边界框（GROUPDISPLAYMODE 系统变量）。

  • 选择对象时限制显示的夹点数：选择集包括的对象多于指定数量时，不显示夹点（GRIPOBJLIMIT 系统变量）。有效值的范围为 1～32767，默认设置是 100。

5.1.2　建立对象选择集

  AutoCAD 2013 提供了丰富而灵活的对象选择方法，在不同场合使用不同的选择方法十分重要。通常情况下，直接点取是最方便的选择方式，但是 AutoCAD 2013 提示选择对象时，往往会因为一些特殊的要求而建立一个临时的对象选择集，这时可以使用一种特别的选择方式。选择对象的方式如下：

  窗口（W）/上一个（L）/窗交（C）/长方体（BOX）/全部（ALL）/栏选（F）/圈围（WP）/圈交（CP）/编组（G）/添加（A）/删除（D）/多个（M）/上一个（P）/放弃（U）/自动（AU）/单个（SI）/主题（SU）/对象（O）

  窗口：选择矩形（由两点定义）中的所有对象。从左到右指定角点创建窗口选择（从右到左指定角点则创建窗交选择）。

  上一个：选择最近一次创建的可见对象。对象必须在当前空间（模型空间或图纸空间）中，并且一定不要将对象的图层设定为冻结或关闭状态。

  窗交：选择区域（由两点确定）内部或与之相交的所有对象。窗交显示的方框为虚线或高亮度方框，这与窗口选择框不同。

  长方体：选择矩形（由两点确定）内部所有对象。如果矩形的点是从右至左指定的，则长方体与窗交等效；否则长方体与窗选等效。

  全部：选择模型空间或当前布局中除冻结图层或锁定图层上的对象之外的所有

对象。

栏选：选择与选择栏相交的所有对象。栏选方法与圈交方法相似，只是栏选不闭合，并且栏选可以自交。栏选不受 PICKADD 系统变量的影响。

圈围：选择多边形（通过在待选对象周围指定点来定义）中的所有对象。该多边形可以为任意形状，但不能与自身相交或相切。将绘制多边形的最后一条线段，所以该多边形在任何时候都是闭合的。圈围不受 PICKADD 系统变量的影响。

圈交：选择多边形（通过在待选对象周围指定点来定义）内部或与之相交的所有对象。该多边形可以为任意形状，但不能与自身相交或相切。将绘制多边形的最后一条线段，所以该多边形在任何时候都是闭合的。圈交不受 PICKADD 系统变量的影响。

编组：在一个或多个命名或未命名的编组中选择所有对象。指定未命名编组时，请确保包括星号（*）。例如，输入 * a3。可以使用 LIST 命令以显示编组的名称。

添加：切换到添加模式，可以使用任何对象选择方法将选定对象添加到选择集。自动和添加为默认模式。

删除：切换到删除模式，可以使用任何对象选择方法从当前选择集中删除对象。删除模式的替换模式是在选择单个对象时按下 Shift 键，或者使用"自动"选项。

多个：在对象选择过程中单独选择对象，而不亮显它们。这样会加速高度复杂对象的对象选择。

上一个：选择最近创建的选择集。从图形中删除对象将清除"上一个"选项设置。注意：如果在两个空间中切换，将忽略"上一个"选择集。

放弃：放弃选择最近加到选择集中的对象。

自动：切换到自动选择，指向一个对象即可选择该对象。指向对象内部或外部的空白区，将形成框选方法定义的选择框的第一个角点，自动和添加为默认模式。

单个：切换到单选模式，选择指定的第一个或第一组对象而不继续提示进一步选择。

注意：

①采用上述选择对象方式时，键入英文全词或以上各选项中的大写字母即可。

②可以先键入 SELECT 命令来建立选择集，后可以通过 Previous（上一个）来调用该选择集。

③选择后需要按回车键或空格键或按鼠标右键确认。

④清除选择集，可以连续按两次 Esc 键。

⑤如果有两个以上的对象相互重叠在同一位置或非常靠近，此时不想全选，可以按"Ctrl"键来进行循环选择对象，直到出现了希望的对象，再松开"Ctrl"键并回车确认即可。

⑥快速选择对象 qselect：快速选择可以通过过滤的方式来进行选择，如选择对象的属性（如颜色、线型、图层等）。

⑦对象选择过滤器 filter：可以将图形中满足一定条件的对象（如类型、颜色、所在图层、坐标数据）快速过滤出来。

5.1.3　对象编组(group)

编组提供以组为单位操作图形对象的简单方法。默认情况下，选择编组中任意一个对象即选中了该编组中的所有对象，并可以像修改单个对象那样移动、复制、旋转和修改编组。对象编组可以为不同的对象组合起不同的名称，该名称随图形保存，即使在图形作为块或外部参考而插入其他图形中之后，编组仍然有效，但要使用该编组对象，必须将插入的图形分解。执行"对象编组"对话框的命令为"group"(G)。

5.2　使用夹点编辑

夹点是图形对象上可以控制对象位置、大小的关键点，如图 5-2 所示。如直线，其中心点可以控制位置，两个端点可以控制其长度和位置，所以直线有三个夹点。

选择了图形对象时，会在图形对象上显示出小方框表示的夹点。不同图形其夹点不一样。

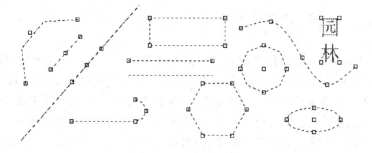

图 5-2　常见对象的夹点

注意：

①在图中显示的夹点即是可以编辑的点。如文字，通过夹点编辑只能改变其插入点。若要改变文字的大小、字体、颜色等，必须采用其他的编辑命令。

②夹点显示的大小、颜色、选中后的颜色等可以通过"工具→选项→选择"选项卡来设置。

在选取了图形对象后，如果选中了某个或几个夹点，再右击鼠标，此时会弹出图5-3 所示的夹点编辑快捷菜单。

在该菜单中，列出了可以进行的编辑项目，可以点取相应的菜单命令进行编辑。

夹点编辑比较简洁、直观，其中改变夹点到新的目标位置时，取点会受到环境设置的影响和控制，可以利用诸如对象捕捉、正交模式等来精确进行夹点的编辑。

如果想同时更改多个夹点，用"Shift"键配合选择多个夹点，再移动或拉伸。

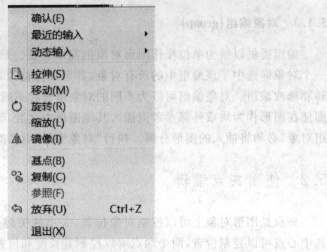

图 5-3 夹点编辑快捷菜

5.3 放弃、反悔、恢复

AutoCAD 2013 运行时，系统记录了曾运行的每一个命令。因此在制图过程中，若发现前面所生成的图形或对图形的编辑有误，可很方便地恢复到正常位置，但存盘、图形的重生成等操作是不能放弃的。命令的恢复实际上就是恢复由于命令的运行而对图形的改变。命令执行过程中放弃命令的执行，按"Esc"键即可。命令恢复的命令为 Undo，尽管命令的选项很多，但常用选项为 Back、Mark 和直接输入一个数字，其他应用很少。Mark 选项用来将命令的执行过程加以标记，以便在后面任意时刻可以一次废除许多命令而直接回到标记处，所标记的位置就是启动 Undo 命令的位置。整个制图和编辑过程中可以标记任意多个位置。Back 用来从当前位置一次恢复到最近的标记处。而直接输入一个数字则表示向前恢复所指定的命令个数。

Undo 最多能恢复到打开 dwg 文件时的图形，它还有一个更为常用的形式，即 U 命令。U 命令无参数，执行一次犹如在 Undo 命令中输入数字"1"一样，即向前恢复一个命令。实际制图中，由于在进行下一步操作之前，往往已经发现刚执行的制图或编辑命令可能出现的错误，因此 U 命令要比 Undo 用得多。U 命令必须紧跟在删除命令之后执行，而且如果是恢复建块时删除的图形，应同时将所建的块及其定义删除。恢复命令 oops 用于恢复最后一次被删除的图形对象,该对象可以是在通过删除命令或建块等过程中被删除的。oops 命令可以在删除命令执行较长一段时间后恢复最后一次被删除的图形。如果是恢复建块时的图形,并不会改变已经建立好的块及其定义。oops 不能恢复图层上被 purge 命令删除的对象。

5.4　修改工具条简介

修改工具条参见图 5-4。

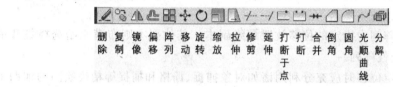

删	复	镜	偏	阵	移	旋	缩	拉	修	延	打	打	合	倒	圆	光	分
除	制	像	移	列	动	转	放	伸	剪	伸	断	断	并	角	角	顺	解
												于					曲
												点					线

图 5-4　修改工具条

5.4.1　删除(erase)

可以将图形中不要的对象清除,但不如先选择对象然后用 Del 键直接删除快捷。

5.4.2　复制对象(copy)

对图形中相同的或相近的对象,不论其复杂程度如何,只要完成一个后,便可以通过复制命令产生其他的若干个。复制可以减轻大量的重复劳动。

(1)命令及提示

命令:_copy

选择对象:使用对象选择方法并在完成选择后按"Enter"键

指定基点或[位移(D)/模式(O)/多个(M)]<位移>:指定基点或输入选项

指定第二个点或[阵列(A)]<使用第一个点作为位移>:指定第二个点或输入选项

(2)参数

• 选择对象:选取欲复制的对象。

• 基点:复制对象的参考点。

• 位移:使用坐标指定相对距离和方向。指定的两点定义一个矢量,指示复制对象的放置离原位置有多远以及以哪个方向放置。

如果在"指定第二个点"提示下按"Enter"键,则第一个点将被认为是相对 X,Y,Z 位移。例如,如果指定基点为 2,3,并在下一个提示下按"Enter"键,对象将被复制

到距其当前位置在 X 方向上 2 个单位、在 Y 方向上 3 个单位的位置。

• 模式：控制命令是否自动重复（COPYMODE 系统变量）。

单一：创建选定对象的单个副本，并结束命令。

多个：替代"单个"模式设置。在命令执行期间，将 COPY 命令设定为自动重复。

• 阵列：指定在线性阵列中排列的副本数量。

要在阵列中排列的项目数：指定阵列中的项目数，包括原始选择集。

• 第二点：确定阵列相对于基点的距离和方向。默认情况下，阵列中的第一个副本将放置在指定的位移。其余的副本使用相同的增量位移放置在超出该点的线性阵列中。

• 调整：在阵列中指定的位移放置最终副本。其他副本则布满原始选择集和最终副本之间的线性阵列。

注意：在确定位移时应充分利用诸如对象捕捉、栅格和捕捉等精确绘图的辅助工具。在绝大多数的编辑命令中都应该使用这些辅助工具来精确绘图。

5.4.3　镜像(mirror) ⚎

(1)方法：mirror　修改→镜像　⚎ mi

(2)命令及提示

命令：_mirror

选择对象：使用对象选择方法，然后按"Enter"键完成选择

指定镜像线的第一点：

指定镜像线的第二点：

指定的两个点将成为直线的两个端点，选定对象相对于这条直线被镜像。对于三维空间中的镜像，这条直线定义了与用户坐标系(UCS)的 XY 平面垂直并包含镜像线的镜像平面。

要删除源对象吗？［是(Y)/否(N)］＜否＞：输入 y 或 n，或按 Enter 键

注意：制图时对称的情况很多，所以图形的镜射应用较多。和旋转、缩放功能不同，镜射后原对象可以选择是删除还是保留。对于对称图形可以先生成一部分，然后利用镜射生成对称图形。若被镜射的对象含有文字标注，除了文字的书写基点做镜射变换外，文字字体本身也可以做镜射变换，当然实际园林制图中只需要对文字的书写位置做变换，而字体本身镜射没有意义。AutoCAD 2013 通过系统变量 mirrtext 控制对文字字体是否镜射。如果 mirrtext 为 0，则文字不做镜像处理；如果 mirrtext 为 1(缺省设置)，文字和其他的对象一样被镜像。

5.4.4　偏移(offset)

单一对象可以将其偏移,从而产生复制的对象。偏移时根据偏移距离会重新计算其大小。可以生成直线的平行线,且可以生成圆、圆弧和多段线的平行线,offset命令是循环执行的,当一条偏移线生成后,回到 Select Object to Offset 的提示继续执行,直到直接回车后结束命令。对于不闭合的线段,所生成的偏移线其长度是根据偏移线两端点和原线段两端点的连线垂直于端点处的切线确定的,所以直线的偏移线长度总和原直线相等,而圆、圆弧和多段线的偏移线长度不和原曲线相等。

(1)方法:offset　修改→偏移　　o

(2)命令及提示

命令:_offset

当前设置:删除源=当前值图层=当前值 OFFSETGAPTYPE=当前值

指定偏移距离或[通过(T)/删除(E)/图层(L)]<当前>:指定距离、输入选项或按 Enter 键

5.4.5　阵列(array)

(1)方法:array　修改→阵列　　ar

(2)命令及提示

命令:_array

输入阵列类型[矩形(R)/路径(PA)/极轴(PO)]<矩形>:

类型=矩形　关联=是

选择夹点以编辑阵列或[关联(AS)/基点(B)/计数(COU)/间距(S)/列数(COL)/行数(R)/层数(L)/退出(X)]<退出>:s

指定列之间的距离或[单位单元(U)]<4266.1105>:

指定行之间的距离<4173.0447>:

选择夹点以编辑阵列或[关联(AS)/基点(B)/计数(COU)/间距(S)/列数(COL)/行数(R)/层数(L)/退出(X)]<退出>:s

指定列之间的距离或[单位单元(U)]<4266.1105>:

指定行之间的距离<4173.0447>:

选择夹点以编辑阵列或[关联(AS)/基点(B)/计数(COU)/间距(S)/列数(COL)/行数(R)/层数(L)/退出(X)]<退出>:b

指定基点或[关键点(K)]<质心>:

(3)参数

• 选择对象:指定要排列的对象。

• 矩形:将选定对象的副本分布到行数、列数和层数的任意组合(与 ARRAY-RECT 命令相同)。

• 路径:沿路径或部分路径均匀分布选定对象的副本阵列(与 ARRAYPATH 命令相同)。

• 极轴:在绕中心点或旋转轴的环形阵列中均匀分布对象副本(与 ARRAYPO-LAR 命令相同)。

注意:矩形阵列在选择了对象之后,会立即显示在 3 行 4 列的栅格中。在创建环形阵列时,在指定圆心后将立即在 6 个完整的环形阵列中显示选定的对象。为路径阵列选择对象和路径后,对象会立即沿路径的整个长度均匀显示。对于每种类型的阵列(矩形、环形和路径),在阵列对象上的多功能夹点可以动态编辑相关的特性。可以使用"Ctrl"键循环浏览具有多个选项的夹点。除了使用多功能夹点外,还可以在上下文功能区选项卡以及在命令行中修改阵列的值。

对于规则分布的图形,可以通过矩形或环形阵列命令快速产生。和 COPY 功能不同,阵列复制可以将对象沿平行于当前 UCS 坐标系的 X 轴和 Y 轴进行等间距矩形多重阵列复制或绕一点沿圆周进行圆形多重阵列复制。文字的阵列复制在图的表格绘制中应用较多,因为先复制再修改文字内容才能够保证书写位置准确地对齐。

使用 ARRAYCLASSIC 命令将弹出传统的阵列面板(图 5-5)。

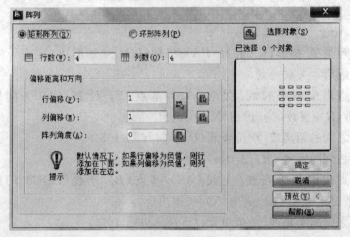

图 5-5　阵列面板

5.4.6　移动(move) ⊹

移动命令可以将一组或一个对象从一个位置移动到另一个位置。

（1）方法：move　　修改→移动　 m

（2）命令及提示

命令：_move

选择对象：

指定基点或［位移(D)］：

指定第二个点或＜使用第一个点作为位移＞：

指定的两个点定义了一个矢量，表明选定对象将被移动的距离和方向。

如果在"指定第二个点"提示下按"Enter"键，则第一个点将被认为是相对 X,Y,Z 位移。例如，如果将基点指定为 2,3,然后在下一个提示下按"Enter"键，则对象将从当前位置沿 X 方向移动 2 个单位，沿 Y 方向移动 3 个单位。

注意：应该充分采用诸如对象捕捉等辅助绘图手段精确移动对象。

5.4.7　旋转(rotate)

旋转命令可以将某一对象旋转一指定角度或参照一对象进行旋转。旋转对象时需要指明旋转的基点和旋转角度。

（1）方法：rotate　　修改→旋转　 ro

（2）命令及提示

命令：_rotate

UCS 当前的正角度：ANGDIR＝当前值 ANGBASE＝当前值

选择对象：使用对象选择方法并在完成选择后按"Enter"键

指定基点：指定点

指定旋转角度，或［复制(C)/参照(R)］：输入角度或指定点，或者输入 c 或 r

（3）参数

旋转角度：决定对象绕基点旋转的角度。旋转轴通过指定的基点，并且平行于当前 UCS 的 Z 轴。

• 复制：创建要旋转的选定对象的副本。

• 参照：将对象从指定的角度旋转到新的绝对角度。旋转视口对象时，视口的边框仍然保持与绘图区域的边界平行。

5.4.8　缩放(scale)

缩放功能是将指定的对象以一个基点为中心，对对象进行 X 和 Y 两个方向相同的放大和缩小。在制图中，对于示意图或以图纸尺寸为单位的对象，如少数的文字标注和图名等，这些对象的绝对尺寸大小一般并无严格的要求，因此可以用 scale 对其适当放大或缩小。缩放时可以指定一定的比例,进行精确缩放。值大于 1 表示放大,反之为缩小。也可以参照其他对象进行缩放。

(1)方法:scale 修改→比例缩放 sc

(2)命令及提示

命令:scale

选择对象:使用对象选择方法并在完成选择后按"Enter"键

指定基点:指定点

指定的基点表示选定对象的大小发生改变(从而远离静止基点)时位置保持不变的点。

注意:当使用具有注释性对象的 scale 命令时,对象的位置将相对于缩放操作的基点进行缩放,但对象的尺寸不会更改。

指定比例因子或[复制(C)/参照(R)]:指定比例、输入 c 或输入 r

(3)参数

• 比例因子:按指定的比例放大选定对象的尺寸。大于 1 的比例因子使对象放大;介于 0 和 1 之间的比例因子使对象缩小;还可以拖动光标使对象变大或变小。

• 复制:创建要缩放的选定对象的副本。

• 参照:按参照长度和指定的新长度缩放所选对象。

注意:缩放(scale)是放大和缩小对象的实际尺寸;观察中的缩放(zoom)是放大和缩小对象的观察范围,不改变对象的实际尺寸。

5.4.9 拉伸(stretch)

拉伸是调整图形大小、位置的灵活工具。

(1)方法:stretch 修改→拉伸 s

(2)命令及提示

命令:_stretch

以交叉窗口方式或交叉多边形方式选择要拉伸的对象

选择对象:使用交叉窗口选项或交叉多边形选择方法,然后按"Enter"键。将移动而非拉伸单个选定的对象和通过窗交选择完全封闭的对象。

指定基点或[位移(D)]<上次位移>:指定基点或输入位移坐标

指定第二个点或<使用第一个点作为位移>:指定第二点,或按"Enter"键使用以前的坐标作为位移

指定位移<上个值>:输入 X,Y(可能包括 Z)的位移值

如果输入第二点,对象将从基点到第二点拉伸矢量距离。如果在"指定位移的第

二点"提示下按 Enter 键,则第一点将被视为 X,Y,Z 位移。

　　注意:stretch 仅移动位于窗交选择内的顶点和端点,不更改那些位于窗交选择外的顶点和端点。stretch 不修改三维实体、多段线宽度、切向或者曲线拟合的信息。

　　拉伸可将图形元素的所选择控制点移动到指定位置,拉伸一般只能采用交叉窗口或交叉多边形的方式来选择对象,可以采用 Remove 方式取消不需拉伸的对象。必须注意控制点是否应该包含在被选择的窗口中,如果端点被包含在窗口中,则该点会同时被移动,否则该端点不会被移动。不同的对象具有不同的控制点,如直线的控制点为直线的两个端点,圆弧为圆弧的两个端点,多段线的控制点为各个顶点。圆和文字不能进行拉伸而只能移动。拉伸对尺寸标注编辑具有重要意义,因为当尺寸标注的控制点被拉伸修改后尺寸标注的数值将自动调整。当对已标注的图形进行拉伸编辑时,只要同时将剪切窗口覆盖相应的尺寸标注控制点,可使图形的尺寸标注同步图形自动变化。stretch 运行中,要求用户确定拉伸的起点和终点。使用拉伸编辑时,结合适用目标捕获可以完成很多常用的图形编辑。

5.4.10　修剪(trim)　-/---

　　(1)方法:trim　　修改→修剪　　-/---　tr

　　(2)命令及提示

命令:_trim

当前设置:投影＝当前值,边＝当前值

　选择剪切边...

　选择对象或＜全部选择＞:选择一个或多个对象并按"Enter"键,或者按"Enter"键选择所有显示的对象

　选择要修剪的对象或按住"Shift"键选择要延伸的对象或[栏选(F)/窗交(C)/投影(P)/边(E)/删除(R)/放弃(U)]:选择要修剪的对象、按住"Shift"键选择要延伸的对象,或输入选项

　按住"Shift"键选择要延伸的对象

　延伸选定对象而不是修剪它们。此选项提供了一种在修剪和延伸之间切换的简便方法。

　　(3)参数

　•栏选:选择与选择栏相交的所有对象。选择栏是一系列临时线段,它们是用两个或多个栏选点指定的。选择栏不构成闭合环。

　•窗交:选择矩形区域(由两点确定)内部或与之相交的对象。

　注意:某些要修剪的对象的窗交选择不确定。trim 将沿着矩形窗交窗口从第一

个点以顺时针方向选择遇到的第一个对象。

• 投影：指定修剪对象时使用的投影方式。

注意：剪切是指将一个边界外的对象切除或两个边界内的对象切除。剪切也是图形编辑的重要功能之一。AutoCAD 2013 中除了点、文字标注、阴影线和块插入等对象能进行剪切和作剪切的边界外，其他常用的对象如直线、圆、圆弧和多段线等均能进行剪切编辑和作为剪切的边界。尺寸标注也可以进行剪切。

被剪切的对象可以同时作为剪切的边界，即边界也可以同时被剪切。

按边的模式剪切，提示要求输入隐含边的延伸模式，输入隐含边延伸模式[延伸(E)/不延伸(N)]＜不延伸＞，定义隐含边延伸模式。如果选择不延伸，即剪切边界和要修剪的对象必须显式相交。如选择了延伸，则剪切边界和要修剪的对象在延伸后有交点也可以。对块中包含的图元或多段线等进行修剪操作前，必须将它们分解，使之失去块、多段线性质才能进行修剪编辑。

5.4.11 延伸(extend) ---/

延伸是以指定的对象为边界，延伸某对象与边界精确相交。

(1)方法：extend 修改→延伸 ---/ ex

(2)命令及提示

命令：_extend

当前设置：投影＝当前值，边＝当前值

选择边界的边…

选择对象或＜全部选择＞：选择一个或多个对象并按"Enter"键，或者按"Enter"键选择所有显示的对象：选择要延伸的对象，或按住"Shift"键选择要修剪的对象，或[栏选(F)/窗交(C)/投影(P)/边(E)/放弃(U)]：选择要延伸的对象，或按住"Shift"键选择要修剪的对象，或输入选项

边界对象选择：使用选定对象来定义对象延伸到的边界。

注意：与拉伸(stretch)不同，延伸用来将图形延长至某一个边界。延伸的特点是对于直线延伸后直线的倾角不变，对于圆弧半径不变。延伸的图形必须和边界有交点，而且交点可以在边界的延长线上。也可对尺寸标注进行延伸，延伸后尺寸的标注值将自动调整。能够进行延伸的对象包括直线、圆弧和多段线。延伸命令运行时先确定对象所延伸到的边界，这时可以使用任意的选择集构造方法确定边界，而被延伸的对象则能通过单个选择或使用 fence 方式确定。同时作为延伸边界的对象也可以被延伸。

5.4.12 打断点(break)

(1)方法:break

(2)命令及提示

命令:_break

选择对象:

指定第二个打断点或 [第一点(F)]:_f

指定第一个打断点:

指定第二个打断点:@

能够自动在一点打断对象,是 的一种特殊方式。

5.4.13 打断(break)

方法:break   修改→打断

可以将对象一分为二或去掉其中一段减短长度,圆可以被打断成圆弧。也可以将选择对象分成两段。

注意:截断用来将直线、圆、圆弧或多段线从尾部截掉一部分或从中间截去一部分使图形一分为二。切断的位置由几何点确定,运行一次 break 命令仅能对一个对象进行截断。当截断的两个点重合时,不封闭的对象将变为两个首尾相连的对象,封闭的多段线在截断位置上插入一个顶点,但并未改变多段线的封闭属性。由于圆弧的圆心角只能小于 360°,因此圆截断时两点不能重合。

在制图中,对于一条直线,当一部分要求用实线另一部分用虚线表示时,应该将这条直线变为两条直线,此时可以使用两点重合的方法将直线截断。实际制图中使用 break 命令更多的情况是当直线的长度并不要求精确,如表示中心位置的中心线等,并且它们过长时需要截去一部分,因为此时若使用剪切命令则需要另作辅助线,使用拉伸命令则往往无法保证拉伸缩短后直线的倾角不变。

5.4.14 倒角(chamfer)

制图中常要求过渡平滑的外形,如要求折线成圆弧过渡。当两条直线相交或在多段线的顶点处,可以使用倒角功能使交点处过渡平滑。无论方倒角还是圆弧倒角,它们生成时自动将直线延长或截断。生成需要作倒角的两条边时,不必交汇于一点。另外,若有两条直线需要将它们分别延长使其相交于一点,可指定方倒角的尺寸为 0 使它们自动相交,不必通过作辅助线进行延长和剪切的方法实现。系统用最近一次 chamfer 命令所确定的倒角尺寸,首次使用 chamfer 命令时默认的倒角尺寸为 0。若对两条相交的直线作倒角,两条直线的选取次序应和倒角尺寸设置的相符。在何处选取直线决定了在何处生成倒角。另外,圆倒角可用于直线间、两个圆、圆弧间及圆和直线间。显然,在给定两条直线、两个圆弧或圆弧和直线时,只有当圆弧倒角的半径在适当范围内才能做出圆弧倒角。

(1)方法:chamfer　修改→倒角　

(2)命令及提示

命令:_chamfer

("修剪"模式)当前倒角距离 1 = 0.0000,距离 2 = 0.0000

选择第一条直线或［放弃(U)/多段线(P)/距离(D)/角度(A)/修剪(T)/方式(E)/多个(M)］:

选择第二条直线或按住 Shift 键选择直线以应用角点或［距离(D)/角度(A)/方法(M)］:

如果为修剪方式,倒角时自动将不足的补齐,超出的剪掉。如果为不修剪方式,则仅仅增加一倒角,原有线不变。选择修剪方法视距离或角度来确定倒角大小。

5.4.15　圆角(fillet)

fillet 命令基本上和 chamfer 命令相同,区别在于方倒角的尺寸含有两项,而圆倒角只需要确定圆弧半径即可。

(1)方法:fillet　修改→圆角

(2)命令及提示

命令:fillet

当前设置:模式 = 修剪,半径 = 0.0000

选择第一个对象或［放弃(U)/多段线(P)/半径(R)/修剪(T)/多个(M)］:r

指定圆角半径 ＜0.0000＞:

指定第二点:

倒圆角与倒角比较相似,圆角必须设定圆角半径,倒圆角和倒角有预览效果功能,可以直观感受倒角后的效果。

注意:

①圆角半径设定成 0,则在修剪模式下,将会自动准确相交。

②对多段线倒圆角,如果多段线本身是封闭(close)的,则在每一个顶点处自动倒出圆角。

③修剪模式,拾取点的位置对结果有影响,一般保留拾取点所在的部分而将另一段修剪。

④可以对圆弧、圆、椭圆、椭圆弧、直线、多段线、射线、样条曲线和构造线执行圆角操作。fillet 不修剪圆;圆角圆弧与圆平滑地相连。还可以对三维实体和曲面执行圆角操作。如果选择网格对象执行圆角操作,可以选择在继续进行操作之前将网格转换为实体或曲面。

5.4.16　过渡曲线(blend)　∿

blend 命令在两条选定直线或曲线之间的间隙中创建样条曲线。有效对象包括直线、圆弧、椭圆弧、螺旋、开放的多段线和开放的样条曲线。

(1)方法:blend　修改→过渡曲线　∿

(2)命令及提示

命令:_blend

连续性 = 相切

选择第二个点:

选择第一个对象或[连续性(CON)]:选择样条曲线起始端附近的直线或开放的曲线

选择第二个对象:选择样条曲线末端附近的另一条直线或开放的曲线

注意:连续性指在过渡类型。共有相切、平滑两种类型。相切类型将创建一条 3 阶样条曲线,在选定对象的端点处具有相切(G1)连续性 。平滑类型将创建一条 5 阶样条曲线,在选定对象的端点处具有曲率(G2)连续性。如果使用"平滑"选项,勿将显示从控制点切换为拟合点。此操作将样条曲线更改为 3 阶,这会改变样条曲线的形状。

5.4.17　分解(explode)　🗔

多段线、块、尺寸、填充图案、面域等是一个整体。要对其中单一的对象进行编辑,普通的编辑命令无法完成,将这些整体的对象分解,使之变成单独的对象,就可采用普通的编辑命令编辑修改。

方法:explode　修改→分解　🗔　x

注意:选择对象包括块、尺寸、多段线、多线等,而独立的直线、圆、圆弧、文字、点等是不能被分解的。explode 同样可以分解大部分对象(填充图案例外),同时还可以改变对象的特性。

5.4.18　夹点编辑

夹点编辑是指在命令等待状态下,通过使用单个选取或窗口、相交窗口这 3 个选择集构造方法直接在屏幕上选取对象,对所选中的对象进行常见的几种编辑。

在命令等待状态下所选中的编辑对象,对象在显示上和其他未选中的对象存在着明显的区别。除了对象变虚外,对象的某些特定位置上还显示出矩形方框,即为对象的夹点。不同的对象其夹点位置不同,同一对象上不同的夹点在夹点编辑中的作用不同。这时可以将光标移动到任一个夹点的矩形方框内,按动鼠标上的左按钮即可进入夹点编辑状态,同时这个夹点将变为红色实心方框。在不同的夹点处进入夹点编辑状态,在一定程度上影响着夹点编辑,如在直线、圆弧的中点或圆的圆心夹点进入时,对这些对象的拉伸编辑犹如对象的端点全部被相交窗口选中一样,即相当于移动编辑。

进入夹点编辑状态后,命令提示区自动提示夹点编辑命令。夹点编辑命令包括拉伸、移动、旋转、缩放和镜像(图 5-6)。开始进入夹点编辑状态时,提示的夹点编辑命令为"拉伸",从一个夹点编辑命令的提示转向另一夹点编辑命令提示,可以按空格键或回车键使其按拉伸、移动、旋转、缩放和镜像的次序循环切换,或在命令提示下直接输入 5 个命令名的开头两个字母,则可直接转入到指定的夹点编辑命令中。

5 个夹点编辑命令的运行过程大同小异,且和单独在命令提示状态下所启动的相应编辑命令类似。使用时,应该注意到在不同的夹点进入夹点编辑所产生的结果是不同的。当然对于移动、旋转、缩放和镜像编辑可以通过选择 Basepoint 来改变基点,但对于拉伸编辑,进入夹点编辑时的夹点选择却影响着编辑的结果。

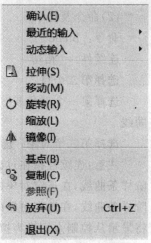

图 5-6 夹点右键菜单

夹点编辑的"复制"选项为图形的快速编辑提供了方便,选择"复制"选项后,夹点编辑命令将进入循环执行状态,可以对对象进行多重编辑和多重复制。另外,夹点编辑过程中,若在输入第二点的同时按住"Shift"键,则相当于选择了"复制"选项。这时,即使在后面的编辑中放开"Shift"键,也仍处在多重编辑和多重复制过程中。实际制图中经常需要将某些对象从一个位置连续复制到其他多个位置,这时,使用夹点编辑要比直接使用 Copy 命令方便很多。

5.5　修改Ⅱ工具条中的修改工具

在 AutoCAD 2013 中有修改Ⅱ工具条,它也是很常用的工具条,如图 5-7 所示。

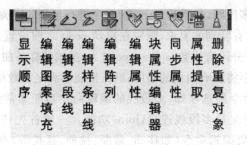

图 5-7　修改Ⅱ工具条中的修改工具

5.5.1　显示顺序(draworder)

方法:draworder　工具→显示顺序

当选择多个对象进行重排序时,AutoCAD 2013 将保持选定对象的相对显示顺序。选择方法不影响图形顺序。对象重排序之后此命令终止,并不继续提示对其他对象进行重排序。

5.5.2　编辑图案填充(hatchedit)

方法:hatchedit　修改→对象→图案填充工具

快捷菜单:选择要编辑的图案填充对象,在绘图区域单击右键并选择"图案填充编辑"。

5.5.3　编辑多段线(pedit)

方法:pedit　修改→多段线

多段线是一个对象,可以采用多段线专用编辑命令来编辑。编辑多段线,可以修改其宽度、开口或封闭、增减顶点数、样条化、直线化和拉直等。多段线编辑中的宽度选项和环境设置中的线宽有类似之处。在分解后的多段线中不再具有宽度性质,而线宽不受是否被分解的影响。多段线本身作为一个实体被其他的编辑命令处理。矩形、正多边形、图案填充等命令产生的边界同样可以是多段线。

从多段线绘制命令 pline 的执行过程可以看出,使用 pline 仅能生成折线或含有圆弧段的多段线,任意曲线它是无法直接生成的,只能通过对已有多段线的编辑完成。对已有多段线的编辑命令 pedit,它不仅能够完成对多段线的插值(spline)和拟合(Fit),还能对多段线各顶点进行各种复杂的编辑修改,插值和拟合仅是多段线编辑命令中的两个选项。

当需要对多段线进行曲线插值或样条曲线拟合时,应先用 pline 命令生成多段线的各个顶点,即折线多段线,然后启动 pedit 命令进行编辑。若对多段线拟合的样条类型和样条分段直线数有特别的要求,则应在启动 pedit 之前设置系统变量 splinetype 和 splinesegs。对于样条分段直线数,splinetype 过大,虽然使样条曲线更加光滑,但图形将占用更多的空间;过小将影响曲线的精度;默认值能够满足多数情况的要求。

从多段线编辑命令的选项知,多段线的编辑命令功能非常强。就园林制图而言,使用多段线最多的情况是多段线连接(join)功能。一般首先使用简单的直线和圆弧命令生成图形,用对象编辑命令(如移动、截断、拉伸、延长等)对图形进行编辑。等图形位置全部确定后再用多段线编辑命令将一个对象转换成多段线并且输入指定的线条宽度,最后将其他对象与这个多段线连接。这样可以避免烦琐的多段线编辑,特殊情况下仍要使用多段线编辑命令对多段线进行各项编辑。画曲线时与 spline 不同的是,pline 先生成折线然后用 pedit 编辑成曲线;spline 是直接生成曲线。

5.5.4　编辑样条曲线(splinedit)

可以通过 splinedit 命令来编辑其数据点或通过点,从而改变其形状和特征。

方法:splinedit　修改→样条曲线

5.5.5　多线编辑(mledit)

方法:mledit　修改→对象→多线

多线编辑可修改多线之间相交时的连接方式。如图 5-8 所示,十字工具、T 形工具、角点结合、剪切等都是将不该显示的部分隐藏,并非真正剪切,所以可以通过全部结合来恢复原有形状。可以在多线中添加或删除任何顶点。如果图形中有两条多线,则可以控制它们相交的方式。多线可以相交成十字形或 T 字形,并且十字形或 T 字形可以被闭合、打开或合并。

5.5.6　特性编辑

方法:修改→特性

每个对象都有自己的特性,如颜色、图层、线型、线宽、样式、大小、位置、视图、打印样式等,这些特性有些是共有的,有些是某些对象专有的,都可以编辑修改。而对于图层、线型、颜色、线宽等特性,也可以先选择对象,再通过"特性"对话框直观地修改所选对象的特性,如颜色图层、线型、线型比例、打印样式、线宽等都可以修改(图 5-9)。也可以使用快捷菜单方式,即选择对象后右击鼠标弹出快捷菜单,选择"对象特性"项,即可弹出特性对话框。

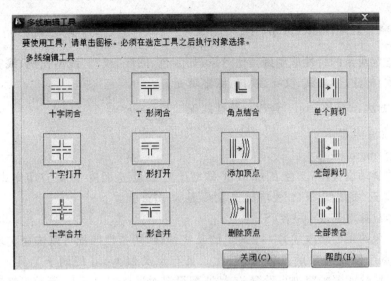

图 5-8 多线编辑工具对话框

图 5-9 对象的特性对话框图　　　　图 5-10 特性匹配设置对话框

5.5.7 特性匹配(matchprop)

将选定对象的特性应用到其他对象，如颜色、图层、线型、线型比例、线宽、厚度、打印样式、标注、多段线、文字、视口、图案填充等。

(1)方法：matchprop 修改→特性匹配 ma

(2)命令及提示

命令：matchprop

当前活动设置： 颜色 图层 线型 线型比例 线宽 透明度 厚度 打印样式 标注 文字 图案填充 多段线 视口 表格材质 阴影显示 多重引线

选择目标对象或 [设置(S)]：s

将对象的特性修改成另一个对象的某些特性，用特性匹配可以快速实现这个功能，不必逐个修改对象的具体特性，此工具有点类似 word 的刷子工具。选择"设置"，可对特性匹配内容进行设置，特性匹配设置对话框如图 5-10 所示。修改特性也可以用 change 命令修改所选对象的颜色、图层、线型、位置等特性。

第6章 文 字

文字普遍存在于园林设计图中,如技术要求、设计说明、图名、标题栏、苗木表等内容;在尺寸标注时注写的尺寸数值、文字等,因此文字是图面重要的组成部分。

6.1 文字样式的设置

一般在制图时,不同比例的图面使用大小不同的文字样式,所以设置不同的文字样式是文字的首要任务,当设置好文字样式后,可以利用该文字样式和相关的文字注写命令(dtext、text、mtext)注写文字。我们常通过对话框设置文字样式,样式可以确定汉字、英文字体,汉字必须采用 AutoCAD 2013 支持的某种汉字字体,否则,在屏幕上出现的是问号"?"。

方法:style 格式→文字样式 st

执行该命令后,系统将显示图 6-1 所示的"文字样式"对话框。

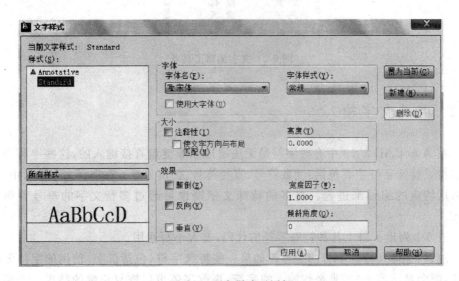

图 6-1 文字样式对话框

在该对话框中,可以新建文字样式或修改已有的文字样式。该对话框包含了样式名、字体、效果、预览,利用它们可以轻松完成对样式的设置。文字的输入及编辑主要通过图 6-2 所示的文字编辑工具条来完成。

输入文字样式名时,该名称最好具有一定的代表意义,与随即选择的字体对应起来或和它的用途对应起来,这样在使用时比较方便,不至于混淆,当然也可以使用缺省的样式名。

删除:删除文字样式,但在图形中已经被使用过的文字样式无法删除,同样 standard 样式是无法删除的。

高度:用于设置字体的高度。如果设定了某非 0 的高度,则在使用该种文字样式注写文字时统一使用该高度,不再提示输入高度。如果设定的高度为 0,则在使用该种样式输入文字时将出现高度提示,每使用一次会提示一次,同一种字体可以输入不同高度。

效果:颠倒、反向、垂直。其中有些效果对一些特殊字体是不可选的。

宽度比例:设定文字的宽和高的比例。

倾斜角度:设定文字的倾斜角度,正值向右斜,负值向左斜。

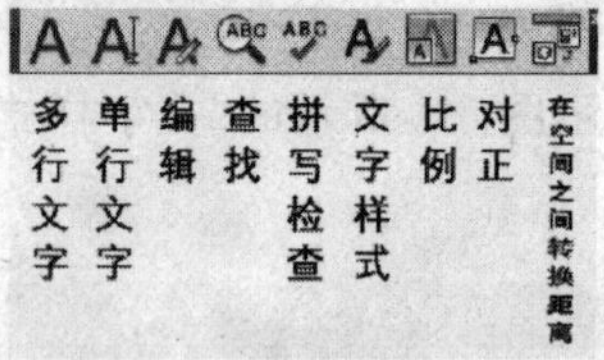

图 6-2 文字编辑工具条

6.2 特殊文字输入

在 AutoCAD 2013 中有些字符是无法通过标准键盘直接键入的,这些字符为特殊字符。特殊字符主要包括:度数符号、直径符号、正负号等。在单行文字输入中,必须采用特定的编码来进行。更多的特殊文字则也可通过多行文字的符号菜单来输入。

表 6-1 列出了以上几种特殊字符的代码,其大小写通用。

注意:字体和特殊字符的兼容。如果一些特殊字符(包括汉字)使用的字体无法辨认,则会显示若干"?"来替代输入的字符,更改字体可以恢复正确的结果。当然也可以用多行文字对话框中的"符号"来插入更多的其他符号。

表 6-1　特殊字符代码

代　码	对 应 字 符
\u+00B2	平方
\u+2220	角度
%d	度数
%c	直径
%p	正负号
\u+00B3	立方

6.3　多行文字(mtext)

创建或修改多行文字对象,以及从其他文件输入或粘贴文字(图 6-3、图 6-4)。

(1)方法:mtext　绘图→文字→多行文字　　mt

(2)命令及提示

命令:mtext

当前文字样式:Standard 当前文字高度:2.5

指定第一角点:

指定对角点或[高度(H)/对正(J)/行距(L)/旋转(R)/样式(S)/宽度(W)]:

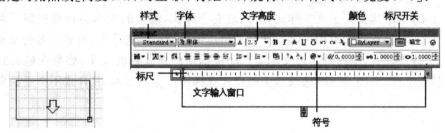

图 6-3　文字宽度及方向　　　　　图 6-4　多行文字的输入界面

6.4　单行文字(dtext)

创建或修改多行文字对象,以及从其他文件输入或粘贴文字。

(1)方法:dtext 或 text　绘图→文字→单行文字　　dt

(2)命令及提示

命令:dt

当前文字样式：Standard 当前文字高度：2.5000
指定文字的起点或［对正(J)/样式(S)］：
指定高度＜2.5000＞：
指定文字的旋转角度＜0＞：
输入文字：

6.5　文字编辑(ddedit)

方法：ddedit　修改→对象→文字→编辑

快捷菜单：选择文字对象，在绘图区域中单击右键，然后选择"多行文字编辑"或"文字编辑"。

ddedit 弹出文本对话框来修改文字，也可以通过 A 来编辑修改文字及属性，弹出的"对象特性"对话框中，可以修改文本的内容，且可以重新选择该文本的文字样式，设定新的对齐类型，定义新的高度、旋转角度、宽度比例、倾斜角度、文本位置以及颜色等所有特性。

6.6　改变文字样式

文字样式的改变会影响到采用该样式输入的文本。对于 dtext 和 text 输入的单行文本，由于均指定了文字样式，所以改变了样式，输入的文本会自动更新。对于多行文本，如果在输入时用了多行文字编辑器中的"特性"选项卡，设置了多行文本的样式，则改变样式，输入的多行文本会自动根据新的样式修改文本；如果在输入时是独立设置字体，未经"特性"选项卡中的样式选择而产生的文本，其样式不会受到影响。

第 7 章　块及外部参照

7.1　块

块指一个或多个对象的集合。我们常用块来简化绘图过程,并可以系统地组织任务。

在图形中插入块是对块的引用,由于块在文件中只保留块的引用信息和定义,仅仅记录了块名、块插入点、块旋转角度和块缩放系统等简单的信息,所以其占用的存储空间很小,特别是在同一文件中多次引用同一块时最为明显。同时它可以减少重复劳动,还可以附加属性,可以被外部程序和指定的格式提取图形中的数据资料。当然一个图形文件也可以作为一块被引用。

• 建立图形库。我们常用块来建立常用的一些植物图例来代表不同的植物,以便下次重复引用。同样可以把常使用的图形做成块,如固定尺寸的场地(羽毛球场、网球场、停车场、足球场等)、模纹花坛、铺装图案、常用符号(如标高符号、墙轴线符号等)。

• 便于修改和重新定义块。重新用同样的块名可以重新定义块,从而改变块的形和属性。

• 提取块的属性,便于统计。块的属性可以提取出来,转至外部数据库进行管理。

7.1.1　建立块(block)

方法:block　绘图→块→生成　🔗 b

执行 block 命令后,弹出如图 7-1 所示的"块定义对话框"。

(1)名称:可以通过键盘直接键入块名称,点取向下的小箭头可以弹出该图形中已定义的块名称列表。

(2)基点区:定义块的基点,该基点在插入块时作为基准点使用。

单击 🔲,将返回绘图屏幕,点取某点作为基点,此时 AutoCAD 2013 自动获取拾取点的坐标分别填入下面的 X,Y,Z 文本框中。

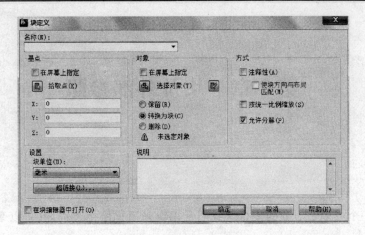

图 7-1　块定义对话框

(3)对象区:定义块中包含的对象。单击 🔲 ,将返回绘图屏幕,要求用户选择屏幕上的图形作为块中包含的对象。单击 🔲 ,弹出"快速选择"对话框,可以通过它来快速设定块中包含的对象。在选择了组成块的对象后,保留被选择的对象不变。在选择了组成块的对象后,将被选择的对象转换成块,该项为缺省设置。在选择了组成块的对象后,将被选择的对象删除。

(4)预览图标区:有两种情况,从块的几何图形创建图标:在右侧显示一小的图标示意选择的对象组成。不包括图标:没有图标显示。

(5)插入单位:点取下拉列表后可以选择插入的单位。

(6)说明:对所建块的简要说明。

(7)超链接:打开"插入超链接"对话框,可用它将超链接与块定义相关联。

7.1.2　插入块(insert)

块的建立是为了引用。引用一个块可以通过对话框进行,也可以通过 insert 命令行在命令提示下进行,块也可作为阵列的对象。

方法:insert　插入→块　 🔲 I

执行该命令后,将弹出如图 7-2 所示的对话框。

(1)名称:下拉文本框,可选择要插入的块名。

(2)浏览按钮:点取该按钮后,弹出"选择图形文件"对话框。

(3)插入点区:点取"在屏幕上指定"按钮后,在屏幕上点取插入点,相应会有命令行提示。

(4)缩放比例区:点取"在屏幕上指定",在随后的操作中将会提示缩放比例,可以

图 7-2　插入对话框

在屏上指定缩放 X,Y,Z,分别在对应的位置中键入三个方向的比例,缺省值为 1。"统一比例"指三个方向的比例均相同。

(5)旋转区:在屏幕上指定表示在随后的提示中会要求输入旋转角度。角度表示键入旋转角度值,缺省值为 0。

(6)分解:选择该复选框,则块在插入时自动分解成独立的对象,不再是一个整体。缺省情况下不选择该复选框。以后需要编辑块中的对象时,可以采用分解命令将其分解。

7.2　写块(wblock)

通过 block 命令创建的块只能存在于定义该块的图形文件中,如果要在其他的图形文件中也能使用该块,则需用 wblock 建立块文件。块文件作为一个图形文件单独存储,可以被其他的图形引用,也可以单独被打开。建立自己的图形库时也用这种方式,以便使用。

· wblock 命令定义块

方法:wblock　　w

执行该命令后,弹出如图 7-3 所示的"写块"对话框。

参数:

(1)源区

块:可以从右侧的下拉列表框中选择已经定义的块作为写块时的源。

整图:以整个图形作为写块的源。以上两种情况都将使基点区和对象区不可用。

对象:可以在随后的操作中设定基点并选择对象。

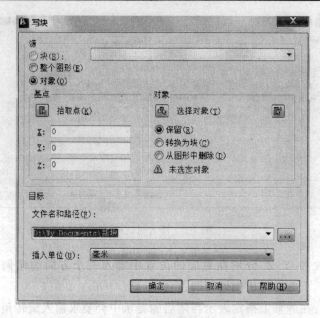

图 7-3　写块对话框

　　(2)基点区:定义写块的基点。该基点在插入时作为基准点使用。按 将返回绘图屏幕,要求点取某点作为基点,此时 AutoCAD 2013 自动获取拾取点的坐标并分别填入下面的 X,Y,Z 文本框中。文本框中键入基点坐标。缺省基点是原点。

　　(3)对象区:定义块中包含的对象。

　　按 将返回绘图屏幕,要求用户选择对象作为块中包含的对象。

　　按 弹出"快速选择"对话框,用户可以通过"快速选择"对话框来设定块中包含的对象。如果还没有选择任何对象,在下面会出现"未选定对象"的警告提示信息。

　　保留:在选择了组成块的对象后,保留被选择的对象不变。

　　转换为块:在选择了组成块的对象后,将被选择的对象转换成块。

　　删除:在选择了组成块的对象后,将被选择的对象删除。

　　(4)目标区

　　文件名和路径:用于键入写块的文件名及其存储路径。同样可以直接通过键盘键入或弹出"浏览文件夹"对话框,在该对话框中可以选择目标位置。

7.3　在图形文件中引用另一图形文件

　　要在一图形文件中引用另一图形文件的方法有两种:一是插入块,二是外部参照的方法。插入图形文件一是可用 insert 命令,二是文档间拖动的方法。拖动图形文件到绘图区,其本质也是插入。拖动时先找到欲插入的文件,点取选定的文件,拖动该文件图标到 AutoCAD 2013 绘图区,再松开鼠标。

7.4　块属性

　　块的属性是块的各种信息,是附着于块上的文字,可以显示或不显示。属性分为固定值和可变值两种,固定值属性在每次插入块时都按预设值插入,可变值属性在插入块时会提示用户输入值。定义属性的目的在于图形输入时的方便,以及在其他程序中应用这些数据,如数据库中计算设备的成本、块的数量等。

　　我们常在园林设计的种植平面图里应用块属性。在定义不同的植物图例块时,可以把植物的胸径、冠幅、树高等规格作为块的属性,从而附于块内。当要进行树木统计时,可以提取块的属性来处理,输出块的属性为文本文件或 Excel 格式的电子表格文件,自动生成苗木统计表,从而得到不同植物的植物数量。还可以把 Excel 格式的电子表格文件用 OLE 方式插入到 CAD 图形文件中输出。

　　一个块可以带有多个属性,同时注意属性文字的样式要设置合适,以便后期在其他软件中应用,采用 TrueType 字体,不要使用矢量字体。

　　方法:attdef 或 ddattdef　绘制→块→定义属性

　　执行该命令后,弹出"属性定义"对话框,如图 7-4 所示。

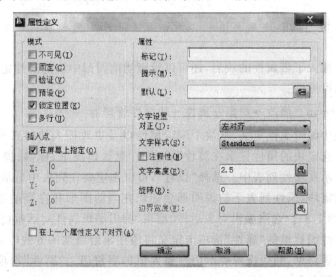

图 7-4　属性定义对话框

（1）模式区 Mode：通过复选框设定属性的模式。可以设定属性为"不可见""固定""验证""预置"等模式。

（2）属性区：设置属性。

标记：属性的标签，该项是必需的。

提示：为输入时提示用户的信息。

值：属性的值。

（3）插入点区：设置属性插入点。

拾取点按钮：在屏幕上点取某点作为插入点 X，Y，Z 坐标。

X，Y，Z 文本框：插入点坐标值。

（4）文字选项区：控制属性文本的性质。

对齐：下拉列表框包含了所有的文本对正类型，可以从中选择一种对齐方式。

文字样式：下拉列表框包含了该图形中设定好的文字样式，可以选择某种文字样式。

高度：右边文本框定义文本的高度，可以用键盘键入一高度值，也可点取高度按钮，回到绘图区，在屏幕上点取两点作为高度，也可以在命令提示行直接键入高度值。

旋转：可在右边文本框直接键入旋转角度，也可以点取旋转按钮回绘图区，在屏幕上点取两点作为旋转角度或直接在命令提示行中键入旋转角度。

在上一个属性定义下对齐：如果前面定义过属性，则该项复选框可以使用。点取该项，则当前属性定义的插入点和文字样式继承上一个属性的性质。

7.5 块属性编辑

绘图文件插入了带属性的块后，还可以管理当前图形中块的属性定义，如修改属性值和属性的可见性。

方法：battman 修改→对象→属性→块属性管理器

可以在块中编辑属性定义，从块中删除属性以及更改插入块时系统提示用户属性值的顺序。选定块的属性显示在属性列表中。默认情况下，标签、提示、默认和模式属性特性显示在属性列表中。选择"设置"，可以选定要在列表中显示的属性特性。对于每一个选定块，属性列表下的说明都会标识在当前图形和在当前布局中相应块的实例数目（图 7-5）。选取编辑对象后按"编辑"弹出编辑属性对话框（图 7-6）。

在编辑属性面板里的"属性"选项卡定义将值指定给属性的方式以及已指定的值在绘图区域是否可见，然后设置提示用户输入值的字符串。"属性"选项卡也显示标识该属性的标签名称。

"文字选项"卡可以定义属性文字在图形中显示方式的特性。在"特性"选项卡上

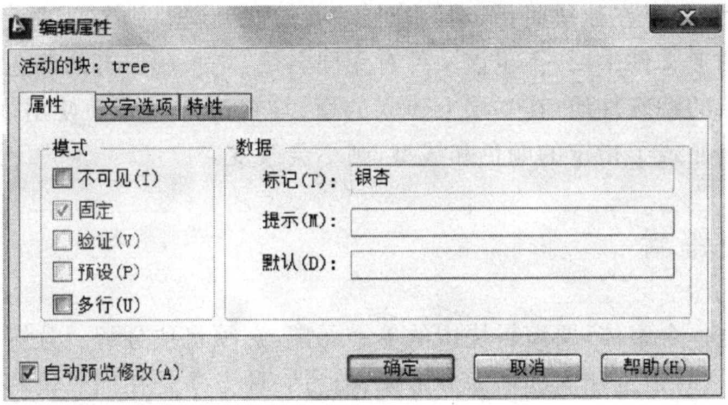

图 7-5　块属性管理器

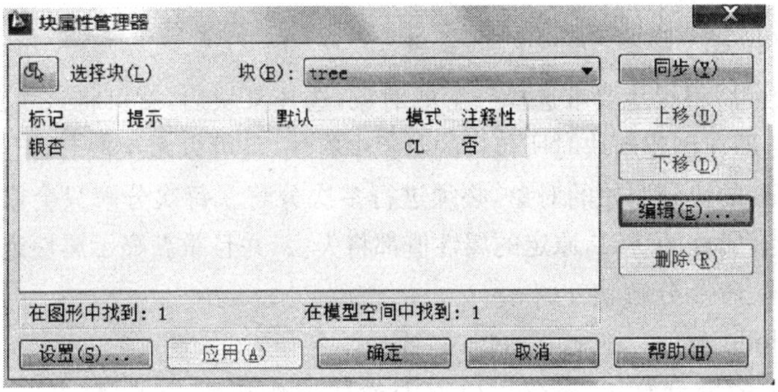

图 7-6　编辑属性面板

修改属性文字的颜色。

　　"特性"选项卡定义属性所在的图层以及属性行的颜色、线宽和线型。如果图形使用打印样式,可以使用"特性"选项卡在属性中指定打印样式。

7.6　块的特性

　　随层:如果块在建立时颜色和线型被设置为"随层",且插入块的图形中有同名层,当块插入后,块中对象的颜色和线型采用当前层的颜色和线型;如果图形中无同名层存在,则块中保持原有的颜色和线型设置,且在图形增加相应的图层。

　　随块:如果块在建立时颜色和线型被设置为"随块",则块在插入前没有明确的颜色和线型。当块插入后,如果图形中无同名层,则块中的对象采用当前层的颜色和线型;如果图形中有同名层存在,则块中的对象采用当前图形文件中同名层的颜色和线型设置。

显式特性：如果在建块时指定其中对象的颜色和线型，则为显式设置。该块插入到其他任何图形文件中时，不论该文件有无同名层，均采用原有的颜色和线型。

默认 0 层的特殊性质：在 0 层上建立的块，均在插入时自动使用当前层的设置。如果在 0 层上显式了指定的颜色和线型，则不会改变。

7.7　块的编辑

块本身是一个整体，要编辑块中的单个元素，必须将块分解。分解块的方式有两种，一是在插入时指定插入的块为分解模式；另一种方法是在插入块后通过分解命令来分解块，分解块的命令有两个：explode 和 xplode。

（1）explode 命令分解块

方法：explode　修改→炸开　　x

执行该命令后将提示要求选择分解的对象，选择某块后，就可将该块分解。注意：块是可以嵌套的，即在创建新块时所包含的对象中有块，且可以多次嵌套，但不可以自包含。要分解一个嵌套的块到原始的对象，必须进行多次分解。每次分解只会取消最后一次块定义。分解带有属性的块时，原定的属性值都将失去，并且重新显示属性定义。

（2）xplode 命令分解块

方法：xplode

由 xplode 命令分解块，不仅可以取消最后一次块定义，同时可以重新确定块中对象的图层、颜色和线型。

（3）（修改 II）编辑属性

方法：eattedit　修改→对象→属性→单个特性

"属性"选项卡：显示指定给每个属性的标记、提示和值，只能更改属性值（图7-7）。

"文字选项"选项卡：定义图形中属性文字显示方式的特性。

"特性"选项卡：定义属性所在的图层以及属性文字的线宽、线型和颜色。如果图形使用打印样式，可以使用"特性"选项卡为属性指定打印样式。

7.8　块属性的提取和处理

指定将从中提取块属性信息、所需的块属性信息类型和要被提取的块属性的块集合。属性提取向导包含以下页面：选择图形、设置、使用样板、选择属性、查看输出、保存样板、输出（图 7-8）。

方法：eattext　工具→属性提取

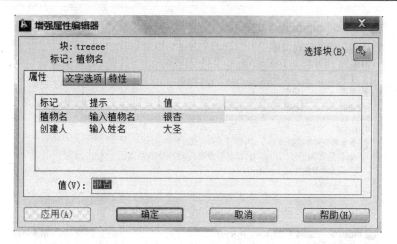

图 7-7　块属性的编辑器

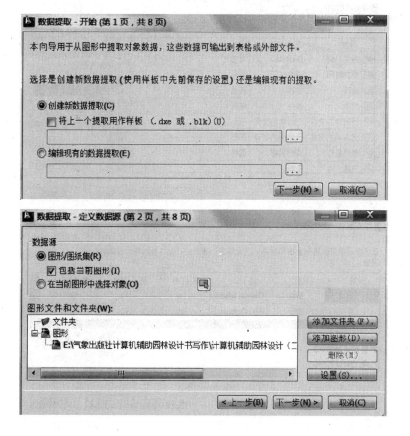

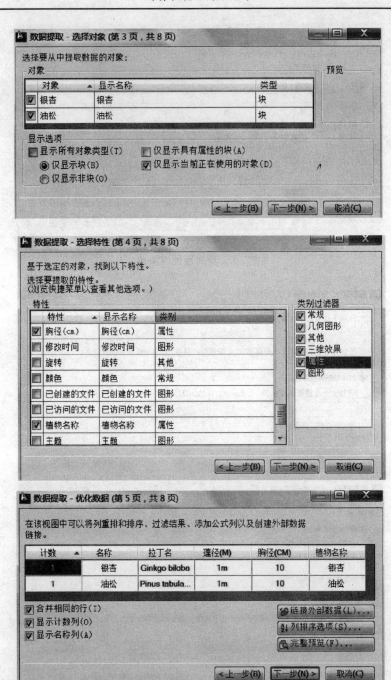

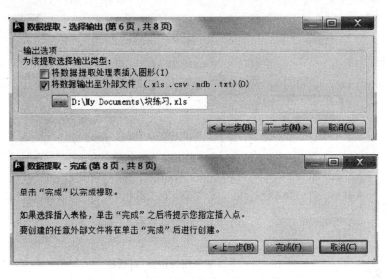

图 7-8　块属性的提取和处理步骤

7.9　外部参照(xref)

外部参照实质是一种块引用方式。它和块的区别在于:块在插入后,其图形数据会存储在当前图形中;而外部参照的数据并不增加在当前图形中,始终存储在原始文件中,当前文件只记录对外部文件的一个引用,所以也不可以在当前图形中编辑、分解和修改外部参照,只能编辑原始图形文件。

可以通过 xref 命令来附加、覆盖、连接或更新外部参照(图 7-9 和图 7-10)。

方法:xref　插入→外部参照 xr

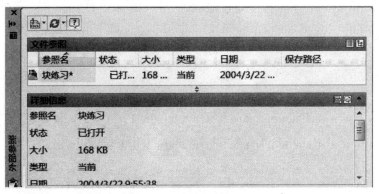

图 7-9　"外部参照"对话框

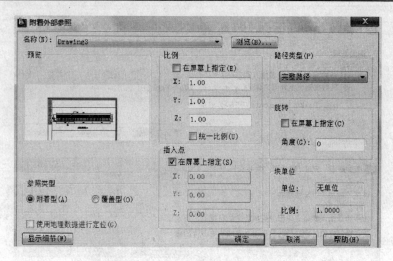

图 7-10 "外部参照管理器"对话框

第 8 章 尺 寸

无论是园林平面图、立面图,还是园林施工图,尺寸都是不可缺少的组成部分,因此一定要掌握常用的尺寸标注方式。

8.1 尺寸组成

一个完整的尺寸应该包含 4 个组成要素:尺寸线、尺寸界线、尺寸箭头、尺寸数值(图 8-1)。

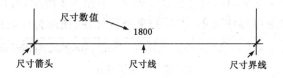

图 8-1 尺寸组成要素

8.2 尺寸标注规则

一般情况下,为了便于尺寸标注的统一和绘图的方便,在 AutoCAD 2013 中标注尺寸时应该遵守以下规则:

为尺寸标注建立专用的图层,可以控制尺寸的显示和隐藏,与其他的图线分开,便于修改、浏览。按照国家标准,为尺寸文本建立专门的文字样式、尺寸标注样式。AutoCAD 2013 自动测量尺寸,所以采用 1∶1 比例绘图最好,绘图时无须换算,在标注尺寸时也无须再键入尺寸大小。如果最后统一修改了绘图比例,相应修改尺寸标注的全局比例因子即可。尺寸标注中的文字一般以打印在纸上为 3.5 mm 为准。标注尺寸时应该充分利用对象捕捉功能准确标注尺寸,以获得正确的尺寸数值。为了便于修改,应该设定成关联方式。在标注尺寸时,应该将不必要的层(如剖面线层等)关闭,以免干扰。

8.3 尺寸样式

一般地,尺寸标注的流程为:

(1)设置尺寸标注图层。

(2)设置供尺寸标注用的文字样式。

(3)设置符合国家制图规范的尺寸标注样式。

(4)标注尺寸。

(5)修改调整尺寸标注。

方法:dimstyle 标注→样式

8.4 尺寸标注

AutoCAD 2013 有专门的尺寸标注工具条,如图 8-2 所示,可以进行各种形式的标注。当然也可以通过标注菜单(图 8-3)来进行标注,图形标注后的效果见图 8-4。

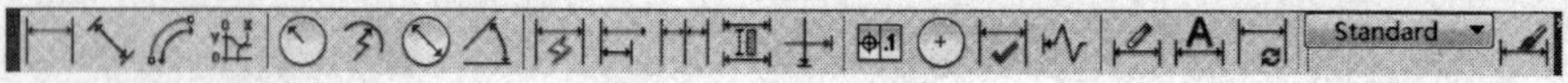

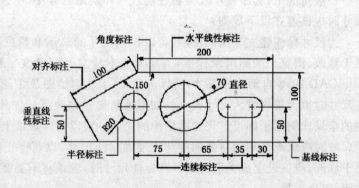

图 8-2 标注工具条

图 8-3 标注菜单图

图 8-4 标注的各种形式

第 9 章 显示控制

AutoCAD 2013 绘图时,必须通过显示控制命令,观察绘制图形的细节和任意复杂的整体图形。同时通过显示控制命令,可以保存和恢复命名视图、设置多个视口、观察整体效果和细节。

9.1 重画(redraw 或 redrawall)

刷新操作使 AutoCAD 2013 重画当前视口,删除点标记和编辑命令留下的杂乱显示内容(杂散像素)。也可以用 bitmap。

方法:redraw 或 redrawall 视图→重画

刷新是 AutoCAD 2013 利用最后一次重生成或最后一次计算的图形数据重新绘制图形,所以速度较快。redraw 只刷新当前视口,redrawall 刷新所有视口。

9.2 重生成(regen 或 regenall)

重生成是在当前视口中重新计算所有对象的位置和可见性。它还重新创建图形数据库索引,从而优化显示和对象选择的性能。重生成是 AutoCAD 2013 重新计算图形数据后在屏幕上显示结果,所以速度较慢。当打开一个文件发现曲线、圆变成折线时,可以应用该命令重生成,可以恢复图形的显示。

方法:regen 或 regenall 视图→重生成或视图→全部重生成

regen 重新生成当前视口。regenall 对所有的视口都执行重生成。

9.3 显示缩放(zoom)

显示缩放窗口的工具条如图 9-1 所示。显示缩放是最重要的、常用的操作之一,它是观察显示图像的重要工具,可以通过放大和缩小操作更改视图的比例,类似于使用相机进行缩放。使用 zoom 不会更改图形中对象的绝对大小,它仅更改视图的比例。在透视图中,zoom 将显示 3Dzoom 提示。

(1)方法:zoom 视图→缩放

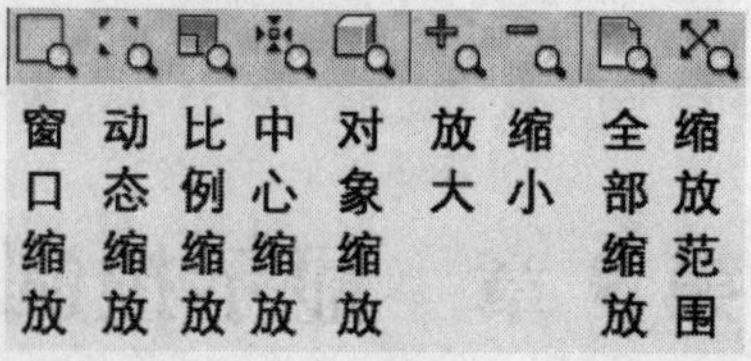

图 9-1　缩放工具

(2)命令及提示

命令：zoom

指定窗口角点，输入比例因子（nX 或 nXP），或[全部(A)/中心(C)/动态(D)/范围(E)/上一个(P)/比例(S)/窗口(W)/对象(O)]＜实时＞

(3)参数

• 指定窗口角点：在窗口中取点作为放大范围。

• 输入比例：输入比例来进行缩放，大于 1 为放大，小于 1 为缩小。X 指相对于模型空间缩放，XP 指相对于图纸空间缩放。

• 全部：缩放以显示所有可见对象和视觉辅助工具。调整绘图区域的放大，以适应图形中所有可见对象的范围，或适应视觉辅助工具[如栅格界限（LIMITS 命令）]范围，取两者中较大者。

• 中心：缩放以显示由中心点和比例值/高度所定义的视图。高度值较小时，增加放大比例；高度值较大时，减小放大比例。在透视投影中不可用。

• 动态：使用矩形视图框进行平移和缩放。视图框表示视图，可以更改它的大小，或在图形中移动。移动视图框或调整它的大小，将其中的视图平移或缩放，以充满整个视口。在透视投影中不可用。

• 范围：缩放以显示所有对象的最大范围。

• 上一个：缩放显示上一个视图。最多可恢复此前的 10 个视图。

• 比例：使用比例因子缩放视图以更改其比例。输入的值后面跟着 X 根据当前视图指定比例。输入值并后跟 XP 定相对于图纸空间单位的比例。

• 窗口：选定一个窗口来确定放大内容。

• 对象：缩放以便尽可能大地显示一个或多个选定的对象并使其位于视图的中心。可以在启动 zoom 命令前后选择对象。

• 实时：在提示后回车，即进入实时缩放态。按住鼠标向上或向左放大图形显示，反之，则缩小图形显示。

注意：为了提高看图速度，常用这个命令，用得最多的组合是 z↙ w↙,a,z↙ e↙,其他用得较少。

第10章　绘图环境设置

设置合适的绘图环境,可以简化大量的调整、修改工作,而且有利于统一格式,便于图形的管理和使用。本章介绍图形环境设置方面的知识,其中包括了绘图界限、单位、图层、颜色、线型、线宽、草图设置、选项设置等。

10.1　图形界限(limits)

图形界限是绘图的范围,相当于图纸的大小。设定合适的绘图界限,有利于确定图形绘制的大小、比例以及图形之间的距离,有利于检查图形是否超出"图框"。图形界限是世界坐标系中的二维点,表示图形范围的左下和右上边界。不能在 Z 方向上定义界限。打开界限检查(由第一个 limits 提示的"开"和"关"选项控制)后,图形界限将可输入的坐标限制在矩形区域内。图形界限还决定能显示网格点的绘图区域,ZOOM 命令的比例选项显示的区域和 ZOOM 命令的"全部"选项显示的最小区域。打印图形时,也可以指定图形界限作为打印区域。

(1)方法:limits　格式→图形界限

(2)命令及提示

命令:_limits

重新设置模型空间界限:

指定左下角点或［开(ON)/关(OFF)］<0.0000,0.0000>:

指定右上角点 <12.0000,9.0000>:

(3)参数

· 开(ON):打开图形界限检查,系统不接受一些设定的图形界限之外的点输入。

· 关(OFF):关闭图形界限检查。

10.2　图形单位(units)

AutoCAD 2013 在屏幕上显示的只是屏幕单位,但屏幕单位应该对应一个实际的单位,不同的单位显示格式是不同的。同样也可以设定或选择角度类型、精度和方向(图 10-1)。

命令：units　un 格式→单位

弹出的对话框中包含长度、角度、设计中心块的图形单位和输出样例 4 个类型单位的设置。

图 10-1　图形单位对话框

10.3　捕捉和栅格(snap 和 grid)

通过捕捉可以将拾取点锁定在特定的位置上。栅格是在屏幕上可以显示出来的具有指定间距的点，这些为绘图提供参考，其本身不是图形的组成部分，也不会被输出。栅格设定太密时，在屏幕上显示不出来。

方法：dsettings　工具→草图设置

也可以在状态栏中右击捕捉或栅格，选择快捷菜单中的"设置"来进行设置，在弹出的"草图设置"对话框中进行设置。

10.4　极轴追踪与对象捕捉(osnap)

极轴追踪可以在设定的极轴角度上根据提示精确移动光标，是一种拾取特殊角度上点的方法。极轴追踪与对象捕捉设置方法同上。其中"对象捕捉"选项卡中包含了"启用对象捕捉""启用对象捕捉追踪"两个复选框以及对象捕捉模式区。

图 10-2 是在绘图过程中"Shift＋右键"弹出的快捷菜单,图 10-3 是对象捕捉设置界面,图 10-4 是对象捕捉工具条。不论何时提示输入点,都可以指定对象捕捉。默认情况下,当光标移到对象捕捉位置时,将显示标记和工具提示。此功能称为 AutoSnap™(自动捕捉),提供了视觉确认,指示哪个对象捕捉正在使用。使用对象捕捉可以用以下方式:按住"Shift"键并单击鼠标右键以显示"对象捕捉"快捷菜单;单击鼠标右键,然后从"捕捉替代"子菜单选择对象捕捉;单击"对象捕捉"工具栏上的对象捕捉按钮;输入对象捕捉的名称;在状态栏的"对象捕捉"按钮上单击鼠标右键。

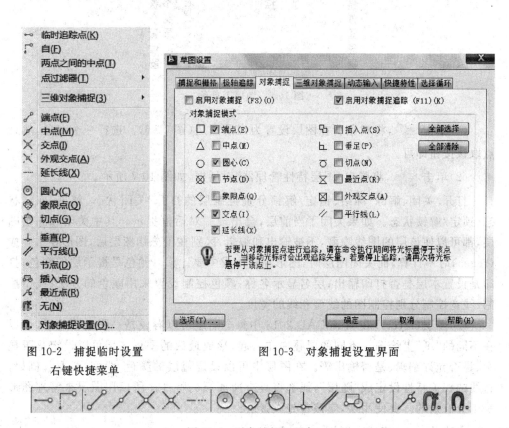

图 10-2 捕捉临时设置　　　　图 10-3 对象捕捉设置界面
　　　　右键快捷菜单

图 10-4 对象捕捉工具条

10.5 对象特性和图层

应用对象特性工具栏来进行图层的管理较为方便,"对象特性"工具栏缺省位置在"标准"工具栏的下方,如图 10-5 所示。

图 10-5　对象特性工具栏中各项含义

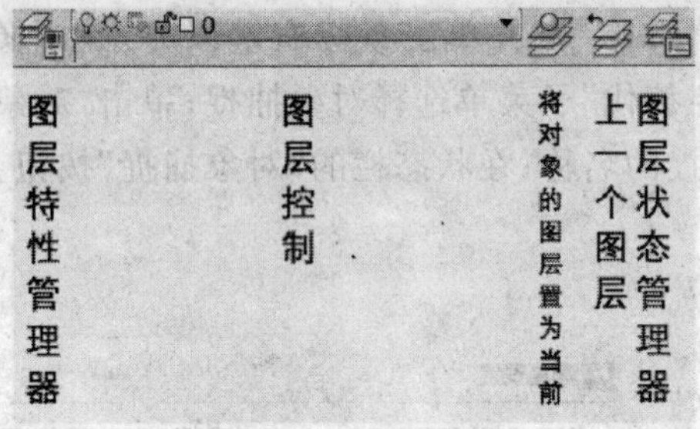

图 10-6　图层工具条

（1）单击 ⬚，将对象所在图层设置为当前图层（图 10-6）。选择一个对象，然后点取该按钮即可。

（2）单击 ⬚，将弹出"图层特性管理器"对话框，如图 10-7 所示。

打开/关闭、解冻/冻结、锁定/解锁分别控制层的打开/关闭状态、解冻/冻结状态、锁定/解锁状态。如果关闭了当前层，会出现一对话框提示。其中关闭和冻结图层，都可以使该层的图线隐藏，不被输出和编辑，区别在于冻结图层后，图形在重生成（regen）时不计算，而关闭图层时，图形在重生成中要计算。颜色是提示层的颜色；打印是设置本层是否打印输出；层名显示名称；颜色控制设置采用颜色的方法；线型控制、线宽控制分别控制图的线型和线的宽度。

（3）图层（layer），在 AutoCAD 2013 中每个图层可以看成是一张透明的纸，可以在不同的"纸"上绘图。不同的层叠加在一起，形成最后的图形。层可以设定是否显示、是否允许编辑、是否输出等。在图层中可以设定每层的颜色、线型、线宽。例如，将线的相关特性设定成"随层"，线都将具有所属层的特性。所以用图层来管理图形是十分有效的。要使用层，应该首先设置层。

方法：layer　格式→图层　⬚ la

图 10-7 是图层特性管理器对话框，可以进行图层的设置和管理。图 10-8 为命名图层过滤器对话框，可以使具有共同特性的图层显示出来。"反转过滤器"列出不满足过滤器条件的图层；"应用到对象特性工具栏"在"对象特性"工具栏中显示设置结果。新建图层自动增加在光标所在的图层下面，且新建的图层继承该图层的特性，如颜色、线型等。图层的缺省名可以修改。当前指定层设为当前层，选择图层，然后点击当前即可；删除指定的图层，该层上必须无实体，0 层不可删除。显示细节/隐藏

细节控制为是否显示详细信息对话框。

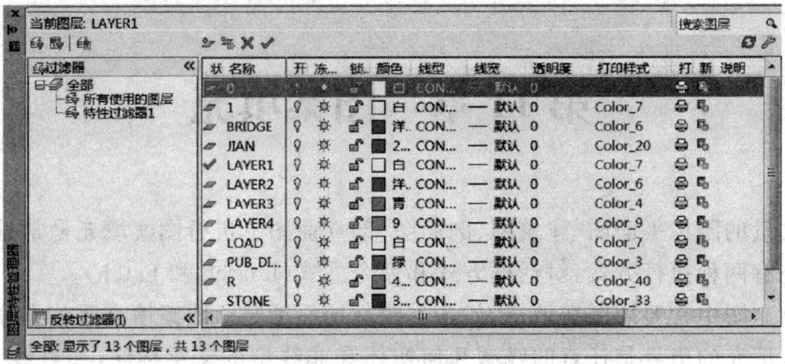

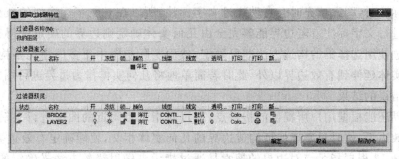

图 10-7　图层特性管理器对话框

图 10-8　命名图层过滤器对话框

10.6　dwt 模板

可以将图层颜色、线型、线宽、文字样式、图形界限、单位、尺寸标注样式、输出布局等作为模板文件保存。在进行新图形绘制时,模板中的设置全部可以使用,不需重新设置。减少了重复绘图,且图纸的格式更为统一,图形的管理更加规范。生成模板文件后,在"另存为"对话框中选择 dwt 文件类型即可保存模板文件。

10.7　图形标准文件

在新图形中,创建任何将要作为标准文件一部分的图层、标注样式、线型和文字样式,可保存为 AutoCAD 2013 图形标准文件(* . dws)。dws 文件必须保存为 AutoCAD 2013 格式。要创建 AutoCAD 2013 格式的 dws 文件,请将文件保存为 Auto-CAD 2013dwg 格式,然后使用 dws 扩展名重命名 dwg 文件。

第 11 章　图案填充

　　在大量的园林平面图、建筑图、剖面图、剖立面图上进行图案填充是常见的工作。图案填充有两种执行方式：对话框方式和命令方式(bhatch 和 hatch)。

　　园林制图中常要用图案填充，如各类园林地面铺装。图案填充要首先确定边界，构成图案填充的边界是任意的线型几何实体和非线型的文字标注，如直线、圆周、圆弧、多段线和文字标注等，并且构成边界的线型几何实体必须是封闭的。当边界中含有文字标注时，图案填充时会自动绕过文字标注，所以在有文字标注处的填充处，尽量要先进行文字标注。若边界能够完全由几何实体确定则边界的确定变得很简单，只要通过使用选择集的构造方法即可确定，然而实际制图中更多的情况是构成边界的几何实体延伸到有效边界以外，此时若简单地将几何实体作为边界进行图案填充，则产生错误的结果。

　　边界还能根据用户所提供的指示点，通过对指示点附近的图形进行自动搜索来确定有效边界，这时只要能保证构成边界的几何实体相交，就能确定有效边界。AutoCAD 2013 根据指示点对边界的搜索是通过指示点做射线的方法来确定的。默认时，射线所穿过的各个几何实体中，和指示点最近的那个几何实体将作为边界的起始搜索边，然后沿起始搜索边两端分别进行搜索检查，一个指示点搜索的结果将是一个完全封闭的边界，由于阴影线和模式填充命令可以输入不同的指示点确定边界，因此可以方便地确定任意复杂的边界。

　　使用指示点确定边界时，应该明确：①离指示点最近的几何实体将作为搜索的起始；②最近的这个几何实体必须构成封闭的边界；③这个边界必须包围指示点，当边界不封闭或边界不包围指示点时，阴影线和模式填充命令将提示用户重新输入指示点，一般情况下，若图形不是十分复杂，边界的确定是十分简便的。确定阴影线和模式填充的边界时，可以直接指明构成边界的几何实体(如圆周或其他能够封闭但不延伸到边界以外的几何实体和文字标注这一特别几何实体)，也可以通过输入指示点的方法由 AutoCAD 2013 自动搜索确定边界。

　　确定了阴影线或模式填充的边界后，对于阴影线绘制，则还需要确定阴影线的倾斜角度和间距；对于模式填充则还需要确定用哪一个图案模式进行填充。阴影线的倾斜角度比较直观，可以根据实际要求直接确定；阴影线的间距则是指两条相邻直线间的垂直距离。由于阴影线在图形中仅起示意作用，因此其间距可以通过试验的方法确定。一般情况下,阴影线的间距不应太大或太小。

　　图案填充所使用的图案模式可以自己定义,所定义的图案以 ASCⅡ文件保存在磁盘中。这个文件称为填充图案定义文件,一个图案定义文件可以保存多个不同的图案,不同的图案用文字串加以区别。AutoCAD 2013 中提供了多种图案模式,一般能够满足园林制图的需要。AutoCAD 2013 提供的这些图案保存在 Acad.pat 文件中,此文件是阴影线和模式填充命令默认时所使用的模式图案文件。

　　图案填充时,AutoCAD 2013 将所指明的图案名称从文件调入,然后根据用户所指定的图案缩放系数和图案旋转角度对图案进行几何变换,最后在边界范围内重复复制这个变换后的基本图案,重复复制过程实际是在所指定的旋转方向和垂直方向上将基本图案进行矩形阵列复制,阵列复制的间距由图案本身所占据的有效矩形范围确定,用对话框进行图案填充命令为 bhatch(缩写为 h)。

11.1　通过对话框进行图案填充(bhatch)

　　bhatch 为图案填充的对话框执行命令,在对话框中设置图案填充所必需的所有参数。

　　方法:bhatch　绘制→图案填充　⬚ h

　　执行 bhatch 命令后弹出如图 11-1 所示的对话框。

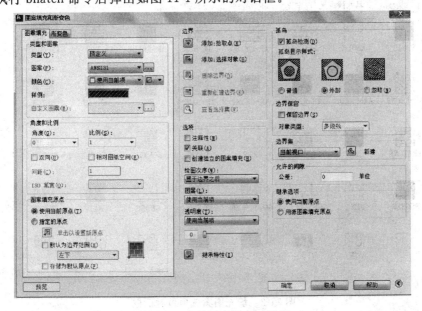

图 11-1　边界图案填充对话框

在该对话框中,包含了"图案填充"和"渐变色"选项卡。

11.1.1 图案填充选项卡

类型:图案填充类型包括"预先定义"、"用户定义"和"自定义"3种。"预先定义"指该 ACAD.pat 中定义好的图案,在提供的 70 多种符合 ANSI、ISO 和其他行业标准的填充图案,或由其他公司提供的填充图案库中进行选择。"用户定义"指基于当前的线型以及使用指定的间距、角度、颜色和其他特性来定义的填充图案。"自定义"指定义在除 ACAD.pat 外的其他文件中的图案。

图案:下拉列表框显示目前图案名称。点取小箭头会列出图案名称,可以选择其中一种填充图案,如果图案不在显示出的列表中,可用滑块上下搜索。点取图案右侧的 [...] ,弹出如图 11-2 所示的对话框。

样例:显示选择的图案样式。点取显示的图案样式,同样会弹出填充图案选项板对话框,如图 11-2 所示。

自定义图案:只有在类型中选择了自定义后该项才是可选的。

角度:设置填充图案的角度。可以通过下拉列表选择,也可以直接输入。

比例:设置填充图案的大小比例。

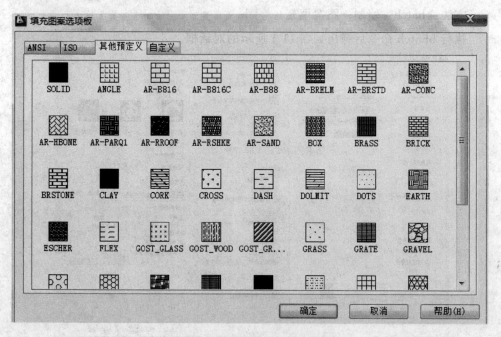

图 11-2　填充图案选项板对话框

拾取点：通过拾取点的方式来自动产生一围绕该拾取点的边界。

选择对象：通过选择对象的方式来产生一封闭的填充边界。

注释性：指定图案填充为注释性。此特性会自动完成缩放注释过程，从而使注释能够以正确的大小在图纸上打印或显示（HPANNOTATIVE 系统变量）。

关联：指定图案填充或填充为关联图案填充。关联图案填充或填充在用户修改其边界对象时将会更新（HPASSOC 系统变量）。

11.1.2　孤岛

"孤岛"选项栏见图 11-3 中右侧。

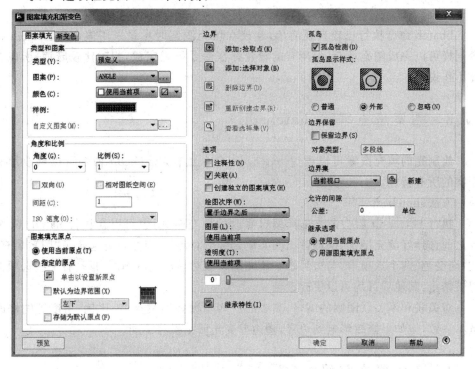

图 11-3　图案填充和渐变色对话框

孤岛检测：进行检测，没有勾选时将孤岛删除，不考虑存在孤岛。

孤岛是位于选择范围之内的独立区域。在缺省的情况下，系统在填充图案时会自动检测孤岛并根据设置情况决定是否填充。在用拾取点来确定填充范围时，如果希望在孤岛所在范围填充图案，可以单击删除孤岛按钮。

孤岛显示样式：控制处理孤岛的方法。共有 3 种不同的处理方法，分别为"普通""外部"和"忽略"。它们之间的区别可从对话框中的图例中看出。

边界保留:"保留边界"控制为是否将图案填充时检测的边界保留。"对象类型"控制保留边界的类型是多段线或面域,在选中了保留边界的复选框后才有效。

边界集:设置通过"拾取点"方式产生图案填充区域时如何检查对象。如果定义了边界集,可以加快填充的执行,在复杂的图形中可以反映出速度的差异。按"新建"按钮指将新建边界集。点取该按钮后提示选择边界。

允许的间隙:填充的边界一般是密闭的,若设定了"公差",则间隙在公差范围内都可以填充图案。

11.2　通过命令行进行图案填充(hatch)

bhatch 命令执行比较直观简单,建议在填充图案时尽量采用该命令。hatch 命令同样可以完成图案填充,但所有的设置都在命令行上完成,相对比较麻烦,所以在此不作说明。

11.3　图案填充编辑(hatchedit)

绘制完的填充图案可以通过 hatchedit 命令编辑,hatchedit 命令可以修改填充图案的所有特性。

方法:hatchedit

执行 hatchedit 后会要求选择编辑修改的填充图案,也可以在执行 hatchedit 命令之前选择好填充图案,随即弹出图案填充编辑对话框,其中同样包含了"图案填充"和"渐变色"两个选项卡,与边界图案填充选项板对话框基本相同,只是有一些选项按钮被禁止,其他项目均可以更改设置。

对关联和不关联图案的编辑,其中的一些参数如图案类型、比例、角度等的修改基本一致,但如果修改影响到边界,随边界变化而结果将不同。

11.4　图案填充分解

填充图案通常都是一个整体。在一般情况下,很少会对其中的图线进行单独的编辑,如果需要编辑,也是采用 hatchedit 命令。但在一些特殊情况下,如标注的尺寸和填充的图案重叠,必须将部分图案打断或删除以便清晰显示尺寸,此时必须将填充图案分解,然后才能进行相关的操作。

用分解命令 explode 分解后的填充图案变成了各自独立的实体,可以单独编辑。

第 12 章 设计中心、查询及其他辅助功能

设计中心是 AutoCAD 主要的共享图形的工具。通过设计中心,可以方便地重复利用和共享图形,可以重复使用图形中的块、图层定义、尺寸样式和文字样式、外部参照、布局、光栅图以及用户自定义的内容。

查询指对对象的大小、位置、特性的查询,时间、状态的查询,以及等分线段或定距分线段等的查询。通过适当的查询命令,可以了解两点之间的距离、某直线的长度、某区域的面积、识别点的坐标、图形编辑的时间等。

变量是 AutoCAD 2013 的重要工具。变量影响到整个系统的工作方式和工作环境。很多的命令执行后会修改系统变量,SETVAR 命令可以直接查询或修改系统变量。直接键入系统变量名也可以显示该变量的值并可以修改。同时 AutoCAD 2013 还提供了诸如计算器、重命名、修复图形数据、清除图形不用的块、文字样式、尺寸样式等辅助工具。

12.1 打开设计中心方法

方法:adcenter 工具→AutoCAD 2013 设计中心   Ctrl+2

"设计中心"窗口,如图 12-1 所示,标题栏的下方有一排按钮,其含义与 Windows 标准窗口工具类似,例如桌面(打开桌面)、打开图形、历史(列表显示最近 20 个设计中心访问过的位置)、树状视图切换等。

12.2 设计中心功能简介

利用设计中心,可以直接打开图形、浏览图形、将图形作为块插入当前图形文件中、将图形附着为外部参照或直接复制等。以上的功能一般通过快捷菜单完成,但像"插入成块"或"附着为外部参照"等也可以通过拖放来完成。

快捷菜单方式:当在控制板中选中某图形文件后,右击鼠标弹出菜单。"浏览"指在控制板中显示该图形的包含对象。"添加到收藏夹"指将该图形添加到收藏夹中。"组织收藏夹"则进入收藏夹以便重新整理。"插入成块"相当于执行 insert 命令,其插入的文件即选中的文件。"附着为外部参照"相当于执行 xref 命令。"复制"则将

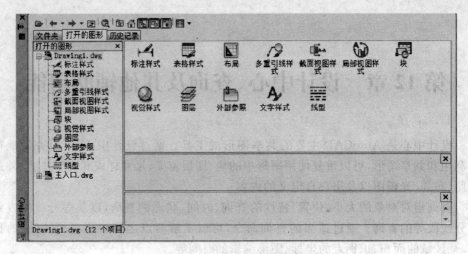

图 12-1 "设计中心"窗口

该图形复制到剪贴板。"在窗口中打开"则相当于打开文件。

12.3 系统变量

熟悉系统变量是精通 AutoCAD 2013 的前提。显示或修改系统变量可以通过 SETVAR 命令进行,也可以直接在命令提示后键入变量名称。在命令的执行过程中输入的参数或在对话框中设定的结果,都直接修改了相应的系统变量。

(1)方法:setvar 工具→查询→设置系统变量

(2)命令及提示

命令:_setvar

setvar 输入变量名或[?]:

输入要列出的变量<*>:

(3)参数

• 变量名:输入变量名即可查询该变量的设定值。

• ?:输入问号"?",则出现"输入要列出的变量"的提示。直接回车后,将分页列表显示所有变量及其设定值。

12.4 辅助功能

为了方便设计和绘图,AutoCAD 2013 提供了其他一些辅助功能,如计算器、重命名、修复图形数据、核查以及清理图形中不需要的图层、文字样式、线型等工具或应用程序。

12.4.1　计算器(cal)

在 AutoCAD 2013 中可以直接通过计算器计算表达式的值。

(1)方法：cal

(2)命令及提示

命令：cal>>表达式：$125-3\times6$

12.4.2　清除图形中的不用对象(purge)

对图形中不用的块、层、线型、文字样式、标注样式、形、多线样式等对象，可以通过 purge 命令进行清理，以便减少图形占用空间。

(1)方法：purge 文件→绘图实用程序→清理 pu

(2)命令及提示

命令：_purge

输入要清理的未使用对象类型

[块(B)/标注样式(D)/图层(LA)/线型(LT)/打印样式(P)/形(SH)/文字样式(ST)/多线样式(M)/全部(A)]：a

输入要清理的名称<＊>：

是否确认每个要清理的名称？[是(Y)/否(N)]<Y>：y

第13章 AutoCAD 2013 至 Photoshop 的图形传输方法

13.1 屏幕抓图法

(1)在 AutoCAD 2013 中打开图形,关闭不需要的图层,并将所有可见图层的颜色都转化为白色。

(2)菜单"工具→选项"中选择"显示"选项卡,在颜色选择里将屏幕作图区的颜色改为白色(即 R＝G＝B＝255)后,屏幕作图区的底色变为白色,而原来设置为白色的图层现在以黑色来显示。

(3)按下键盘的"Print Screen"按键,将当前屏幕以图像的形式存入剪贴板,然后关闭 AutoCAD 2013。

(4)打开 Photoshop CS6,使用菜单命令"文件→新建",文件尺寸使用缺省值,选择"白色"选项为选中状态。

(5)使用菜单"编辑→粘贴",将剪贴板中暂存的图像粘贴到当前文件之中,利用"剪切"工具将周围不用的区域剪裁掉。

(6)利用"魔棒"等选择工具选择不同区域,并加以润色加工即可。

屏幕抓图法的优点是可以充分利用 Windows 系统的资源,操作简单,易于使用。

屏幕抓图法的缺点:只能获得固定尺寸的图像,且所获得图像的大小取决于屏幕所设的分辨率,如 1024×768 像素,尤其是去掉周围的无用信息后,最后获得的实际图像大小可能为 683×524 像素,显然不能满足出大图的需要,因此,此方法仅适用于出小图的需要。由于传入 Photoshop 的图为位图文件,因此线条没有单独区分出一层,增加了修改的难度,且灵活性不够。

13.2 输出位图法

输出位图可按下述步骤进行:

(1)启动 AutoCAD 2013,打开需转化的图层并关闭不需要的图层。

(2)确认当前屏幕作图区的颜色为白色。

(3)使用菜单命令"文件→输出",在保存类型中选择"位图(＊.bmp)"选项,单击"保存"按钮后,返回屏幕作图区,在命令行提示选择物体。选择要传输的物体后,即已将所选择的图形以 bmp 的格式保存为一个图像文件,关闭 AutoCAD 2013。此步骤也可以改为在命令行输入 bmpOUT 或 EXPORT 命令,再选择需传输的物体即可。

(4)进入 PhotoshopCS6,打开刚才所保存的位图文件。

(5)利用"魔棒"等工具选择不同颜色区域,并加以润色即可。

输出位图法的优点是较屏幕抓图法操作更简单、直接。输出位图法的缺点与屏幕抓图法的缺点相同,即仅适用于制作小图,且转入 Photoshop 修改中有一定的难度,灵活性也不够。

13.3 输出 EPS 格式图法

(1)启动 AutoCAD 2013,打开需转化的图层,关闭不需要输出的图层。

(2)使用菜单命令"文件→输出",在保存类型中选择"封装 PS(＊.eps)"选项。单击"保存"按钮后,返回屏幕作图区,系统已自动将当前的图形传输成为一个 eps 格式的文件。此步骤也可以改为在命令行输入 PSOUT 命令来进行。

(3)使用菜单命令"文件→打开",选择刚才输出的 eps 格式的文件。这时设置文件的大小、色彩模式、分辨率等。

(4)利用"魔棒"工具选择不同颜色区域,并加以润色即可。

输出 EPS 格式法的优点:操作比较简单;无须在输出 eps 格式文件时就确定最后出图的分辨率,在 Photoshop 中处理时才需要确定分辨率。故对于同一个 eps 格式的文件,可以满足不同分辨率的出图要求。输出 eps 格式具有较大的灵活性和易编辑性,较为常用。输出 eps 格式法的缺点:传入 Photoshop 的图形颜色较浅,有一定的透明度,所以将该层复制几次后再合并这几层,或者拼合图层后调整图层的对比度为最大,这样就可以比较清晰。

13.4 打印成位图

(1)选择菜单"工具→选项…",在出现的对话框中的打印选项卡下单击添加打印机,在弹出的窗口中双击添加打印机向导图标,在选择打印机型号时,在生产商区中选择光栅文件格式,然后在型号区中选择要输出的文件格式。例如,选择"独立 JPEG 编组 JFIF(JPEG 压缩)",按"下一步",在端口设置时,设置为"打印到文件",按"下一步"直至完成。

(2)输入打印命令,出现打印对话框,在打印机配置选项卡中选择上面设置的打印机,如"独立 JPEG 编组 JFIFCJPEG 压缩 J. PC3",并设置打印到文件的文件名及位置。

(3)在打印机设置选项卡中设置图纸尺寸、单位、方向、打印区域、比例等。然后确定即可。

(4)在 Photoshop 软件里直接打开打印的位图文件。

打印成位图的优点:分辨率可以在打印时控制,可以直接按比例打印成位图。

13.5 电子打印

(1)在 AutoCAD 2013"文件"菜单中选择"绘图仪管理器",在弹出的窗口内双击"添加绘图仪向导" 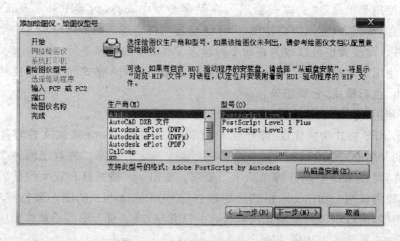,弹出窗口,单击两次"下一步",直到出现对话框,按图 13-1 进行选择。继续单击"下一步",直到完成。注意绘图仪型号选择生产商为 Adobe,型号为 Postscript Level 1。

图 13-1 选择打印机型号对话框

(2)打开要电子打印的 dwg 文件,在文件菜单中选择打印,在弹出的"打印—模型"对话框的"打印机/绘图仪"选项卡中选择名称为"Postscript Level 1. pc3"的绘图仪,设好其他选项,如打印区域、图纸尺寸等,并勾选"打印到文件","确定"后,将弹出保存窗口,文件将默认为 eps 文件,如图 13-2 所示。

(3)进行其他打印设置,均与一般打印机设置一样。也可以进行打印预览等。

(4)在 Photoshop 软件里直接打开保存的 eps 文件,进行其他编辑。

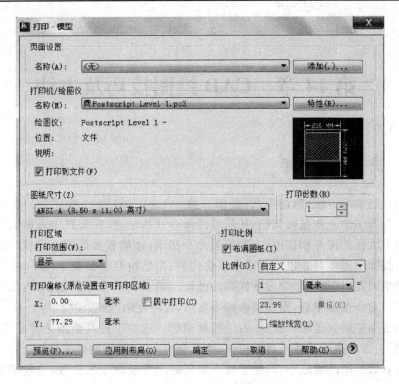

图 13-2　打印机对话框

第14章　CAD绘图技巧及方法

14.1　提高绘图效率

(1)注意学习方法,熟能生巧,勤能补拙。AutoCAD 2013 的学习以上机练习更为重要,先看书学一些基础知识,从简单的命令开始学习,在实践中理解命令才会更透彻,只有大量的练习和作图,充分熟悉命令提示,才能提高效率。忌找一本书从头看到尾,要知道很多命令也许你根本不会用到,当然没有必要去学习了,实践中碰到问题,解决问题,就是一个学习和提高的过程。如 sketch 命令画徒手线,如果对鼠标使用不好,命令理解不好,则线条画得不自然,线还复杂,难于编辑。

(2)使用左手键盘输入命令,右手控制鼠标。这对于提高绘图速度非常重要,如果用鼠标去点击菜单项或工具条按钮,速度会大大下降,同时绘图界面上摆满了工具条,屏幕有效绘图区域减小,增加了使用屏幕显示控制命令的次数,也就增加了无效的操作,绘图速度当然就受到影响。所以尽量把常用命令的快捷方式记住,或者自己定义适合左手快速输入的命令缩写。

(3)总结作图技巧。在 AutoCAD 2013 里面作图,达到同样的目的,往往有多种方式,要总结出最方便的方法,以便在以后的绘图工作中使用。对于设计人员来讲,AutoCAD 2013 只是作图工具,没有必要把所有的方法都掌握,用自己最为熟悉和快速的方法达到目的就行。

(4)与其他软件配合,多学习一些其他软件及计算机应用方面的知识。对于个人而言,应该对计算机的软硬件有基本了解。在实践过程中,不会仅仅只用到一个软件,与园林设计相关的配套软件如 Office,Photoshop,3ds Max 等,互相组合应用来表达你的设计意图。

(5)养成良好的绘图习惯。要在实践当中对图层、颜色、文字样式和标注样式等积累经验,做好适合自己的模板和养成自己的绘图习惯。

14.2　图层及图形颜色管理

几乎所有的设计项目都是由多人组合完成的,不论是设计公司或者是设计小组,都有大量的图纸完成,如果在用 AutoCAD 2013 作图的时候,图层和颜色管理不一样,会给后期的工作带来很多不必要的麻烦。如总平面图中有植物种植时,最好把所有有关植物的图形、块和文字放到统一的几个固定图层里面,这样其他人用总平面图做其他设计时,只需简单地把与绿化相关的图层关闭或冻结即可,需要时还可以很方便地打开查看,以检验其他设计与绿化是否有冲突之处。如果不注意图层的这个问题,把与绿化相关的图形或文字分散放到了其他图层,使得图层内容混乱,如文字图层有植物图例、电路的图层里也有绿化、0 层里也有绿化,就很不便于使用和管理。再者,CAD 出图时,往往按照线的颜色来定线的粗细。合作的两人最好要有统一的约定,如黄色表示粗线,红色表示细线,青色表示多宽的线,即使是自己一个人作图,也应该统一做法,以便于以后图形的互相调用。

14.3　图层设置和管理

在作园林设计平面图时,最好设置有明确名称的图层,并把相关的图形内容放置于其中,按照自己的习惯分好图层,并放于一个模板文件中,以后直接调用就行。如下则是一个典型的园林设计平面图图层:

建筑图层:把相关的建筑图形放于建筑图层。

道路图层:把各种道路放于道路层,如果道路系统复杂,可以将图层分类。

乔木图层:放置所有乔木的图形。

灌木:放置所有成片种植的灌木和地被。

文字:放置所有的一般文字标注。

绿化文字:放置所有乔木及单株灌木的文字标注。

灌木文字:放置所有成片灌木或地被的文字标注。

尺寸标注:放置所有尺寸标注。

填充:放置所有填充图案。

实际上可以有更多的图层,但并不是图层设得越细越好,图层太多,也会带来操作上的困难。总之,图层的设置要便于操作和协调。另外,如果从别的地方得到基础图纸,要在基础图纸上进一步做设计,最好在开始之前,把原始图形的图层调整一下,使之适合自己工作。

14.4　图形颜色管理

用什么颜色代表粗线、什么颜色代表细线,这是个人或设计小组的习惯或规定,关键是要互相统一。可以从以下两个方面考虑颜色的设定:

(1)在屏幕上识别和观察方便。屏幕的背景色一般设为黑色,因为中粗线和细线是在图形中占最大比例的图线,应该选择相对比较柔和的颜色,而不宜选择色彩明度大的颜色,否则作图时间长了,眼睛易疲劳,也不利于视力的保护。颜色最好与图形内容相协调,例如,植物色就应该尽量使用绿色系,水面和水面岸线可以使用蓝色系,不宜把绿化设为红色、黄色。如果要打印彩色线条图与其他人讨论设计方案,用绿色代表绿化比较合理,如果使用其他颜色如红色,识别性不强。

(2)选择颜色要尽量避免与设计小组以外的人员发生冲突。例如,Red(红)、Yellow(黄)、Green(绿)、Cyan(青)、Blue(蓝)、Magenta(紫红)和 White(白)7 种颜色是 AutoCAD 2013 里的标准颜色,使用得最多,如果我们要设定一种特殊的细线,就应该避开这几种颜色。可以把特定颜色设定为特细线(如填充图案线)、文字、专用的颜色,这样一般都可以避免与其他人的图的颜色发生冲突。

14.5 文字样式及标注样式管理

14.5.1 文字样式管理

文字样式名可以由用户自定义,但最好把文字样式名称定得容易理解。例如,在作图的时候,参照国家制图标准,把一般字体定义为 Fs3、Fs5、Fs7 等名称,Fs 表示是仿宋字,后面的数字表示字高,如 3 表示 3 mm,5 表示 5 mm,7 表示 7 mm。Fs5 是最常用的字体,主要用于标注一般性说明、撰写说明书等。Fs3 是比较小的字,用于尺寸标注,或图纸空间比较挤时的一般文字标注。Fs9 是较大的字体,一般用于图名标注或需要特别强调的文字标注。

在作图时不要随意放大缩小字体,这样很容易使字体大小不统一,影响图面效果。其他特殊用途的字体可以根据需要定义。

14.5.2 标注样式管理

从道理上讲,标注样式的管理和文字样式是一样的,关键是从样式名称可以知道其比例,以便于进行尺寸标注时准确切换。另外,使用的文字样式大小要合适。

14.6 建立和积累图形资料库

建立图形库是提高工作效率的必要手段,图形库的形成可以通过各种方法得到,如自己积累、从图形素材库得到、从网络中下载或交流得到。一般图形库可以包括树木平面图例、通用图形(如羽毛球场、网球场等)、树木立面图、人物立面图案、交通工具的平面及立面图案以及模纹花坛的图案、装饰铺地的图案等,也包括一些施工参考图、常用的文字样式、标注样式、图层等模板文件。

第二部分
Photoshop 基础知识

第二部分
Photoshop 基础知识

第 15 章　数字图像的基础知识

图像是人类获得各种信息最重要、最直接的方式,人类大约 80％的信息来源于人的视觉,而人眼所识别的事物都是这些事物在视网膜上所形成的图像。这些图像在没有电脑之前都是以模拟的方式出现在人们的生活中,即人们在日常生活中接触到的各类图像,如照相机所拍的照片、幻灯片、绘画作品等,以及眼睛所看到的一切景物,都是由连续的各种不同色相、不同亮度的点组成的。这类图像的共同特点是只能通过摄像机、照相机等进行摄取,无法用数字计算机直接来进行处理。

随着计算机技术的发展,人类开始利用计算机来处理、储存图像。因为计算机只能处理数字信息,要使模拟图像能在计算机中进行处理,必须将模拟图像转换为用数据表示的图像,这就是数字图像。将模拟图像转换成数字图像的过程,称为图像的数字化。最常见的方式就是用扫描仪将印刷品、照片转变成数字图像。

我们常见的扩展名为 jpg、bmp、gif、tif、pcx 等文件都是数字图像文件的常见格式,这些图像都可以利用各种图像处理软件来进行进一步的处理。

15.1　数字图像的分类

15.1.1　按图像性质分类

数字图像在计算机中是以不同方式存储的,即是以不同的方式表达的。以不同的方式存储图像和实际工作所需应用的效果是相关联的,所以我们必须注意到这些图像的区别。图像按计算机图像性质可分成两大类:矢量图(向量图形)和位图(像素图、光栅图)。

矢量图　是由矢量的数学对象所定义的直线、曲线、色块组成的,根据图形的几何特性来对其进行描述。软件常用一系列的绘图指令来表示图形,如画点、画直线、画矩形、画圆、画椭圆等,这种方法实际是用数字表达式来描述一幅图,故计算机在存储矢量图时,实际是存储这幅图形的绘图指令和有关绘图参数。例如,矢量图中的长方形是由数学定义的长方形组成,这个长方形按某一长宽画出,放在特定位置并填充特定的颜色,移动、缩放或改变其颜色都不会降低图形的品质。

计算机上常用的矢量图文件扩展名有 dxf、dwg、3ds(用于 3D 造型和 CAD)、

wmf(用于印刷出版)、cgm、cdr、eps 等。

在显示矢量图像时,计算机一边计算一边显示,对于复杂的矢量图在显示时,其复杂的计算常常需要花费比较长的时间,并且对计算机硬件要求相应也比较高。常用的矢量图软件目前已很多,最常见的是 AutoCAD 软件,其他如 CorelDRAW 和 Adobe Illustrator、Freehand 等软件也是常用的矢量软件。

矢量图有很多优点。例如,对图形的移动、放大或缩小、旋转、复制、颜色的改变、线条粗细的变化等,操作起来都非常方便。复杂图形是由相同或相似的图形作为基本元素组合而成的,可以事先绘制,存储在图形库中,再次使用时,便可将其直接调用重复使用,这样就可以大大缩短绘图时间,而且可以减小整个矢量图的文件大小。矢量图的重要特点是与分辨率无关,即可以将它缩放到任意大小和以任意分辨率在输出设备上打印,都不会遗漏细节或减少清晰度。因此,矢量图是文字(尤其是小字)和线条图形的最佳选择,这些图形在缩放到不同大小时能够保持清晰的线条。矢量图一般适合表示有规律的由线条组成的图形,如工程图纸、美术字一类。绝大多数 CAD 和 3D 造型软件都使用矢量图作为基本存储格式。

位图　是用小方形网格(位图或栅格),即像素(pixel)来代表图像,每个像素都被分配一个特定位置和颜色值,计算机屏幕上的图像是由屏幕上的发光像素点构成的,每个像素用二进制的数据来指定此像素的色相、亮度等属性,由连续区域内的像素构成一幅完整的图像。例如,在位图中图像是由不同位置的像素拼合组成的。处理位图时,编辑的是像素(即改变其位置和颜色值数据),而不是对象或形状。位图与分辨率有关,即它包含固定数量的像素,代表图像数据。因此,如果在屏幕上以较大的倍数放大显示,或以过低的分辨率打印,位图会出现锯齿边缘,且会遗漏细节。在表现阴影和色彩(如照片或绘画)的细微变化方面,位图是最佳选择,使用矢量图来表示则无疑是做不到的,因此这类图像应该用位图来表示。常见的位图格式有如下一些:bmp、pcx、gif、tiff、vut、pfs、jpg、wpg、ras、lbm、iff、pic 等。

像素是构成点阵图像的基本元素,这些像素组成了位图图像,因此,计算机在存储和处理位图时,实际是存储和处理图像的各个像素的位置和颜色值数据。常见的软件如 Photoshop、Painter 等都能处理或生成位图。

位图中水平方向上的像素个数和垂直方向上的像素个数决定了该幅图像的分辨率,以一般 VGA 显示器为例,屏幕显示的图像分辨率为 640×480,表示其水平方向上有 640 个像素,垂直方向上有 480 个像素,则屏幕上的总像素有 $640\times480=307\,200$个,即有 307 200 个发光点。如果是一幅真彩色图像,每个像素由 24 位二进制表示,则整幅图像需要 $640\times480\times24=7\,372\,800$ 位二进制位才能存储这幅图像。因此,位图文件一般比矢量图文件占用的硬盘容量要大。位图放大后,其清晰度和光滑度都要受到影响。

计算机显示器以网格点的形式来呈现图像,因此矢量图和点阵图在屏幕上都是以像素显示的。一般来说,计算机显示位图文件的速度比显示矢量图文件要快,但因为位图文件要存储其每一个像素的信息,故相应的存储空间要大得多。影响位图文件大小的因素主要有两个:图像的分辨率,此值越大,所需存储空间越多;图像位深,像素的深度越大,位图文件也就越大。而影响矢量图的大小是图形本身的复杂程度,构成图形的曲线越复杂,图形文件就越大。

目前工程制图绝大多数是矢量图,而绘图类大多是位图。当然有些软件兼有矢量图和位图两种性质的内容。Photoshop 属于位图式的图像软件,它保存的图像是位图,但是也能够保存部分矢量数据,能与其他矢量式图像软件交换文件,且可以打开部分矢量式图像。

15.1.2 按颜色分类

黑白图像(single-bit image) 只包含黑、白两种信息,是最简单的一种图像。一个像素只用一个比特(bit)来表示,所以占用很少的存储空间。黑白图像又分为两种不同的类型:线条图和半色调图。线条图(lineart)是一种简单的黑白图像,只有黑、白两种线条。半色调图(halftone)中,较黑的区域用较多的黑点来表示,较亮的区域用较少的点来表示,这样图像看起来就有从黑色至白色的不同变化,而实际上每个点只有黑、白两色。报纸和杂志上的摄影图片常用这种半色调图像。

灰度图像(gray scale image) 不仅包含黑色和白色,还包含实际的灰色调。在灰度图像中,每个像素用多个比特来表示,这样可以记录和显示更多的色调。例如,4 bit 可产生 16 种灰度,8 bit 则可产生 256 种灰度,从而使黑白图片的层次更加分明。

彩色图像(color image) 在计算机中通常采用 RGB(红、绿、蓝)三原色的模型,RGB 原色可以组合成所有的颜色。在 RGB 三原色系统中,白色的补色是黑色,100%的红、绿和蓝组合为白色,相同数量的红、绿和蓝组合为相应的灰度层次。彩色图像中的每个像素是用多个比特来表示的,常用的是 24 bit 彩色图像,它是由三个 8 bit 的 RGB 通道组成,可以记录 1 670 万种色彩,即真彩色图像。

15.2 数字图像常见参数

15.2.1 分辨率

在图像扫描输入及输出、打印操作中,分辨率是一个重要的概念。必须能够正确地处理分辨率,以合适的信息量和信息密度去模仿连续色调,改善细节的显示,确保数字化图像中的色调能忠实于原图像。了解和掌握分辨率的有关知识,是使用扫描仪输入图像和打印、输出图像的关键。

分辨率表示图像数字信息的数量或密度,通常用"每英寸中的像素数"来定义,即分辨率的单位为点/英寸(dpi),如 300 dpi 扫描分辨率就表示 1 英寸里有 300 个像素,同样尺寸的两幅图,分辨率高的图像其包含的像素比分辨率低的图像多。分辨率与像素、网格特性有着直接的联系,像素是图像数据最小的单元,每个位图都是由像素来组成的。所有数字图像复现的复杂性就在于使用这些单独的、不连续的像素去仿真连续的色调。

位图中的每一个像素有大小、色调、色深度和位置四个基本特性,这四个属性从不同的角度来定义分辨率。

同一幅图像中所有像素的大小都是一致的。最初,像素的尺寸由扫描图像(即用数字化方法捕获图像)时使用的分辨率确定。例如,输入分辨率越高,像素就越小,这就意味着每个单位尺寸内具有较多的信息和潜在的细节,而且色调看起来比较连续;分辨率越低,则意味着像素越大,每个单位尺寸内的细节就越少,图像的显示就越粗糙。一幅图像中的像素大小和数量组合在一起,确定了所包含的信息总数。在工作过程中的任何时候,只要改变分辨率就可改变像素的大小,如果输出已扫描好的图像进行印刷,修改分辨率,就能自动改变印刷品的尺寸。

扫描仪或数码照相机将一个颜色或灰度值赋予图像中的每一个像素,当像素很小,而且相邻像素的颜色或色调变化很小时,就会造成一种连续色调的幻觉。使用具有低噪声系数和宽动态范围的设备扫描图像,能呈现一种非常自然的连续色调,这是因为它们包括了从亮到暗特别宽的动态色调范围。图像中的细节是像素尺寸和色调范围所决定的,像素尺寸直接与分辨率相关,而色调范围是由扫描设备的动态范围确定的。

一个单独的像素只能赋予一个值,是数字化设备的位深度或色深度,确定其颜色或色调有多少种可以用来赋值,每增加一种可以增加相邻颜色和色调之间过渡的平稳性。

一幅位图是包括很多单个像素的整体,每个像素在图像里都有一个可定义的水平和垂直位置。在大多数主要的图像编辑程序中,任何一个像素的坐标位置,只要在图上移动称为滴管(Eye-dropper)的工具,其信息面板上就有相应的 X、Y 位置值。图像的物理尺寸由像素的总数和分辨率确定。

15.2.2　分辨率的类型

在进行图像工作时,一般会遇到以下几种类型的分辨率:输入(扫描)分辨率、光学分辨率、内插分辨率、显示器分辨率、图像分辨率、输出分辨率、打印机分辨率。这些不同的分辨率有的与用来测量信息密度的设备类型有关,有的与工作过程中不同的扫描阶段有关,但都涉及数字信息的数量和密度。

输入(扫描)分辨率 指在单位尺寸(每英寸或每厘米)原始图像上,扫描仪捕获的信息量。输入分辨率随着每一次的扫描而不同,它受扫描设备所具有的最高光学分辨率或内插分辨率的限制。

光学分辨率 指扫描仪或数码照相机的光学系统采样的最大信息量或最高信息密度,一般对于扫描仪是指水平的每 1 英寸或每 1 厘米的信息量,对于数码照相机则表示为一个固定的量。

内插分辨率 一般用于输入和输出阶段。在输入情况下,内插分辨率是指在硬件或软件算法的帮助下,扫描仪可以模拟的最高信息密度;如果输出已经数字化的图像而没有足够的信息量满足高质量印刷的要求,就可以采取分辨率内插法,增加一些新的像素来提高分辨率和尺寸。

显示器分辨率 是指计算机屏幕一次可以显示的总信息量(如 1024×768 像素),常用的显示器分辨率有 640×480、800×600、1024×768、1920×1440 等,大屏幕显示器分辨率还要更高。显示器分辨率也可以认为是显示器在水平方向每 1 英寸的点数,一般有 72 dpi 和 96 dpi 两种。显示器分辨率只会影响最终用户使用图像工作时的方便性,不会改变图像数据的输出质量。当显示器分辨率低于图像分辨率时,图像将被放大显示,不能被屏幕完全显示。例如,用 72 dpi 的显示器显示 144 dpi、8 英寸×6 英寸的图像时,实际将显示出 72 dpi、16 英寸×12 英寸的图像。

图像分辨率 指图像中储存的信息量。这种分辨率有多种衡量法,一般以图像水平和垂直方向上的像素点(pixel)数量来表示,如分辨率为 640×480 的图像表示这幅图像水平方向上有 640 个像素,垂直方向上有 480 个像素。值越大,组成图像的像素就越多,图像就显得越清晰。同时分辨率高的图像其文件所占用的磁盘空间也越大,进行打印或修改图像等操作时,计算所花时间也就越多。另外一种表示方法是以每英寸或每厘米的像素(dpi)来衡量。例如,350 dpi 图像分辨率的图像上每英寸或每厘米有 350 个像素,常以英寸来作为基本单位。图像分辨率和图像尺寸一起决定文件的大小及输出质量。

输出分辨率 用于打印输出或印刷,它表示将最终文件发送到激光照排机或打印机上时所需的每英寸像素数(ppi 或 dpi)。印刷重现方法、挂网约定、选定输出设备的分辨率等综合在一起,决定图像的确切输出分辨率。如果事先知道所期望的输出分辨率、网目版的网线密度、印刷品的尺寸、原始图像的尺寸等,就可以推导出原始图像所需的正确扫描分辨率。

打印机分辨率 可用来度量输出设备在水平和垂直方向产生的每英寸点数。打印机或激光照排机的分辨率越高,它所产生的点就越小,图像的色调看起来就越具有连续性。打印机分辨率限制了打印中可以复现的单种颜色的最大数量。打印机的分辨率一般用每英寸线上的墨点(dpi)表示,打印机分辨率决定了打印输出图像的质量,常有 600 dpi、720 dpi、1200 dpi 几种分辨率。

15.2.3 使用分辨率

分辨率类型有多种,究竟哪一种类型是最重要的,哪一种需要进行控制,这个问题其实相当简单。为了从输入到输出自始至终保证图像的质量,如果打算将图像输出到幻灯片、多媒体、视频设备,那么只需协调两种类型的分辨率;如果打算输出到打印机(或印刷),则需要控制四种类型的分辨率:一是输入分辨率。要保证有足够的图像信息进入数字化后的图像,以满足所需最终产品的各种要求;二是图像分辨率。为了得到很好的输出,应检验图像包含的信息既不能太少也不能太多;三是打印机分辨率。应确定打印机的最高分辨率,它可以产生最平稳的色调过渡所需的网目版的网线密度;四是输出分辨率。应确保信息密度能满足网目版网线密度的要求或打印机分辨率的要求。

在扫描一幅数字图像之前所做的操作,将影响到最后图像文件的质量和使用性能。最佳扫描分辨率的确定是其中很重要的一步,它将决定图像将以何种效果显示或打印。如果扫描图像用于 640×480 像素的屏幕显示,则扫描分辨率不必大于一般显示器屏幕的设备分辨率,即一般不超过 120 dpi。但在大多数情况下,扫描图像是为以后在高分辨率设备上输出而准备的,此时就需要采用较高的扫描分辨率。

一般地,如果图像扫描分辨率过低,图像处理软件可能会用单位像素的色值去创造一些半色调的点,这会导致输出的效果非常粗糙;反之,如果扫描分辨率过高,则数字图像中会产生超出打印机所需要的信息。如采用高于打印机网屏分辨率两倍的扫描分辨率,则打印输出时图像色调的细微会过度丢失,导致打印出的图像过于呆板无味。

那么,如何正确计算扫描分辨率呢?一般情况下,以打印输出的网屏分辨率、打印和输出图像尺寸来计算正确的扫描分辨率。步骤如下:

(1)图像所需像素总数=输出图像的最大尺寸×网屏分辨率×网线数比率(常为 2:1)

(2)最优扫描分辨率=图像像素总数÷扫描图像的最长尺寸

例如:扫描图像宽 4 英寸,高 6 英寸,需要打印机输出图像的宽为 8 英寸,高为 12 英寸,使用打印机的网屏分辨率为 150 dpi,网线数比率为 2:1:

$$图像扫描分辨率=12×150×2/6=600 \text{ dpi}$$

15.3　图像位深与颜色

图像位深是指描述图像中每个像素的数据所占的位(bit)数。图像的每一个像素对应的数据通常可以是一个 bit 或多个 bit 用来存放该像素点的颜色、亮度等信息。因此数据位数越多,所对应的颜色种数也就越多。目前图像深度有 1 位、2 位、4 位、8 位、16 位、24 位、32 位和 36 位等几种。若图像深度为 1 位,则图像只能表示 2 种颜色,即黑与白或亮与暗,这通常称为单色图像;若图像深度为 2 位,则只能表示 4 种颜色,图像就是彩色图像了。自然界中的图像一般至少要 256 种颜色,则对应的图像深度为 8 位,而要达到彩色照片级的效果,则需要图像深度达到 24 位,即所谓真彩色。

图像颜色数是指一幅图像中所具有的最多的颜色种类。

图像颜色数和图像深度的关系为:颜色数 $=2^{\text{图像深度}}$

图像深度与颜色数及显示模式的关系见表 15-1。

表 15-1　图像深度与颜色数及显示模式关系

色彩位数	显示颜色数量(种)	显示模式
1	$2(2^1)$	VGA
2	$4(2^2)$	VGA
4	$16(2^4)$	VGA
8	$256(2^8)$	SVGA
16	$65536(2^{16})$	高彩
24	1677 万(2^{24})	真彩
32	1677 万(2^{32})+256 级灰度值	真彩
36	687 亿(2^{36})+4096 级灰度值	真彩

15.4　图像尺寸与图像文件的大小

图像尺寸指的是图像的长与宽,在 Photoshop 中,尺寸可以根据不同的单位来度量,如利用像素(pixels)、英寸(inches)、厘米(cm)等来度量打印输出的图像。

图像大小表示图像在磁盘上存储所需要的空间,我们一般用计算机存储的基本单位字节(byte)来度量。不同色彩模式的图像每一像素所需字节数不同,灰度图像中的每一像素灰度用一个字节数值表示;RGB 图像中的大小(字节数)可以用以下公式来计算：

图像文件的字节数＝(位图高度×位图宽度×图像深度)÷8

例如：一幅 640×480 的 256 色(8 位)未压缩原始图像的数据量为：

(640 像素×480 像素×8 位)/8＝307200 个字节

当然,实际使用的位图文件一般都是经过压缩处理的,所以占用的磁盘空间数要小一些。

图像文件的大小主要受图像分辨率、色彩数(位深)和图像尺寸 3 个因素共同决定。图像分辨率以平方关系影响着文件的大小,即文件大小与其图像分辨率的平方成正比。如果保持图像尺寸不变,将其图像分辨率提高 1 倍,则其文件大小增大为原来的 4 倍。

在图像软件中,图像像素直接转换为显示器的像素,当图像分辨率大于显示器分辨率时,图像将显示得比屏幕大。例如,在分辨率为 72 dpi 的显示器上显示的图像分辨率从 72 dpi 增大到了 144 dpi(保持图像尺寸不变),那么该图像将以原图实际尺寸的 2 倍显示在屏幕上。例如,一幅图像分辨率为 72 dpi 的非彩色灰度图像,以 bmp 格式保存,图像的像素为 400×200＝80000 个,其在水平方向和垂直方向上分别为每英寸 100 个像素,它所需要的存储空间为 80000 个字节,再加上文件头的信息,此图像文件的实际大小为 81920 个字节,在显示分辨率为 640×480 的显示器上是可以看到整幅图像的。如果将此幅图的分辨率提高到 144 dpi,则此幅图像的像素就变成 800×400＝320000 个,存储这幅图像所需空间就变成 323584 个字节,在显示分辨率为 640×480 的显示器上就不能看到图像的全部,用户要看图像的其他部分时就需要移动图像或缩小画面。

图像在显示器上的尺寸与图像的打印尺寸无关,只取决于较低的像素及显示器设置尺寸。

15.5 图像的其他属性

与绘画中的色彩理论类似,数字图像也一样有类似的属性,我们可以根据需要来改变一个图像的属性。

亮度(brightness) 指图像彩色所引起人的眼睛对明暗程度的感觉。亮度为零时即为黑,最大亮度是色彩最鲜明的状态。

饱和度(saturation)   代表色彩的纯度,值为零时即为灰色。黑、白、灰度都没有饱和度。最大饱和度时是每一色相最纯的色光,对于同一色调的彩色光,其饱和度越高,说明它的颜色越深,如深红比浅红的饱和度要高。高饱和度的彩色光可以因为加入白光而被冲淡,变成低饱和度的彩色光,可见饱和度下降的程度反映了彩色光被白光冲淡的程度,因此,饱和度也是某种色光纯度的反映。100％饱和度的某色光,就代表没有混入白光的某种纯色光。

色调(hue)　是指光所呈现的颜色,如红、绿、黄、紫等,彩色图像的色调决定与其在光照射下所反射的光的颜色。

色度(tint)　是色调和饱和度的合称,表示光颜色的类别与深浅程度。

对比度(contrast)　指图像中的明暗变化或亮度大小的差别。

15.6　常见图像文件格式

图像文件的存储格式多种多样,其原因在于各大公司所发展的软件存储方式不同,以及图像处理数字化的方式不同。数字图像可以分为矢量图和位图两种。要想了解某个图像文件是以何种格式存储的,其最直接的方法就是看该文件的扩展名。所以,由于存储方式、存储技术及发展观点不同而产生了多种格式,常见的格式分如下两类。

15.6.1　位图文件格式

位图是以点或像素的方式来记录图像的,因此图像是由许许多多小点组成的。位图图像的优点是色彩显示自然、柔和、逼真。图像在放大或缩小的转换过程中会失真,且随着图像精度提高或尺寸增大,所占用的磁盘空间也急剧增大。

(1)Adobe Photoshop(.psd):这是 Adobe 公司开发的图像处理软件 Photoshop 中自建的标准文件格式,在该软件所支持的各种格式中,其存取速度比其他格式快很多,功能也很强大。由于 Photoshop 软件越来越广泛地应用,所以这个格式也逐步流行起来。被 Mac 和 Windows 平台所支持,支持 RLE 压缩,被广泛应用。它能够保存通道、图层、遮罩等信息,方便下次打开文件时修改上一次的设计。

(2)图形交换格式(.gif):CompuServe 公司所创建的文件格式。被 MS-DOS/Windows、Mac、Unix、Amiga 和其他平台所支持。GIF 是 Graphics Interchange Format 的缩写,分为 87a 及 89a 两种版本,存储格式由 1 位到 8 位。支持 256 色,最大图像像素是 640×640,支持 LZW 压缩。GIF 格式是经过压缩的格式,磁盘空间占用较少,它是制作 2D 动画软件 Animator 早期支持的文件格式,所以该格式曾被广泛使用。但由于 8 位存储格式的限制,不能存储超过 256 色的图像,但是 256 种颜色已经较能满足 Internet 上的主页图形需要,且该格式文件比较小,可以是动态的图形,因此适合网络环境传输和使用,在 Internet 上被广泛地应用。

(3)联合照片专家组 JPEG(.jpg):C-Cube Microsystems 开发的位图文件格式,用于包含用 JPEG 压缩的数据文件保存和交换格式,被所有平台所支持,支持 24 位颜色,支持 JPEG 压缩。可以取得极高的压缩率,同时能展现十分丰富生动的图像,由于它优异的压缩性能,是最常见的一种图像格式。在 Internet 上,它更是主流图形格式。当文件存储为 jpg 格式时,可以指定图像的品质和压缩级别,输入 0~12 的数值,或选取"品质"选项,或者拖移滑块。图像品质和压缩量之间总是一种互补的关系:较高品质图像比较低品质图像使用较低的压缩,占用更多的磁盘空间。还可以为 JPEG 文件选择一种格式选项:选择"基线(标准)"使用能被大多数 Web 浏览器识别的格式,选择"基线已优化"格式优化图像的色彩品质并产生稍微小一些的文件,但所有 Web 浏览器都不支持这种格式。选择"连续"格式使图像在下载时逐步显示在一系列的扫描中(可以指定数目),以逐步显示越来越详细的整个图像。但是连续 JPEG 文件稍大,要求更多内存才能显示,而且不是所有应用程序和 Web 浏览器都支持这种格式。

因为 JPEG 是一种有损的图像压缩格式,所以一般文件以不扔掉数据的格式(如.psd)编辑和存储图像,将图保存为 JPEG 格式一般作为最后一步处理。

(4)PNG(Portable Network Graphics):是一种新兴的网络图形格式,结合了 GIF 和 JPEG 的优点,具有存储形式丰富的特点。PNG 最大色深为 48 bit,采用无损压缩方案存储。著名的 Macromedia 公司的 Fireworks 的默认格式就是 PNG。它的压缩方法对非相片图像(如连环画与地图)效果很好,但是对相片效果一般。压缩相片时,如果可以接受轻微的质量损失,则 JPEG 是更好的选择。PNG 是唯一支持 alpha 通道的标准 Web 格式。alpha 通道可用于将图像的特定部分变成透明或半透明的。与 GIF 相同的是,PNG 也支持高达 256 色的调色板与灰度图像;但与 GIF 不同的是,PNG 还支持具有几百万种颜色的真彩色 24 位与 48 位彩色图像(带 alpha 通道的 32/64 位)。PNG 支持任意数量的文本元数据,用于在图像中存储基于文本的信息。PNG 不像 GIF 那样能够支持动画;PNG 文件可以保存成"交织"格式(可选),以便在 Web 浏览器中查看。Web 用户从 Internet 下载交织式 PNG 时,会快速显示图像的模糊版本,随着下载的继续,图像的分辨率会逐渐提高。不过,交织式文件总体上要比普通文件稍大一些。

(5)Mac 绘画(.mac):Apple 公司所开发的位图文件格式,是苹果机 Mac 所使用的灰度图像模式,在 PC 机上制作图像时可以利用这种格式与苹果 Mac 机沟通。最大图像像素是 576×720。支持 RLE 压缩,主要用于在 Mac 图形应用程序中保存黑白图形和剪贴画片。

(6)标签图像文件格式(.tif):Aldus 公司开发的位图文件格式。被 MS-DOS、Windows、Mac、Unix 和其他平台以及大多数的绘画图像和桌面印刷应用程序所支持。可保存通道信息,支持 32 位颜色,支持 RLE、LZW、"CCITT3 组和 4 组"及 JPEG 压缩。是广泛使用的在平台和应用程序间保存和交换图形信息的格式,是 PC

机与苹果 MAC 机系统上联系的最好图像格式。

(7)Targa(.tga)：Targa 图像文件，是 Turevision 公司开发的，被 MS-DOS、Windows、Unix、Atari、Amiga 和其他平台及许多应用程序所支持。支持 32 位颜色，图像大小不受限制，支持 RLE 压缩，广泛用于绘画、图形和图像应用程序及静态视频编辑，该格式的缺点是占用磁盘空间很大，一个全屏幕的图像文件起码要占用 430KB 以上的磁盘空间。

(8)位图(.bmp)：由 Microsoft 公司开发，支持 1 位、4 位、8 位、16 位、24 位和 32 位颜色。图像大小无限制，支持 RLE 压缩，广泛用于交换和保存位图信息。开发 Windows 环境下的软件时，bmp 格式是最不容易出问题的格式，并且 DOS 和 Windows 环境下的图像处理软件都支持该格式，因此该格式是当今应用最广泛的一种格式，Windows 下的标准图像文件格式。

(9)RAW：RAW 文件是一种记录了数码相机传感器的原始信息，同时记录了由相机拍摄所产生的一些原数据(Metadata，如 ISO 的设置、快门速度、光圈值、白平衡等)的文件。RAW 是未经处理、也未经压缩的格式，称为"数字底片"。RAW 最大的好处是保存了最原始的 CCD 数据，把更多的自由放在用户手里，记录了最原始最真实的信息，不做修饰和更改，为后期制作留下了广阔的可操作性。

15.6.2 矢量文件格式

矢量格式是以数学方式来记录图像的，不受一定颜色深度的限制。矢量图的优点是信息存储量小，分辨率完全独立，在图像的尺寸放大或缩小过程中图像的质量不会受到丝毫影响，而且它是面向对象的，每一个对象都可以任意移动、调整大小或重叠，所以很多 3D 软件都使用矢量图。矢量图是用数学方程式来描述图像，运算比较复杂，图像色彩显示比较单调，图像看上去比较生硬，不够柔和逼真。

(1)Adobe Illstrator(.ai)：Adobe Systems 开发的矢量文件格式，为 Windows 平台和大量基于 Windows 的插图应用程序支持。

(2)Dxf：Dxf(Autodesk Drawinge Xchange Format)是 AutoCAD 中的矢量文件格式，它以 ASCII 码方式存储文件，在表现图形的大小方面十分精确。DXF 文件可以被许多软件调用或输出，可以保存三维对象，不能被压缩。这种格式也同时被许多其他计算机辅助设计程序和某些绘图程序，包括 CorelDRAW 所支持。

(3)EPS：Adobe Systems 所开发的矢量文件格式(Encapsulated PostScript)，是用 PostScript 语言描述的一种 ASCII 码文件格式，既可以存储矢量图，也可以存储位图，最高能表示 32 位颜色深度，特别适合 PostScript 打印机。被 MS-DOS、Windows、Mac、Unix 等平台和许多应用程序支持。一般用于插图和桌面印刷应用程序，以及作为位图和矢量数据的交换。最大特点是能以低分辨率预览，以高分辨率打印输出。EPS 该格式分为 Photoshop EPS 格式(Adobe Illustrator EPS)和标准 EPS 格式,其中标准 EPS 格式又可分为矢量格式和位图格式。

(4)Hewlett Packardgraphics Language(. hgl):惠普公司开发的矢量文件格式。被 PC 和 Mac 平台及所使用的插图应用程序支持,广泛用作一种页面描述语言。

(5)IBMPIF(. pif):IBM 开发的矢量文件格式,被 PC 平台和 IBM 应用程序所支持,应用不广。

(6)Interpredted PostScript(. ps):Adobe Systems 开发的矢量文件格式。被 PC、Mac 和 Unix 平台及所有的图形应用程序所支持。通常用作一种页面描述语言,在专业印刷工业领域应用非常广泛。

(7)Mac QuickDraw(. pct):Mac 图像和 QuickDraw 图像。苹果计算机公司所开发的矢量文件格式,并且是 QuickDraw 的本地格式。被 Mac 平台所支持,支持 24 位颜色及 PackBits 和 JPEG 压缩,广泛应用于使用图形的 Mac 应用程序。

(8)MicroGrafx Draw(. drw):MicroGrafx 开发的矢量文件格式。被 Windows 平台和 MicroGrafx 绘图插图应用程序所支持。

第 16 章　Photoshop 功能

Photoshop 是最为经典的平面处理软件,只要与图像有关的行业都会应用到该软件。该软件可以很方便地进行很多特殊效果的处理和画面的调整。Photoshop 至今已到 13.0 版本,即现在的 Photoshop CS6,在 CS6 中整合了其 Adobe 专有的 Mercury 图像引擎,通过显卡核心 GPU 提供了强悍的图片编辑能力。对于我们常用的园林平面图、效果图、立面图制作是足够的了,以下是该软件的基本介绍。

16.1　支持众多图像格式

Photoshop CS6 几乎支持所有流行的图像格式,如 bmp、RLE、GIF、EPS、AI、AI5、AI4、PCI、JPG、JPE、PCX、PCD、PSD、PDD、PNG、PDF、PCT、PXR、SCT、TGA、VDA、ICB、VST、TIF、RAW 等,还支持很多不同的扫描仪的文件格式。一般使用 Photoshop CS6 不用考虑文件格式的问题,只要是位图文件,一般都可以被 Photoshop CS6 使用。

16.2　丰富的色彩模式

图像可以是黑白图像、灰度图像、索引色图像、RGB 图像和 CMYK 图像、HSB 图像等。被引用的图像可以是 256 色普通图像,也可以是 24 位或颜色更多的真彩色图像。有 Gamma 值调节面板、Non-MonitorRGB9(RGB 色彩的监视器无关性)、Dot Gain Curves(点增益曲线),并拥有 Refined Control1(微调控制)、自定义色彩混合的 Channel Mixer(通道混合)、精确的色彩采集器等,可以使颜色管理和校正更为精确。

16.3　强大的绘图功能

PhotoshopCS6 中提供了多种绘图工具,特别是磁性魔套、磁性路径、测量工具、大量的笔刷等,使用户能进行精确控制、简化操作和轻松绘画,完全满足大多数情况下的绘图需要;同时还可以在图像上使用各种文字,轻松对文字进行编辑,在目标图形上随时可以看到编辑的文字,同一文本层上的文字可以有不同的风格,增强了对中、日文这类双字节文字的支持。

16.4　不断更新的工具

更新了内容识别修补、Mercury 图形引擎、3D 性能提升、3D 控制功能使用、全新和改良的设计工具、全新的 Blur Gallery、全新的裁剪工具(图像在裁剪框发生变化)、现代化用户界面、全新的反射与可拖曳阴影效果、直观的视频制作、后台存储、自动恢复、轻松对齐和分布 3D 对象、预设迁移与共享功能、受用户启发的多种改进、肤色识别选区和蒙版、创新的侵蚀效果画笔、新增绘图预设、脚本图案、增强的 3D 动画、针对阴影灵活的渲染模式透视画面调整(调整画面透视角度)、内容感知(对重复内容进行画面扩展)、光圈模糊、移轴模糊、自定义广角等新功能。

16.5　特技效果

PhotoshopCS6 自带上百种滤镜,可对图像进行特技效果的处理。可以将各种滤镜组合使用,再加上常规的图像处理功能,它能获得的特技效果种类非常多;同时 Adobe 公司还将滤镜接口对外公开,很多软件公司也为其开发各种滤镜软件,使用这些滤镜,可以获得你想要的令人惊奇的效果。如变形工具可以像变形一个三维物体一样对一幅图像进行旋转、扭曲等操作,也可以对路径、边界进行变形处理。

16.6　非常友好的使用界面

PhotoshopCS6 使用界面非常友好,分成菜单、工具箱、图像窗口、浮动面板等几个部分,其组成非常简单且可以自定义、保存。对图像进行处理时,会出现一些对话框,在对话框中设置参数时,都可以预览到其结果,操作过程方便。只要想得到的功能,都可以在 PhotoshopCS6 中找到。撤销、恢复功能增强,编辑图像时可以无限次地撤销、恢复(Undo、Redo)原来的操作,操作信息保存在历史面板(History Palette)中。

16.7　提供专业的分色能力

色彩自动校正功能,可以准确校正偏色的图像。完全支持以 ICC 工业标准的色彩管理系统,包括 APPLE 公司的 ColorSync 和 Microsoft 公司的 ICM。Spot-Color Channel(Spot 色彩通道)的增加为印刷业提供了专业丰富的色彩,能为任意图形创建一个可输出的 Spot 色彩通道。利用这种特性,可在打印输出时加入混合涂料、金属油墨和其他特殊色彩,甚至可以为 CMYK 图像加入具有凹凸感的镀金材质,产生更为丰富的色彩。

16.8　提供强有力的智能化工具

　　动作面板功能;使得所有的操作命令都可以在动作面板中实现,为频繁的大工作量的图像编辑提供了捷径。加强了对 Adobe Illustrator 软件和 EPS 格式文件的支持,它能够打开多页的 PDF 文件。这使得 Photoshop 可以对各种程序的文档进行无缝共享,而且它还能将 PDF 文件置入高端打印流程中或以 DCS2.0 格式输出。

16.8.1　更强的图层功能

　　包括动态图层处理工具,能自动对图层进行处理,且可以自动更新,如同图层不仅保存了图像信息而且保存了操作信息一样,从而使图层更加直观,操作更加方便。新的图层分类方便了图层的操作。

16.8.2　新增复原工具

　　复原工具有复原笔刷和修补两个工具,可以轻松去除图像灰尘、杂点、划痕,在图像之间进行复制,复制的像素会自动与画面的光线、阴影等自然融合,产生平滑过渡。

16.9　开放的 Plug-in

　　Adobe 公司免费提供了开放工具软件 Software Development Kit(SDK)和最新的 API,任何人或第三方软件公司都可以利用它们开发 Photoshop 的 Plug-ins(插件),这些插件只需简单拷贝到 Photoshop 相应目录下,用户就可以使用,这样 Photoshop 的功能无疑会更强大。

16.10　图像输出的改进

　　用户可以在输出 Web 文件前对图像进行充分的调整,权衡好图像素质与文件大小的关系。新增了图像透明转换、抖动透明等功能。

第 17 章　Photoshop CS6 快速入门

17.1　Photoshop CS6 的典型界面

　　Photoshop CS6 的典型界面如图 17-1 所示,主要由标题栏、菜单、工具箱、工具属性栏、浮动选项板、状态栏、绘图区等部分组成。

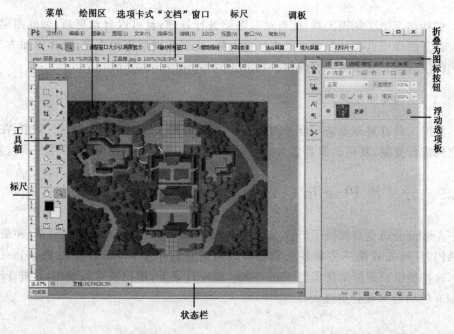

图 17-1　Photoshop CS6 的典型界面

17.2　工具箱

　　工具箱中包括了 64 个工具(表 17-1),分别用来绘图、编辑图像、选择颜色、观察图像和标注文字。一些工具在工具箱中共用一个图标,图标的右下角有一个三角形的箭头,单击此图标,会将隐藏的工具显示出来,如图 17-2 所示。

表 17-1　工具的作用

图　标	名　称	作　用
	移动工具	移动选区、图层和参考线,在其他工具工作时,按"Ctrl"键也可以切换到移动
▢ 矩形选框工具　M	矩形选框工具	选择一个矩形或正方形的选区
◯ 椭圆选框工具　M	椭圆选框工具	选择一个椭圆或圆形(按"Shift"键)选区
═ 单行选框工具	单行选框工具	选择一行一个像素宽的选区,横跨整个画面
║ 单列选框工具	单列选框工具	选择一列一个像素宽的选区,纵跨整个画面
⟆ 套索工具　L	套索工具	拖动选择任意形状的选区,Alt 可进行直边选择
⟆ 多边形套索工具　L	多边形套索工具	直边形式选择不规则多边形选区
⟆ 磁性套索工具　L	磁性套索工具	用磁性选择方式选择分离的前背景选区
⟆ 快速选择工具　W	快速选择工具	使用可调整的圆形画笔笔尖快速"绘制"选区
⟆ 魔棒工具　W	魔棒工具	将图像中和被选择点颜色相近的像素选择到选区
⟆ 裁剪工具　C	裁剪工具	裁剪所选择区域,形成新的图面构图
⟆ 透视裁剪工具　C	透视裁剪工具	裁剪图像并可把图像改为透视效果
⟆ 切片工具　C	切片工具	将图像分割成切片,便于网络显示
⟆ 切片选择工具　C	切片选择工具	对产生的切片选择并进一步操作
⟆ 吸管工具　I	吸管工具	在图像上取色作为前景色
⟆ 3D 材质吸管工具　I	3D 材质吸管工具	吸取 3D 材质
═ 标尺工具　I	标尺工具	测量图像的方向、距离、角度等
⟆ 注释工具　I	注释工具	添加文本的注释
1₂³ 计数工具　I	计数工具	对图像中的项目手动计数
⟆ 颜色取样器工具　I	颜色取样器工具	收集最多 4 处的颜色进行数据对比
⟆ 污点修复画笔工具　J	污点修复画笔工具	移去污点和对象
⟆ 修复画笔工具　J	修复画笔工具	进行局部图像复制,并与背景自然融合
⟆ 修补工具　J	修补工具	利用样本或图案修复所选图像区域中不理想的部分
⟆ 内容感知移动工具　J	内容感知移动工具	智能判断修补
⟆ 红眼工具　J	红眼工具	移去由闪光灯导致的红色反光

续表

图　标	名　称	作　用
✏ 画笔工具　B	画笔工具	创建柔和的彩色线条,比喷笔硬,但比铅笔软
✏ 铅笔工具　B	铅笔工具	绘制硬边线条,消除多余的少数像素
✏ 颜色替换工具　B	颜色替换工具	可将选定颜色替换为新颜色
✏ 混合器画笔工具　B	混合器画笔工具	可模拟真实的绘画技术(如混合画布颜色和使用不同的绘画湿度)
▪ 仿制图章工具　S	仿制图章工具	复制图像局部到另一部分
图案图章工具　S	图案图章工具	重复绘制定义的图案
✏ 历史记录画笔工具　Y	历史记录画笔工具	根据历史记录来恢复图像中被修改的部分
✏ 历史记录艺术画笔工具　Y	历史记录艺术画笔工具	在实现历史笔刷的同时加入艺术效果
✏ 橡皮擦工具　E	橡皮擦工具	擦除不要的图像
✏ 背景橡皮擦工具　E	背景橡皮擦工具	从周围背景像素中把对象剪出,即消除背景
✏ 魔术橡皮擦工具　E	魔术橡皮擦工具	消除同一或相似像素的相邻区域
■ 渐变工具　G	渐变工具	产生渐变色的填充
油漆桶工具　G	油漆桶工具	用色彩填充同一像素的相邻区域或选择区
3D 材质拖放工具　G	3D 材质拖放工具	从 3D 对象上直接选取 3D 材质
○ 模糊工具	模糊工具	使相邻像素的对比度降低,从而使图像模糊
△ 锐化工具	锐化工具	使相邻像素的对比度提高
涂抹工具	涂抹工具	模拟在湿画布上拖移手指的动作,相邻像素融合
🔍 减淡工具　O	减淡工具	用来加亮图像
加深工具　O	加深工具	使像素变暗
海绵工具　O	海绵工具	改变图像的饱和度
✏ 钢笔工具　P	钢笔工具	在图像中绘制可编辑的路径
✏ 自由钢笔工具　P	自由钢笔工具	可随意在图像中绘制路径
✏ 添加锚点工具	添加锚点工具	在路径上单击添加一个锚点
✏ 删除锚点工具	删除锚点工具	在路径上单击删除一个锚点
╲ 转换点工具	转换点工具	转换锚点的性质:拐角或是平滑

续表

图　标	名　称	作　用
T 横排文字工具　T	横排文字工具	在图像上添加水平方向的文字
↓T 直排文字工具　T	直排文字工具	在图像上添加垂直方向的文字
T 横排文字蒙版工具　T	横排文字蒙版工具	在图像上添加水平方向的文字选择区轮廓
↓T 直排文字蒙版工具　T	直排文字蒙版工具	在图像上添加垂直方向的文字选择区轮廓
▶ 路径选择工具　A	路径选择工具	选择完整路径
▷ 直接选择工具　A	直接选择工具	在路径上单击直接选择一段或节点进行调整
■ 矩形工具　U	矩形工具	绘制矩形或正方形
■ 圆角矩形工具　U	圆角矩形工具	绘制圆角矩形,圆角角度可调
● 椭圆工具　U	椭圆工具	绘制椭圆或圆形
⬡ 多边形工具　U	多边形工具	绘制正多边形
／ 直线工具　U	直线工具	用前景色画出真线条
✿ 自定形状工具　U	自定义形状工具	用定义图形进行绘制
✋ 抓手工具　H	抓手工具	在图像窗口内移动图像
✋ 旋转视图工具　R	旋转视图工具	可在不破坏原图像的前提下旋转画布
🔍	缩放工具	单击放大画面,与"Alt"键配合为缩小画面
🔳	前景、背景色控制工具	可以选择或切换前景、背景色或缺省的黑白色
⬚	编辑模式切换	标准编辑模式,选择区轮廓用蚁行线显示;快速编辑模式中选择区域为透明红色显示
▥ 标准屏幕模式　F ▤ 带有菜单栏的全屏模式　F ▣ 全屏模式　F	窗口切换工具	切换软件显示方式

（1）选用工具：对于已出现在工具箱中的工具，将光标移到工具按钮上，单击鼠标左键，工具按钮凹陷后，或者直接在键盘上按下相应快捷键（图 17-3 中英文字母），再将光标移到图像上，进行相应操作。对于隐藏的工具，有两种方法选用：用鼠标在隐藏工具所在按钮上按下，将会出现隐藏工具，将鼠标移到所需工具上，松开鼠标，即可选择该工具。或先按下 Alt 键，重复单击隐藏工具所在的按钮，将会循环出现隐藏工具，当要选用的工具出现时，松开鼠标和 Alt 键即可。

（2）显示/隐藏工具箱：在"窗口"菜单中选择"显示/隐藏工具箱"命令，即可将工

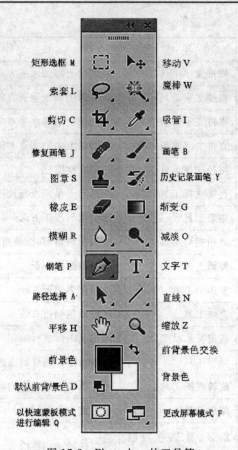

矩形选框 M   移动 V

索套 L   魔棒 W

剪切 C   吸管 I

修复画笔 J   画笔 B

图章 S   历史记录画笔 Y

橡皮 E   渐变 G

模糊 R   减淡 O

钢笔 P   文字 T

路径选择 A   直线 N

平移 H   缩放 Z

前景色   前背景色交换

   背景色

默认前背/景色 D

以快速蒙板模式   更改屏幕模式 F
进行编辑 Q

图 17-2　Photoshop 的工具箱

具箱显示出来或隐藏起来。也可以用"Tab"键来快速显示、隐藏工具箱。

17.3　浮动选项板

  浮动选项板开启后总是浮动在图像之上,不会被图像等遮住,可以放在屏幕上的任意位置。主要用来对图像进行控制、操作和给工具设置参数。面板可以互相组合使用,可收缩。但常用的有历史记录、图层、动作面板,其他的可以在用的时候再打开,以免占用太多绘图区。

17.3.1　导航器

  以一个小窗口显示图像,使用户能观看到图像的全貌,见图 17-4。浮动选项板下边的按钮是用来放大和缩小图像的。

快捷键	工具箱
V	⊹ 移动工具
M	○ ▭ 矩形选框工具　○ 椭圆选框工具　⋯ 单行选框工具　┃ 单列选框工具
L	○ ◯ 套索工具　◯ 多边形套索工具　◯ 磁性套索工具
W	✎ ✎ 快速选择工具　✎ 魔棒工具
C	⊏ ▭ 裁剪工具　▦ 透视裁剪工具　✎ 切片工具　✎ 切片选择工具
I	✎ ✎ 吸管工具　✎ 颜色取样器工具　▦ 标尺工具　✎ 注释工具　1₂³ 计数工具　3D材质吸管工具
J	✎ ✎ 污点修复画笔工具　✎ 修复画笔工具　✎ 修补工具　✎ 内容感知移动工具　✎ 红眼工具
B	✎ ✎ 画笔工具　✎ 铅笔工具　✎ 颜色替换工具　✎ 混合器画笔工具
S	⊥ ⊥ 仿制图章工具　✎ 图案图章工具
Y	✎ ✎ 历史记录画笔工具　✎ 历史记录艺术画笔工具
E	✎ ✎ 橡皮擦工具　✎ 背景橡皮擦工具　✎ 魔术橡皮擦工具
G	▭ ▭ 渐变工具　✎ 油漆桶工具　3D材质拖放工具
O	◊ ◊ 模糊工具　△ 锐化工具　✎ 涂抹工具
O	✎ ✎ 减淡工具　◯ 加深工具　✎ 海绵工具
P	✎ ✎ 钢笔工具　✎ 自由钢笔工具　✎ 添加锚点工具　✎ 删除锚点工具　✎ 转换点工具
T	T T 横排文字工具　IT 直排文字工具　✎ 横排文字蒙版工具　✎ 直排文字蒙版工具
A	✎ ✎ 路径选择工具　✎ 直接选择工具
U	✎ ▭ 矩形工具　▭ 圆角矩形工具　◯ 椭圆工具　◯ 多边形工具　╱ 直线工具　✎ 自定义形状工具
H	✋ ✋ 抓手工具　✎ 旋转视图工具
Z	◯ 缩放工具

图 17-3　工具箱说明及其快捷键

17.3.2　信息

显示光标所在的图像 RGB、CMYK、坐标等信息，见图 17-5。

图 17-4　导航浮动选项板

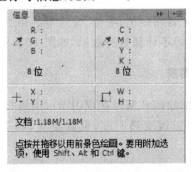

图 17-5　信息浮动选项板

17.3.3 选项栏

设置各种工具的参数,不同的工具选项不同,图 17-6 为钢笔的选项。

图 17-6　钢笔的选项

17.3.4 颜色

用△滑动来选择前景色和背景色,也可在小方框内输入精确色值。若出现"!",表示这些颜色超过了 CMYK 的支持范围,如图 17-7 所示。

17.3.5 色板

单击所要色块,功能与"颜色"相同,但颜色数没有"颜色"浮动选项板多和精确,如图 17-8 所示。

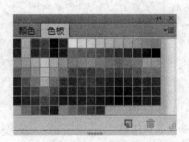
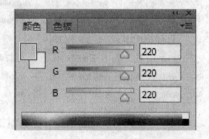

图 17-7 颜色浮动选项板　　　　　图 17-8　色板浮动选项板

17.3.6 画笔

设置工具箱中笔、喷枪、橡皮等的粗细和硬度,通过它可以调出水彩笔、马克笔、彩铅、喷笔等不计其数的效果,如图 17-9 所示。

17.3.7 图层

所有的绘画和编辑在现用图层上进行,图层类似透明的纸相叠,无图形的地方透明,每层可以改变透明度,可以建立、删除图层,关闭"眼睛"可设置为不可见,如图 17-10 所示。

17.3.8 通道

每个图像具有一个或多个通道,每个通道都存放着图像中颜色元素的信息。图

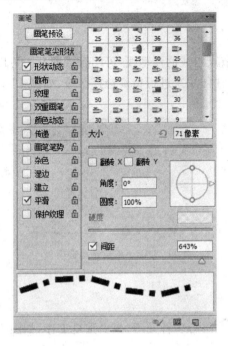

图 17-9　画笔浮动选项板

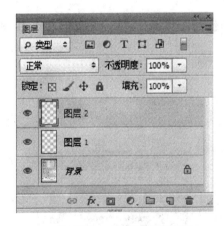

图 17-10　图层浮动选项板

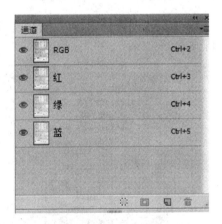

图 17-11　通道浮动选项板

像中的颜色通道数取决于其颜色模式。例如，CMYK 图像至少有四个通道，分别代表青、洋红、黄和黑色信息。可将通道看作与印刷中的印版相似，即单个印版对应每个颜色图层。除了这些颜色通道，也可将 Alpha 通道的额外通道添加到图像中，以便将选区作为蒙版存放和编辑，并且可添加专色通道，为印刷增加专色印版，如图 17-11 所示。

17.3.9　路径

由直线或曲线与节点组成的浮动线，可闭合或断开。可以移动、改变形状、保存，自身没有粗细的性质，往往用来进行精确选择区域，如图 17-12 所示。

图 17-12　路径浮动选项板

17.3.10　动作

即批处理，可以一次进行多种处理，减少重复工作，如图 17-13 所示。

17.3.11　历史记录

记录每一次图像操作，可以随时返回到任何一次操作，实际是反悔的作用，如图 17-14 所示。

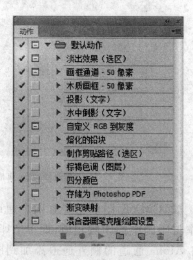

图 17-13　动作浮动选项板　　　　图 17-14　历史记录浮动选项板

17.4　菜单

共有 11 组菜单,每组菜单又可向下拉出许多子菜单,使用这些子菜单可以完成图像的建立、编辑和修改。当光标移动到菜单标题上时单击鼠标左键,菜单就会拉出其菜单命令;将光标移动至所需的菜单命令上,单击鼠标左键,即可执行这个菜单命令。也可以按"Alt"键激活菜单栏,然后用光标键"←、→"选择菜单,用"↓、↑"键选择菜单命令,回车执行菜单命令,或用"Alt"键和菜单名中带下划线的字母打开菜单。

执行菜单命令最快的方式是用快捷键,常用的快捷键在菜单命令左侧。如"Ctrl＋H"键,隐藏选区的蚁线。用鼠标右键单击图像区域,还可以打开一个快捷菜单,快捷菜单内容随命令不同而不同。

17.4.1　文件菜单(图 17-15)

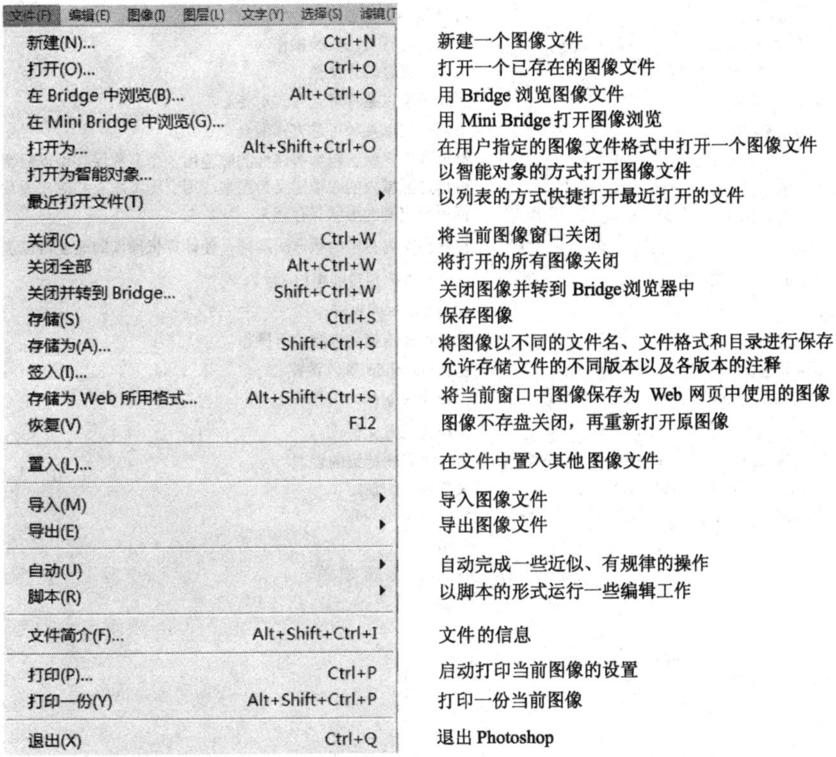

文件(F)　编辑(E)　图像(I)　图层(L)　文字(Y)　选择(S)　滤镜(T	
新建(N)...	Ctrl+N
打开(O)...	Ctrl+O
在 Bridge 中浏览(B)...	Alt+Ctrl+O
在 Mini Bridge 中浏览(G)...	
打开为(I)...	Alt+Shift+Ctrl+O
打开为智能对象...	
最近打开文件(T)	▶
关闭(C)	Ctrl+W
关闭全部	Alt+Ctrl+W
关闭并转到 Bridge...	Shift+Ctrl+W
存储(S)	Ctrl+S
存储为(A)...	Shift+Ctrl+S
签入(I)...	
存储为 Web 所用格式	Alt+Shift+Ctrl+S
恢复(V)	F12
置入(L)...	
导入(M)	▶
导出(E)	▶
自动(U)	▶
脚本(R)	▶
文件简介(F)...	Alt+Shift+Ctrl+I
打印(P)...	Ctrl+P
打印一份(Y)	Alt+Shift+Ctrl+P
退出(X)	Ctrl+Q

新建一个图像文件
打开一个已存在的图像文件
用 Bridge 浏览图像文件
用 Mini Bridge 打开图像浏览
在用户指定的图像文件格式中打开一个图像文件
以智能对象的方式打开图像文件
以列表的方式快捷打开最近打开的文件

将当前图像窗口关闭
将打开的所有图像关闭
关闭图像并转到 Bridge浏览器中
保存图像
将图像以不同的文件名、文件格式和目录进行保存
允许存储文件的不同版本以及各版本的注释
将当前窗口中图像保存为 Web 网页中使用的图像
图像不存盘关闭,再重新打开原图像

在文件中置入其他图像文件

导入图像文件
导出图像文件

自动完成一些近似、有规律的操作
以脚本的形式运行一些编辑工作

文件的信息

启动打印当前图像的设置
打印一份当前图像

退出 Photoshop

图 17-15　文件菜单

17.4.2　编辑菜单(图 17-16)

编辑(E)		
还原闭合路径(O)	Ctrl+Z	撤销最后一次的修改，恢复为上次操作之前的状态
前进一步(W)	Shift+Ctrl+Z	向前走一步
后退一步(K)	Alt+Ctrl+Z	向后走一步
渐隐(D)...	Shift+Ctrl+F	依据上一次使用的编辑类的工具，做淡化处理
剪切(T)	Ctrl+X	将选择区域内的图像剪切到剪贴板上
拷贝(C)	Ctrl+C	将选择区域中的图像复制到剪贴板上，并不做任何修改
合并拷贝(Y)	Shift+Ctrl+C	将选择区域中所有图层的内容合并为一层并粘贴到新图层
粘贴(P)	Ctrl+V	将剪贴板中的内容粘贴到当前图像文件中的一个新图层中
选择性粘贴(I)	▶	将剪贴板中的内容进行选择性地粘贴
清除(E)		将选定区域中的图像清除
拼写检查(H)...		对文本进行拼写检查
查找和替换文本(X)...		对文本进行替换和查找
填充(L)...	Shift+F5	将选定的内容填入图像中的选择区域内或直接填入选定的颜色
描边(S)...		用前景色在选定区域边缘填入指定宽度的线条
内容识别比例	Alt+Shift+Ctrl+C	智能地压缩非重要的区域，而保留主体区域
操控变形		对选定内容进行变形操作
自由变换路径(F)	Ctrl+T	对路径进行自由变换操作
变换路径	▶	对路径进行选择变换
自动对齐图层...		不同图层以某种可选方式对齐
自动混合图层...		不同图层以某种可选方式混合
定义画笔预设(B)...		给设置后形状、粗细等属性的画笔用一个名称保存供以后调用
定义图案...		将指定区域内的图像定义为图案，用于图案填充和橡皮图章
定义自定形状...		将用户定制的形状保存起来
清理(R)	▶	将保存在内存中的数据清除掉，使计算机操作的速度得以加快
Adobe PDF 预设...		Adobe PDF 预设的窗口
预设	▶	Adobe 预设的设定
远程连接...		设定远程连接到电脑进行操作
颜色设置(G)...	Shift+Ctrl+K	对 Photoshop 颜色设置
指定配置文件...		指定配置文件
转换为配置文件(V)...		转换为配置文件
键盘快捷键...	Alt+Shift+Ctrl+K	有关键盘快捷键的管理
菜单(U)...	Alt+Shift+Ctrl+M	菜单内容的设定
首选项(N)	▶	软件的首选设定

图 17-16　编辑菜单

17.4.3 图像菜单(图 17-17)

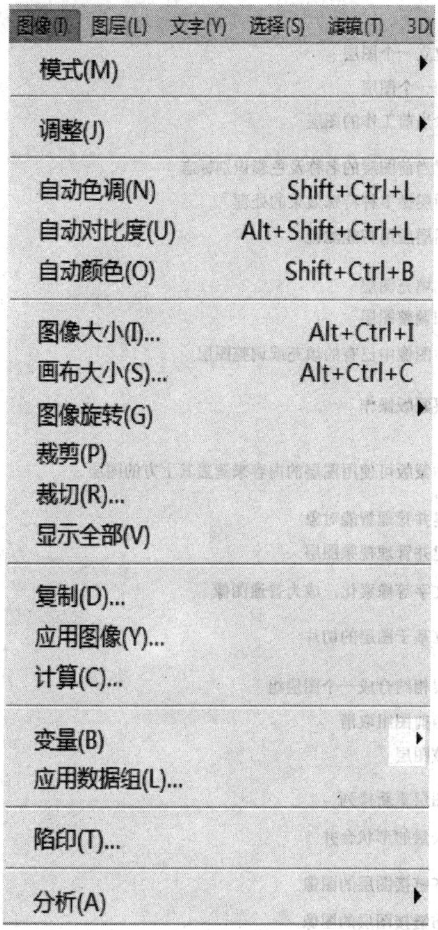

图像(I) 图层(L) 文字(Y) 选择(S) 滤镜(T) 3D(	
模式(M) ▶	将图像在色彩模式间转换
调整(J) ▶	调整图像的亮度、对比度、色彩等
自动色调(N)　Shift+Ctrl+L	自动调整图像的色调
自动对比度(U)　Alt+Shift+Ctrl+L	自动调整图像的对比度
自动颜色(O)　Shift+Ctrl+B	自动调整图像的颜色
图像大小(I)...　Alt+Ctrl+I	图像大小、分辨率的设定
画布大小(S)...　Alt+Ctrl+C	图像版面尺寸大小的设定
图像旋转(G) ▶	整个版面进行旋转
裁剪(P)	选定区域剪裁画面
裁切(R)...	通过修整图像像素的方法进行裁切
显示全部(V)	显示包括图布外的图像
复制(D)...	复制图像的一个副本并打开
应用图像(Y)...	图层、通道等计算后直接应用于图层
计算(C)...	将图像的通道与其他通道进行加、减等运算
变量(B) ▶	设定变量以自动更换文字和图像内容
应用数据组(L)...	应用数据组于文件
陷印(T)...	避免在印刷时由于稍微没有对齐而使图像出现小的缝隙
分析(A) ▶	一些帮助制图的工具

图 17-17　图像菜单

17.4.4 图层菜单（图 17-18）

菜单项	快捷键	说明
图层(L) 文字(Y) 选择(S) 滤镜(T) 3D(D) 视		
新建(N) ▶		新建立一个图层
复制图层(D)...		复制一个图层
删除 ▶		删除当前工作的图层
重命名图层...		设置当前图层的名称及色彩识别标志
图层样式(Y) ▶		对图层做多种特殊效果的处理
智能滤镜 ▶		对图层应用智能滤镜
新建填充图层(W) ▶		增加填充图层
新建调整图层(J) ▶		增加调整图层
图层内容选项(O)...		选中图像中已有的填充或调整图层
图层蒙版(M) ▶		图层蒙版操作
矢量蒙版(V) ▶		
创建剪贴蒙版(C)	Alt+Ctrl+G	剪贴蒙版可使用图层的内容来遮盖其上方的图层
智能对象 ▶		创建并管理智能对象
视频图层 ▶		创建并管理视频图层
栅格化(Z) ▶		使文字等像素化，成为普通图像
新建基于图层的切片(B)		建立基于图层的切片
图层编组(G)	Ctrl+G	图层相结合成一个图层组
取消图层编组(U)	Shift+Ctrl+G	将当前图组取消
隐藏图层(R)		隐藏图层
排列(A) ▶		将图层重新排列
合并形状(H) ▶		将矢量的形状合并
对齐(I) ▶		对齐链接图层的图像
分布(T) ▶		分布链接图层的图像
锁定图层(L)...		锁定图层
链接图层(K)		使图层相链接
选择链接图层(S)		选择链接的图层
合并图层(E)	Ctrl+E	把图层合并
合并可见图层	Shift+Ctrl+E	合并可见的图层
拼合图像(F)		所有图层合并、并删除隐藏的图层
修边 ▶		

图 17-18　图层菜单

17.4.5　文字菜单(图 17-19)

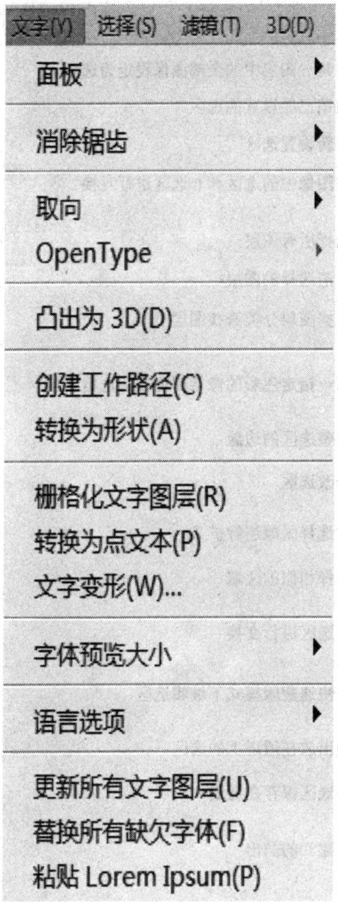

文字(Y)　选择(S)　滤镜(T)　3D(D)	
面板　　　　　　　▶	打开字符和段落的相关面板
消除锯齿　　　　　▶	打开消除文字锯齿的选择项
取向　　　　　　　▶	文本的方向
OpenType　　　　　▶	使用一个适用于Windows®和Macintosh®计算机的字体文件 根据文字的轮廓创建出路径,文本内容不做任何改变。
凸出为 3D(D)	把文字做成3D文字
创建工作路径(C)	将文字图层转换为工作路径
转换为形状(A)	将文字转换为形状
栅格化文字图层(R)	将文字栅格化使之成为普通图像
转换为点文本(P)	输入单行文字
文字变形(W)...	为文本添加变形效果
字体预览大小　　　▶	预览字体的大小
语言选项　　　　　▶	对语言进行选择
更新所有文字图层(U)	对文档中的所有文本内容进行更新
替换所有缺欠字体(F)	可将当前文档中缺失的字体使用默认字体替换
粘贴 Lorem Ipsum(P)	在处理文字时可插入「假文(Lorem Ipsum)」填充文字以节省时间

图 17-19　文字菜单

17.4.6 选择菜单(图 17-20)

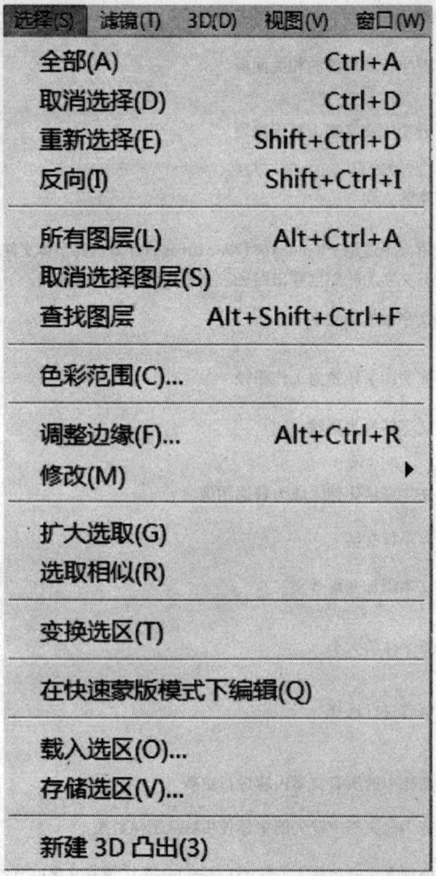

选择(S) 滤镜(T) 3D(D) 视图(V) 窗口(W)		
全部(A)	Ctrl+A	将某一图层中的全部图像设定为选区
取消选择(D)	Ctrl+D	撤销已经设置的选区
重新选择(E)	Shift+Ctrl+D	重新设置选区
反向(I)	Shift+Ctrl+I	将图像中的选区和非选区进行互换
所有图层(L)	Alt+Ctrl+A	选择所有图层
取消选择图层(S)		取消选择的图层
查找图层	Alt+Shift+Ctrl+F	根据图层分类查找图层
色彩范围(C)...		同一指定色彩的像素都将成为选定区域
调整边缘(F)...	Alt+Ctrl+R	调整选区的边缘
修改(M)	▶	修改选区
扩大选取(G)		对选择区域进行扩大
选取相似(R)		选择相似的区域
变换选区(T)		对选区进行变换
在快速蒙版模式下编辑(Q)		在快速蒙版模式下编辑选区
载入选区(O)...		调出放在通道上的选区
存储选区(V)...		将选区保存在通道
新建 3D 凸出(3)		新建3D的凸出

图 17-20 选择菜单

17.4.7　滤镜菜单（图 17-21）

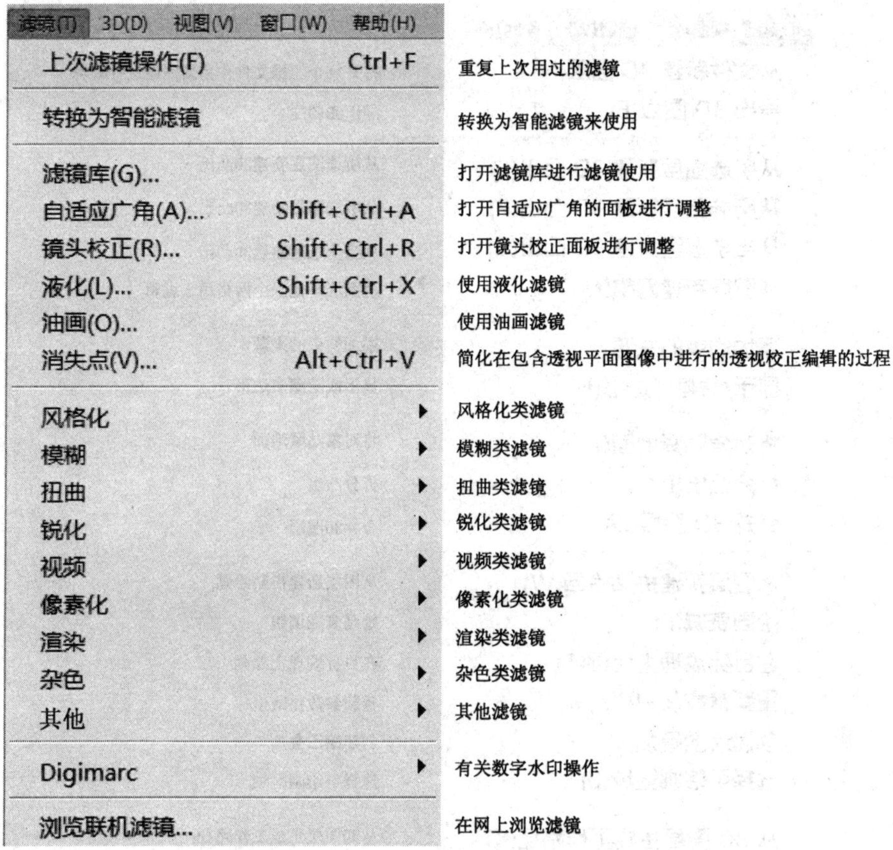

滤镜(T)　3D(D)　视图(V)　窗口(W)　帮助(H)		
上次滤镜操作(F)	Ctrl+F	重复上次用过的滤镜
转换为智能滤镜		转换为智能滤镜来使用
滤镜库(G)...		打开滤镜库进行滤镜使用
自适应广角(A)...	Shift+Ctrl+A	打开自适应广角的面板进行调整
镜头校正(R)...	Shift+Ctrl+R	打开镜头校正面板进行调整
液化(L)...	Shift+Ctrl+X	使用液化滤镜
油画(O)...		使用油画滤镜
消失点(V)...	Alt+Ctrl+V	简化在包含透视平面图像中进行的透视校正编辑的过程
风格化	▶	风格化类滤镜
模糊	▶	模糊类滤镜
扭曲	▶	扭曲类滤镜
锐化	▶	锐化类滤镜
视频	▶	视频类滤镜
像素化	▶	像素化类滤镜
渲染	▶	渲染类滤镜
杂色	▶	杂色类滤镜
其他	▶	其他滤镜
Digimarc	▶	有关数字水印操作
浏览联机滤镜...		在网上浏览滤镜

图 17-21　滤镜菜单

17.4.8　3D 菜单 (图 17-22)

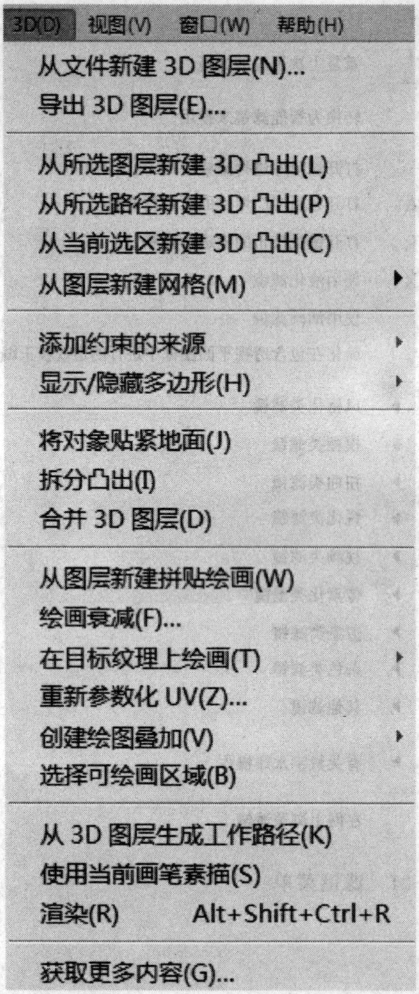

3D(D)　视图(V)　窗口(W)　帮助(H)	
从文件新建 3D 图层(N)...	打开一个三维文件作为新图层进行编辑
导出 3D 图层(E)...	导出3D图层
从所选图层新建 3D 凸出(L)	从所选图层新建3D凸出
从所选路径新建 3D 凸出(P)	从所选路径新建3D凸出
从当前选区新建 3D 凸出(C)	从当前选区新建3D凸出
从图层新建网格(M)　▶	从图层新建一个网格用于编辑
添加约束的来源　▶	添加约束的来源
显示/隐藏多边形(H)　▶	显示或隐藏多边形
将对象贴紧地面(J)	将对象贴紧地面
拆分凸出(I)	拆分凸出
合并 3D 图层(D)	合并3D图层
从图层新建拼贴绘画(W)	从图层新建拼贴绘画
绘画衰减(F)...	绘画衰减调整
在目标纹理上绘画(T)　▶	在目标纹理上绘画
重新参数化 UV(Z)...	重新参数化UV坐标
创建绘图叠加(V)　▶	创建绘图叠加
选择可绘画区域(B)	选择可绘画区域
从 3D 图层生成工作路径(K)	从3D图层生成工作路径
使用当前画笔素描(S)	使用当前画笔素描
渲染(R)　　　Alt+Shift+Ctrl+R	渲染出图
获取更多内容(G)...	获取更多内容

图 17-22　3D 菜单

17.4.9　视图菜单(图 17-23)

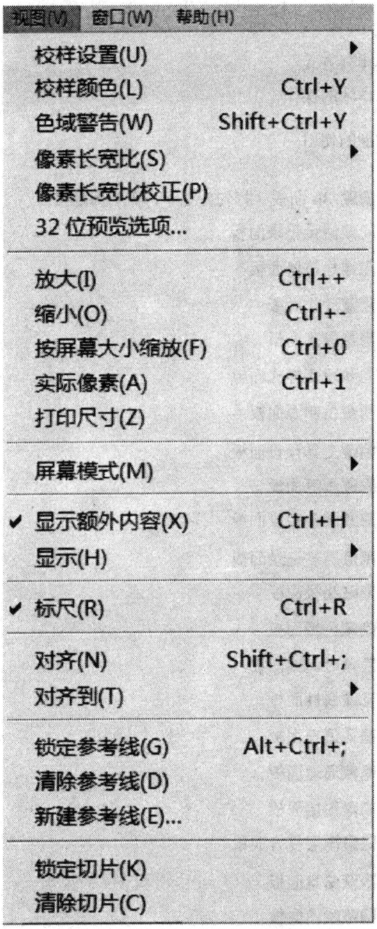

视图(V)　窗口(W)　帮助(H)		
校样设置(U)	▶	在Photoshop中进行色彩校样
校样颜色(L)	Ctrl+Y	打开或关闭校样颜色
色域警告(W)	Shift+Ctrl+Y	色彩超出CMYK显示范围在色彩面板上有警告
像素长宽比(S)	▶	设定像素长宽比
像素长宽比校正(P)		进行像素长宽比较正功能
32 位预览选项...		对32位预览进行设置
放大(I)	Ctrl++	将窗口中的图像放大
缩小(O)	Ctrl+-	将窗口中的图像缩小
按屏幕大小缩放(F)	Ctrl+0	依照屏幕空间的大小显示全部图像
实际像素(A)	Ctrl+1	将图像按照其实际尺寸显示出来
打印尺寸(Z)		将图像以打印尺寸大小显示出来
屏幕模式(M)	▶	设定软件的屏幕显示模式
✔ 显示额外内容(X)	Ctrl+H	隐藏/显示选区虚线但选区依然存在
显示(H)	▶	显示相关内容
✔ 标尺(R)	Ctrl+R	隐藏/显示标尺
对齐(N)	Shift+Ctrl+;	对齐选择的内容
对齐到(T)	▶	选择的内容对齐到指定方式
锁定参考线(G)	Alt+Ctrl+;	锁定参考线开关
清除参考线(D)		直接清除参考线
新建参考线(E)...		建立新的参考线
锁定切片(K)		锁定文件中的切片
清除切片(C)		清除切片

图 17-23　视图菜单

17.4.10 窗口菜单(图 17-24)

窗口(W) 帮助(H)		
排列(A) ▶	窗口的排列方式	
工作区(K) ▶	有关工作区的操作	
扩展功能 ▶	扩展功能的使用	
3D	显示/隐藏 3D 面板(打勾为显示,无勾为隐藏)	
测量记录	显示/隐藏测量记录面板	
导航器	显示/隐藏导航器面板	
动作 Alt+F9	显示/隐藏动作面板	
段落	显示/隐藏段落面板	
段落样式	显示/隐藏段落样式面板	
仿制源	显示/隐藏仿制源面板	
工具预设	显示/隐藏工具预设面板	
画笔 F5	显示/隐藏画笔面板	
画笔预设	显示/隐藏画笔预设面板	
历史记录	显示/隐藏历史记录面板	
路径	显示/隐藏路径面板	
色板	显示/隐藏色板面板	
时间轴	显示/隐藏时间轴面板	
属性	显示/隐藏属性面板	
调整	显示/隐藏调整面板	
✔ 通道	显示/隐藏通道面板	
图层 F7	显示/隐藏图层面板	
图层复合	显示/隐藏图层复合面板	
信息 F8	显示/隐藏信息面板	
✔ 颜色 F6	显示/隐藏颜色面板	
样式	显示/隐藏样式面板	
直方图	显示/隐藏直方图面板	
注释	显示/隐藏注释面板	
字符	显示/隐藏字符面板	
字符样式	显示/隐藏字符样式面板	
✔ 选项	显示/隐藏选项面板	
✔ 工具	显示/隐藏工具面板	

图 17-24 窗口菜单

17.4.11　帮助菜单(图 17-25)

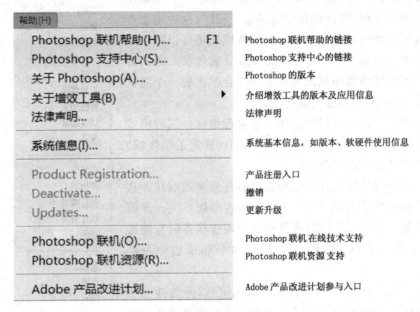

图 17-25　帮助菜单

17.5　Photoshop 常用的合成模式

　　选项调板中指定的混合模式控制绘画或编辑工具如何影响图像中的像素,在观察混合模式效果时,从以下颜色方面考虑:底色是图像中的原颜色;混合颜色是用绘画或编辑工具时应用的颜色;结果颜色是从混合得到的颜色。模式菜单具体内容见图 17-26,其具体意义如下:

　　(1)正常:是绘图与合成的基本模式。当一个色调和选择的图像区域合成进入到背景中时,将下面的像素用增添到图像中的像素取代,这是对背景像素的一个直接替代。在最终确定一个编辑之前可以通过单击并拖动不透明度滑标来改变绘图和选择的不透明度,其中不透明度滑标在合成与合并图层时出现在图层调色板上,在绘图时则出现在画笔调色板上。实际上是编辑或绘画每个像素,使它成为结果颜色,这是默认的模式,不和其他图层发生任何混合。在处理位图化或索引颜色图像时,"正常"模式也称为阈值。

　　(2)溶解:编辑或绘画每个像素,使它成为结果颜色。但是,这种结果颜色是对具有底色或混合颜色像素的随机替换,取决于像素位置的不透明度。此模式在画笔或喷枪工具以及较大画笔上使用效果最好。前景色调随机分配在选择区域中,因而破坏一个选择或笔画。溶解模式在绘图时有用,可以创建宽距离的"条纹",从中附加奇特的效果以及创建复杂的设计。溶解模式还可以将一个选择融入一副背景图像中,以及将图层融合在一起。溶解模式产生的像素颜色来源于上下混合颜色的一个随机置换值,与像素的不透明度有关。

(3)背后:只对图层的透明区域进行编辑。该种模式只有在图层的 Lock Transparent Pixels(锁定透明区域)为不勾选状态时才有效。

(4)清除:清除模式。任何编辑会让像素透明化。这种模式与画笔的颜色无关,只与笔刷的参数有关。该模式对形状工具(当 Fill Pixel 选项处于勾选状态时)、油漆桶工具、笔刷工具、铅笔工具、填充命令和描边命令都有效。

(5)变暗:查看每个通道中的颜色信息,并选择底色或混合颜色中较暗的作为结果颜色。比混合颜色亮的像素被替换,而比混合颜色暗的像素不改变。即只影响图像中比前景色调浅的像素,数值相同或更深的像素不受影响。

考察每一个通道的颜色信息以及相混合的像素颜色,选择较暗的作为混合的结果。颜色较亮的像素会被颜色较暗的像素替换,而较暗的像素就不会发生变化。

(6)正片叠底:查看每个通道中的颜色信息,并将底色与混合颜色相乘,结果颜色总是较暗的颜色。这种模式将任何颜色与黑色相乘产生黑色,任何颜色与白色相乘则颜色保持不变。当用黑色或白色以外的颜色绘画时,绘画工具的连续线条产生逐渐变暗的颜色。这个效果与在带有多个魔术指示器的图像上绘制相似。其原理和色彩模式中的"减色原理"是一样的。

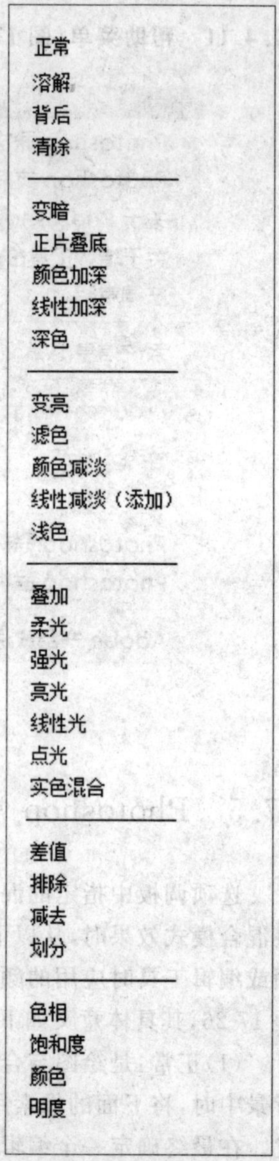

(7)颜色加深:查看每个通道中的颜色信息,使底色变暗以反映混合颜色。让底层的颜色变暗,有点类似于正片叠底,但不同的是,它会根据叠加的像素颜色相应增加底层的对比度。与白色混合没有效果。

(8)线性加深:类似于正片叠底,通过降低亮度,让底色变暗以反映混合色彩。与

正常
溶解
背后
清除

变暗
正片叠底
颜色加深
线性加深
深色

变亮
滤色
颜色减淡
线性减淡(添加)
浅色

叠加
柔光
强光
亮光
线性光
点光
实色混合

差值
排除
减去
划分

色相
饱和度
颜色
明度

图 17-26 色彩模式

白色混合没有效果。

(9)深色：比较混合色和基色的所有通道值的总和并显示值较小的颜色。"深色"不会生成第三种颜色，因为它将从基色和混合色中选取最小的通道值来创建结果色。

(10)变亮：查看每个通道中的颜色信息，并选择底色或混合颜色中较亮的作为结果颜色。比混合颜色暗的像素被替换，而比混合颜色亮的像素不改变。即影响图像中比所选前景色调更深的像素。

(11)滤色：查看每个通道的颜色信息，并将混合色的互补色与基色进行正片叠底。结果色总是较亮的颜色。用黑色过滤时颜色保持不变，用白色过滤将产生白色。此效果类似于多个摄影幻灯片在彼此之上投影。

(12)颜色减淡：查看每个通道中的颜色信息，使底色变亮以反映混合颜色。与黑色混合不会产生变化。与变暗模式相反，比较相互混合的像素亮度，选择混合颜色中较亮的像素保留起来，而其他较暗的像素则被替代。与颜色加深模式刚好相反，通过降低对比度，加亮底层颜色来反映混合色彩。与黑色混合没有任何效果。

(13)线性减淡：类似于颜色减淡模式。但线性减淡模式是通过增加亮度来使得底层颜色变亮，以此获得混合色彩。与黑色混合没有任何效果。

(14)浅色：比较混合色和基色的所有通道值的总和并显示值较大的颜色。"浅色"不会生成第三种颜色，因为它将从基色和混合色中选取最大的通道值来创建结果色。

(15)叠加：对颜色执行正片叠底模式或屏幕模式，这取决于底色。在保护底色的高光和暗调时，图案或颜色会叠加现有像素，底色不被替换，但会与混合颜色混合以反映原颜色的亮度或暗度，也是一个设计者在绘图与合成时可以要求的最有用的模式之一，功能与屏幕模式正好相反。在叠加模式中绘图时，前景色调与一副图像的色调结合起来，减少绘图区域的亮度。一个较深的色调通常就是在叠加模式中绘图的结果，并且效果看上去就像用软炭笔在纸上画了深深的一道。在用作合成浮动选择的模式时，在选择融合背景图像时突出其较深的色调值，而选择较浅的色调则会消失。

像素是进行 Multiply(正片叠底)混合还是 Screen(屏幕)混合，取决于底层颜色。颜色会被混合，但底层颜色的高光与阴影部分的亮度细节就会被保留。

(16)柔光：使颜色变暗或变亮，这取决于混合颜色，效果与将发散的聚光灯照在图像上相似。如果混合颜色(光源)比 50% 灰色亮，则图像会变亮，就像被减淡一样；如果混合颜色比 50% 灰色暗，则图像会被变暗，就像被加深一样。用纯黑色或纯白色绘画，会产生明显的较暗或较亮的区域，但不会产生纯黑色或纯白色。

(17)强光：对颜色执行正片叠底模式或屏幕模式，这取决于混合颜色，这种效果与将耀眼的聚光灯照在图像上相似。如果一个背景区域的亮度超过 50%，则掩蔽其亮度;如果下面的背景区域像素的亮度值低于 50%,则增加其色调值。如果用纯黑色或者纯白色来进行混合,得到的也将是纯黑色或者纯白色。

(18)亮光:调整对比度以加深或减淡颜色,取决于上层图像的颜色分布。如果上层颜色(光源)亮度高于 50%灰,图像将被降低对比度并且变亮;如果上层颜色(光源)亮度低于 50%灰,图像会被提高对比度并且变暗。

(19)线性光:如果上层颜色(光源)亮度高于中性灰(50%灰),则用增加亮度的方法来使得画面变亮,反之用降低亮度的方法来使画面变暗。

(20)点光:按照上层颜色分布信息来替换颜色。如果上层颜色(光源)亮度高于 50%灰,比上层颜色暗的像素将会被取代,而较之亮的像素则不发生变化;如果上层颜色(光源)亮度低于 50%灰,比上层颜色亮的像素会被取代,而较之暗的像素则不发生变化。

(21)实色混合:将混合颜色的红色、绿色和蓝色通道值添加到基色的 RGB 值。如果通道的结果总和大于或等于 255,则值为 255;如果小于 255,则值为 0。因此,所有混合像素的红色、绿色和蓝色通道值要么是 0,要么是 255。此模式会将所有像素更改为主要的加色(红色、绿色或蓝色)、白色或黑色。对于 CMYK 图像,"实色混合"会将所有像素更改为主要的减色(青色、黄色或洋红色)、白色或黑色。最大颜色值为 100。

(22)差值:查看每个通道中的颜色信息,并从底色中减去混合颜色,或从混合颜色中减去底色,这取决于哪一个颜色的亮度值较大。与白色混合会使底色值反相;与黑色混合不产生变化。即如果前景色调更高,则背景色调改变其原始数值的对立色调。这种模式下用白色在一副图像上绘画会产生最显著的效果,因为没有一个背景图像包含比绝对白色更亮的色调数值。

(23)排除:创建一种与"差值"模式相似但对比度较低的效果。与白色混合会使底色值反相;与黑色混合不产生变化。

(24)减去:查看每个通道中的颜色信息,并从基色中减去混合色。在 8 位和 16 位图像中,任何生成的负片值都会剪切为零。

(25)划分:查看每个通道中的颜色信息,并从基色中分割混合色。

(26)色相:用底色的光度和饱和度以及混合颜色的色相,创建结果颜色。只改变色调的阴影,绘图区域的亮度与饱和度均不受影响。这种模式在对区域进行染色时极其有用。决定生成颜色的参数包括:底层颜色的明度与饱和度,上层颜色的色调。

(27)饱和度:用底色的光度和色相以及混合颜色的饱和度创建结果颜色。在无(0)饱和度(灰色)的区域上用此模式绘画不会引起变化。如果前景色调为黑色,这种模式就将色调区域转化为灰度;如果前景色调是一个色调值,那么此模式在每一个笔画下均增大其底下像素的基础色调,减少灰色成分。

　　(28)颜色:用底色的亮度以及混合颜色的色相和饱和度创建结果颜色。这可以保护图像中的灰色色阶,而且对于给单色图像上色以及给彩色图像着色都是很有用的。可以同时改变一个选择图像的色调与饱和度,但不改变背景图像的色调成分,在大多数照片图像中组成视觉信息的特性。例如,用此模式来改变人物衣服的颜色将非常有用。

　　(29)明度:决定生成颜色的参数包括底层颜色的色调与饱和度、上层颜色的明度。该模式产生的效果与 Color 模式刚好相反,它根据上层颜色的明度分布来与下层颜色混合。

第 18 章　图像的选区及编辑调整

选区是处理图像时特意选择出来的特定区域,是我们下一步进行编辑调整的对象,相反,选区外不受编辑调整影响。图像的选区对于 Photoshop 处理图像来说是至关重要的,因为大部分的时间里我们处理图像是对局部进行的,精确的选择是编辑的前提,因此要学习和掌握一些选择的方法。与选择有关的内容主要有基本选择工具、通道、路径、蒙版、滤镜等。

18.1　选区设定

18.1.1　矩形选取区域

(1)单击 ⬚ ,在图像上按住鼠标不放,拖动就可创建一个矩形选区,如图 18-1所示。

图 18-1　矩形选区实例

(2)双击 ⬚ ,则弹出矩形选取工具选项面板,如图 18-2 所示。其中主要的参数如下:

图 18-2　矩形选取工具选项

羽化：像素值越大，选区的边缘越圆滑（不同的羽化值所显示的效果见图 18-3）。

图 18-3　羽化值分别为 10、20 的选区

样式：有正常（通过拖动鼠标来选择选区）、约束长宽比（宽和高比例由自己设定）、固定大小（固定选区的大小）3 种样式。

宽度和高度：由用户确定大小，仅在选择约束长宽比、固定大小方式时能够使用。

(3)选区选择时的一些特殊键的使用。在使用选择工具时：

按住"Shift"键，生成一个正方形选区；

按住"Alt"键，以开始光标所在点为中心形成矩形；

按住"Shift＋Alt"键，以开始光标所在点为中心形成正方形；

对已有选区，按住"Shift"键选择，可以在原来的基础上加上后形成的矩形选区，相当于在选项栏上按下

对已有选区，按住"Alt"键选择，可以在原来的基础上减去后形成的矩形选区，相当于在选项栏上按下

对已有选区，按住"Alt＋Shift"键选择，可以在原来的基础上进行并集而形成的矩形选区，相当于在选项栏上按下

对所有的选区，按住"Shift"键，可以在原来的基础上加上后形成的选区；按住"Alt"键，可以在原来的基础上减去后形成的选区。在有选区时，可以用光标键上下左右以一个像素为单位移动选区，按住"Shift"键可以用光标键上下左右以 10 个像素为单位移动选区。

18.1.2　圆形选择

其操作与矩形类似：

按住"Shift"键，生成一个圆形选区；

按住"Alt"键，以开始光标所在点为中心形成椭圆形；

按住"Shift＋Alt"键，以开始光标所在点为中心形成圆形；

对已有选区，按住"Shift"键选择，可以在原来的基础上加上后形成的椭圆选区；对已有选区，按住"Alt"键选择，可以在原来的基础上减去后形成的椭圆选区。

18.1.3　选取单行和单列

利用 和 可分别选择单行和单列选区，其宽度为一个像素，常用来做一些装饰细线。

18.1.4　用 选择不规则自由选区

用 可以徒手创建自由选区，按住鼠标左键可以像笔一样在屏幕上画出选区，松开鼠标左键，会自动闭合选区。同样， 可以创建由许多折线段组成的选区。用 则是沿着色差较明显的轮廓进行描边而形成选区，只要单击鼠标设置起点，放开鼠标沿着物体的轮廓边缘线移动即可，和起点重合或双击鼠标左键即可闭合选区，并结束选取。

对于磁性套索工具，其浮动选项板如图 18-4 所示。

图 18-4　磁性套索工具浮动选项板

套索宽度：输入 1 到 40 之间的一个像素值。磁性套索工具只探测从指针开始指定距离以内的边缘。

频率：指定套索以什么速率设置紧固点，输入 0 到 100 之间的一个像素值。较高的值会更快地将选区边框固定在那里。

对比度：指定套索对图像中边缘的灵敏度，输入 1% 到 100% 之间的一个值。较高的值只探测与周围强烈对比的边缘，较低的值探测低对比度的边缘。

光笔压力按钮：使用光笔绘图板时，如果选择此选项，光笔压力的增强会使套索宽度变窄。

在边缘定义较好的图像上，可以使用更大的套索宽度和更高的边对比度，然后粗略地跟踪边框。在边缘较柔和的图像上，应尝试使用较小的宽度和较低的边对比度，然后更精确地跟踪边框。使用较小的宽度值、较高的边对比度可得到最精确的边框；使用较大的宽度值、较小的边缘强度值可得到粗略的路径。

18.1.5　魔棒工具

根据邻近像素的颜色相似程度选择选区的边界，优点是能够把不规则但颜色相同或相近的区域选取,但是只是对相连的邻近像素进行选择,要对全图颜色进行相似区域的选择,则要用选择菜单里的"色彩范围"。

18.1.6　快速选择工具

利用可调整的圆形画笔笔尖快速"绘制"选区。拖动时,选区会向外扩展并自动查找和跟随图像中定义的边缘。

18.1.7　菜单选择方式

Photoshop 专门有一个菜单来进行选择和对选区的编辑。其中"全选"是选择整个图像,如图 18-5 所示;选择"色彩范围"会弹出如图 18-6 所示的对话框,可以通过取样吸管对全图颜色进行相似区域的选择,  可以分别进行加模式和减模式选择,并直观地进行选择操作和容差调节,也可以用其他方式进行选择,如图 18-7 所示。

图 18-5　选择菜单　　　　　　　　图 18-6　色彩范围对话框

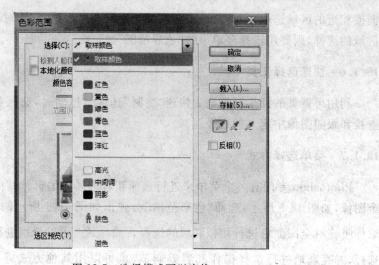

图 18-7　选择模式可以变换

18.2　选区的编辑调整

(1)选区取消与反选:选区取消,可以通过选择菜单中的"取消"来完成,也可以在选区处任意单击鼠标来取消。反选要通过选择菜单中的"反选"来完成。

(2)选区的羽化和修改:选的羽化与长方形等选区中羽化的意义一样,"修改"中四个选择:扩边、平滑、扩展、收缩,效果如图 18-8 所示。

图 18-8　原图与扩边、平滑、扩展、收缩 10 个像素的结果

(3)扩大选区与选取相似:扩大选区包括魔棒选项调板中指定容差范围内的相邻像素。选取相似包括整个图像中容差范围内的像素,而不只是相邻像素。但注意不能在位图模式的图像上使用"扩大选取"和"选取相似"命令。

(4)变换选区:指的是对选区的旋转、变换比例、移动等操作。

(5)存储选区和载入选区:通过存储选区和载入选区,可以把选区保存起来,随时提出进行编辑,以提高效率。

第19章 色彩模式与模式转换

19.1 常见电脑图像色彩模式

在数字图像中,图像的颜色可以由各种不同的基本色来合成,这就构成了在 Photoshop 中称为颜色模式(Color Mode)的颜色合成方式。常见的色彩模式有如下几种。

19.1.1 RGB 模式

RGB 模式是显示器所采用的模式,也是 Photoshop 软件中最常用的一种彩色模式。RGB 是 Red(红)、Green(绿)、Blue(蓝)的缩写。红(Red)、绿(Green)、蓝(Blue)三基色按不同的比例来混合成其他各种颜色,图像中的每个像素颜色用 3 个字节(24 位)来表示,每一种颜色都有 256 个不同浓度的色调,所以三种色彩叠加就能形成 1670 万种颜色(即"真彩")。

颜色=R(红色的百分比)+G(绿色的百分比)+B(蓝色的百分比)

如果 R,G,B 都取 100%,则为白色;如果 R,G,B 都取 0,则为黑色;如果 R,G,B 取值不同,最终混合的颜色就有成千上万种,可以表示色彩丰富的图像。彩色显示器和彩色电视机都是使用 RGB 模式来显示彩色图像的,但是这种模式的色彩数量超出了打印色彩的范围,打印结果会损失一些亮度和鲜明的色彩。

19.1.2 CMYK 模式

CMYK 模式是打印机所采用的颜色模式。CMYK 是 Cyan(青)、Magenta(紫红)、Yellow(黄)、Black(黑)的缩写。当光线照射到物体上时,物体将吸收一部分光线,并将剩下的光线反射,反射光就是看见的物体颜色。这是一种减色色彩模式,这与 RGB 模式有根本不同,纸上印刷时也应用的是这种减色模式。按照这种减色模式,演变出了适合于印刷的 CMYK 模式。任何一种颜料或墨水的颜色都可以由 3 种基本颜色(品蓝、品红、品黄)的颜料按一定比例混合生成,图像中的每个像素颜色用 3 个字节(32 位)来表示。理论上等量的 3 种基本颜色(品蓝、品红、品黄)的颜料混合成黑色,但实际上带有一点茶褐色,所以增加了黑色(Black)。

CMYK 模式主要应用于印刷出版和彩色打印,它为打印的图像上的点指定四种打印墨水的颜色。由于一般打印机及印刷设备的油墨都是 CMYK 模式,因此这种模式主要用于打印输出。用这种模式在 Photoshop 中进行编辑,因为多一个通道,打印速度将比 RGB 模式慢。在一般的图像处理过程中,应先在 RGB 模式下完全处理后,最后转换成 CMYK 模式进行打印输出。

19.1.3 HSB 模式

HSB 模式是画家常采用的模式。在 HSB 模式中,H 代表 Hue(色调),S 代表 Saturation(饱和度),B 代表亮度(Brightness)。HSB 模式适合人的直觉式的配色方法,用户只要选择色调、亮度和饱和度,就可以配出所要的颜色。

19.1.4 Indexed(索引彩色)模式

也称调色板模式。在此模式中,每一个像素的颜色通常可以用 8 位数字、4 位数字或 1 位数字来表示。每一个像素对应一个数字,每一个数字对应调色板中的一种颜色。这种模式存储的图像实际只存储每个像素对应的调色板的颜色代号,当然也要同时存储调色板,而在显示图像时,每一像素依此代号查询调色板,即索引到每一像素的颜色。

索引模式占用较小的存储空间,如一幅 1024×768 的 8 位彩色图像只需要 0.8 MB 加上一点调色板的存储空间,而以位图格式存储则需要 6 MB 的存储空间。不过,调色板模式能表示的颜色较少,它只能表达 256 种颜色,8 位调色板模式只能表示 256 种颜色,4 位调色板模式只能表示 16 种颜色,把一幅颜色数大于 256 色的图像转换成索引彩色模式时,Photoshop 首先分析图像中都有哪些颜色,然后从中选取 256 种最主要的颜色放入调色板中,图像中每一个像素点的颜色都在这 256 种颜色中指定。如果没有与某一像素点原先一样的颜色,Photoshop 会通过计算,从调色板中找相近的颜色来代替,这个过程称为"抖动"。这种转换会使图像失真,但这种失真一般不会太大。对一幅图像的颜色要求不是特别严格时,可以通过将其转换成索引模式存储来节省存储空间。

当将一个 RGB 或 CMYK 图像转换为索引模式的图像时,软件将建立一个 256 色的颜色表(Color Table)储存并索引其所用颜色。这种模式下的图像质量不高,但是它所占磁盘空间较小,一般可用于多媒体的动画用图或 Web 页面中的图像用图。

19.1.5 Gray Scale(灰度)模式

灰度模式的图像中只有灰度信息而无彩色信息。Photoshop 中灰度模式的像素取值为 0~255,0 表示灰度最弱的黑色,255 表示灰度最强的白色,其他值表示黑色渐变至白色的中间过渡的灰色。当一个彩色文件被转换为 Gray Scale 模式文件时,所有的彩色信息都将从文件中去除掉。灰度图像不仅包含黑色和白色,还包括灰色调,从而使黑白图片的层次更加准确。在灰度图像中,每个像素用多个比特(bit)来表示,这样可以记录和显示更多的色调。如 4bit 可产生 16 种灰度,8bit 则可产生 256 种灰度。

19.1.6 Bitmap(黑白位图)模式

黑白位图模式的图像只有黑色与白色两种像素,是最简单的一种图像。一个像素用一个比特(bit)来表示,所以占用很少的存储空间。黑白图像又分为线条图(Lineart)和半色调图(Halftone)两种类型。请注意:黑白图和灰度图不是一种类型。线条图是一种简单的黑白图像。半色调图是一种模拟灰度图像的黑白图,在半色调图像中,较黑的区域用较多的点来表示,较亮的区域用较少的点来表示,这样,图像看起来就有从黑色到白色的不同灰度,而实际上每个点只有黑、白两色。报纸和杂志上的摄影图片常常是这种半色调图像。

19.1.7 Duotone(双色套印)模式

一般彩色图像按标准是用 CMYK 四种油墨来印刷的。在实际中常只用两种油墨来印刷,这样就可以节省印刷成本。用这种方法印刷出来的图像称为 Duotone(双色套印)图像。我们对用一种油墨、三种油墨和四种油墨印刷图像的模式统一称为套印模式。

19.1.8 Lab 模式

Lab 模式是以两个颜色分量 a 和 b 及一个亮度分量 L(Lightness)来表示的。其中分量 a 的取值从 -128 至 128,表示绿色渐变至红色中间的颜色;分量 b 的取值来自绿色渐变至黄色中间的一切颜色。

其实当 Photoshop 将 RGB 模式转换为 CMYK 模式时,都经 Lab 转换,所以在图像编辑中直接选择这种模式,可以减少转换过程的色彩损失,其编辑操作速度又可以与 RGB 模式一样快。

19.1.9 Multichannel(多通道)模式

多通道模式的图像包含多个通道,每一通道有 256 级灰度。此模式的图像是专门用于印刷的。任何图像(包含超过一个通道的图像)都可以转换为多通道模式,当把彩色图像转换成此模式时,单一颜色通道的信息将被转化成能反映颜色值的灰度信息。如果从 RGB、CMYK 或 Lab 模式的图像中删除通道时,图像将自动变成多通道模式。

19.2 彩色模式的选择

在使用 Photoshop 处理图片的过程中,应该注意一点,即对于打开的图片,无论是 CMYK 模式的图片,还是 RGB 模式的图片,都不要在这两种模式之间进行相互转换,更不要将两种模式转来转去。因为,在像素图片编辑软件中,每进行一次图片色彩空间的转换,都将损失一部分原图片的细节信息。用 Photoshop 处理图片一般选择 RGB 模式,用 RGB 模式处理好图片后,再将其转化为 CMYK 模式的图片,最后输出胶片就可以制版印刷了。制版印刷的图片模式必须是 CMYK 模式的图片,否则将无法进行印刷。

在不需要转化图片模式的情况下,如图片本身就是 RGB 模式或者原图片在扫描仪输入时是 RGB 模式,就用这种模式对图片进行处理,特别是从网上下载的图片,为确保图片的印刷效果,就必须使用 RGB 模式进行处理。

RGB 模式是所有基于光学原理的设备所采用的色彩方式。如显示器就是以 RGB 模式工作的。而 RGB 模式的色彩范围要大于 CMYK 模式,所以,RGB 模式能够表现更多颜色,尤其是鲜艳而明亮的色彩,但这些色彩在印刷时会因色域而减少颜色数量,这也是把图片色彩模式从 RGB 转化到 CMYK 时画面会变暗的主要原因。在 Photoshop 中编辑 RGB 模式的图片时,选择视图菜单栏中的预览选项,选择其中的 CMYK 选项即可,也就是用 RGB 模式编辑处理图片,而以 CMYK 模式显示图片,所见的显示屏上的图片色彩,实际上就是印刷时的色彩。Photoshop 在 CMYK 模式下工作时,色彩通道比 RGB 多出一个,同时还要用 RGB 的显示方式来模拟出 CMYK 的显示器效果,并且 CMYK 的运算方式与基于光学的 RGB 原理完全不同,因此,用 CMYK 模式处理图片的效率要低一些,处理图片的质量也要差一些。

图片以 RGB 模式保留图片数据是比较理想的。经过校色和修正的 RGB 模式图片数据信息可以成为长期存储的有效文档,这样将来从档案库中检索的 RGB 模式图片可用在不同输出设备上。

在使用各种印刷机、数字打样设备或计算机监控器进行图片的印刷、打样、输出时,观察并测量以上印刷输出设备所复制的图片颜色差别的主要方法是测量产生中性灰所需要的青、品红和黄的量,即复制系统的灰平衡。如果图片转换为 CMYK 模式,那么重新使用不同的输出设备时,图片就要求调节 CMYK 图片的高光、中间调和暗调网点,并改变总的灰平衡和色彩饱和度。而 RGB 模式图片可利用较大的 RGB 色调范围来再现更为明亮、更为饱和的颜色。然而,在图片被分色为 CMYK 后,图片中的所有像素均处于 CMYK 色调范围之内。

总之,使用 Photoshop 处理彩色图片应该尽量使用 RGB 模式进行。但在操作过

程中应该注意,使用 RGB 模式处理的图片一定要确保在用 CMYK 模式输出时图片
色彩的真实性;使用 RGB 模式处理图片时要确信图片已完全处理好后再转化为
CMYK 模式图片,最好是留一个 RGB 模式的图片备用。

　　除了用 RGB 模式处理图片外,Photoshop 的 Lab 色彩模式也具备良好的特性。
RGB 模式是基于光学原理的,而 CMYK 模式是颜料反射光线的色彩模式,Lab 模式
的好处在于它弥补了前两种色彩模式的不足。RGB 在蓝色与绿色之间的过渡色太
多,绿色与红色之间的过渡色又太少,CMYK 模式在编辑处理图片的过程中损失的
色彩则更多,而 Lab 模式在这些方面都有所补偿。Lab 模式由三个通道组成:L 通道
表示亮度,它控制图片的亮度;a 通道包括的颜色从深绿(低亮度值)到灰色(中亮度
值)到亮红色(高亮度值);b 通道包括的颜色从亮蓝色(低亮度值)到灰色到焦黄色
(高亮度值)。Lab 模式与 RGB 模式相似,色彩的混合将产生更亮的色彩。只有亮度
通道的值才会影响色彩的明暗变化。可以将 Lab 模式看作是两个通道的 RGB 模式
加一个亮度通道的模式。Lab 模式是与设备无关的,可以用这一模式编辑处理任何
一个图片(包括灰度图片),并且与 RGB 模式同样快,比 CMYK 模式则快好几倍。
Lab 模式可以保证在进行色彩模式转换时,CMYK 范围内的色彩没有损失。如果将
RGB 模式图片转换成 CMYK 模式,应先转换成 Lab 模式再转比较好。在非彩色的
排版过程中,经常应用 Lab 模式将图片转换成灰度图。

　　因此,在编辑处理图片时,尽可能先用 Lab 模式或 RGB 模式,在不得已时才转
成 CMYK 模式。而一旦转成为 CMYK 模式图片,就不要再轻易转回来了,如果确
实需要的话,就转成 Lab 模式对图片进行处理。

19.3　色彩模式转换

　　在"图像"菜单的"模式"命令中包含多个选项,如图 19-1 所示,利用这些选项,用
户可以根据需要将图像模式转换成其他所需要的模式。

19.3.1　转换成黑白模式图像

　　黑白模式是 1 bit 深度的图像,由黑色或白色来显示,实际上是黑白图像。转换
成 Bitmap 模式图像,一般是先转换成灰度(Grayscale)模式,然后再转换为 Bitmap
模式图像。将灰度模式转换为黑白模式时,将丢掉图像中的色调和饱和度等信息,而
只留下亮度信息。

　　图 19-2 是转换成黑白模式时的对话框。其中,"分辨率"指设置转换后的图像分
辨率,默认的是原图像的分辨率。

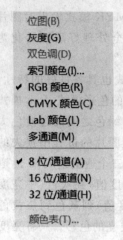

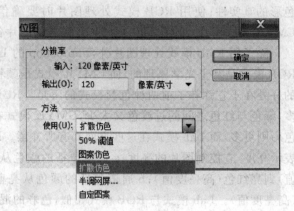

图 19-1 "模式"命令中包含的选项   图 19-2 转换成黑白模式对话框

"50％阈值"指灰度图像中的灰度分为 256 级,采用 50％,即将 128 级作为分界线,当像素的灰度高于 128 级时,转换为白色;当像素的灰度低于 128 级时,转换为黑色。转换的结果是一个高对比度的黑白分明的图像。

"图案仿色"将产生由黑点和白点组成的图像。

"扩散仿色"指从图像左上角的像素开始,对像素的灰度值进行计算,像素的灰度值大于 128 级时,则将该像素转换为白色,否则转换为黑色。由于最初的像素不是纯白或纯黑,当对整个图像进行转换后,误差就会扩散到整个图像中,最后的结果就会产生颗粒状的图案。

"半调网屏":在转换时,原来灰度图像中的黑色和白色可以直接转换成黑白图像中的黑色和白色,而对于灰度图像中界于黑色和白色之间的点(称之为半色调 Halftone)转换到黑白图像中时,只能用许多黑、白两色的点按一定的规律和密度来模拟它。选择此项执行时,屏幕上会出现一个如图 19-3 所示的对话框,用于设置半色调的有关参数。

图 19-3 设置半色调参数对话框

"频率"指设置半色调点的密度,它由印刷纸张和印刷压力共同决定,一般对于新闻纸常用 85 线,杂志常用 133 线或 150 线。"角度"设置屏幕的取向。"形状"设置半色调点的形状,有 Round(圆)、Diamond(钻石)、Ellipses(椭圆)、Line(直线)、Square(方形)、Cross(十字形)六种可选。将 RGB 彩色图像转换为灰度图像后,其文件大小缩小为原来的 1/3。

19.3.2　黑白图像转换为灰度图像

将一个黑白图像转换成灰度图像时,屏幕上将会出现一个如图 19-4 所示的"灰度"对话框,设置数值,使转换后的灰度图像缩小为原来黑白图像的 1/16~1,当值取 4 时,则表示按原图像的 1/4 大小进行转换。如果用于扫描输入的原图片是彩色图像,但该图片是用于灰度版面中的,用扫描仪输入图片时,不要将原图片直接存为灰度模式,应该用 RGB 模式,用 RGB 模式处理好图片后,将其先转换为 Lab 模式的图片,再通过通道分离命令,选取 L 通道的图片作为印刷用灰度图像。

19.3.3　将彩色图像转换为灰度图像

RGB,CMYK,Lab,HSB 等模式的彩色图像转换成灰度图像时,要将彩色图像的色彩信息丢掉,会出现"警告"对话框,丢掉后的色彩信息将不被"还原"。如果图像包含多个图层,转换后的图像将把各个图层合并成一个图层,这时,屏幕上也会出现一个如图 19-4 所示的提示对话框。

19.3.4　转换为双色调模式

只有灰度图像才能转换为双色调模式,以 1~4 种颜色取代灰度模式的图像,专为黑白照片上色与制版印刷使用。双色调模式对话框(图 19-5)提示:双色调的类型

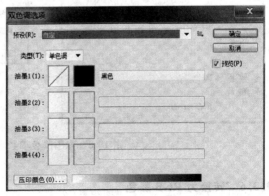

图 19-4　转换为双色调模式的选项　　　图 19-5　图像转换为双色调时的对话框

有单色、双色、三色和四色四类,可以单击油墨右侧的图标,用曲线控制印刷油墨的百分比和图像中像素的黑色百分比、油墨的颜色及套印色彩的方式。

19.3.5 转换为索引模式

索引模式图像保存时,图像中每一个像素点颜色数据和一个调色板同时保存,显示此类图像时,根据像素点的数据,再从调色板中索引相应的颜色,再显示出来。因此,图像的颜色多少取决于调色板中的颜色多少。只有 RGB 彩色和灰度模式图像才可以转换为索引模式。转换为索引模式的图像,便于用户编辑图像的颜色表,或者向只支持 256 色的系统输出图。需要注意的是:索引模式的图像最多只有 256 色。

图 19-6 是转换为索引颜色时的参数设置对话框,索引模式图像中显示出来的颜色由调板提供。选择不同的调板,对应的颜色数将不同,Photoshop 支持使用 RGB 图像中出现的实际颜色创建调色板、使用 Macintosh 系统默认的 8 位调板、使用 Windows 系统默认的 8 位调板、使用 Web 浏览器最常用的调色板显示 8 位图像,统一取样色谱中的颜色,通过从图像中最多显示的色谱中取样颜色来创建调色板和自定义(使用"颜色表"对话框创建);颜色深度决定图像中最多能显示的颜色数量,如 8 位为 256 色;颜色即是图的颜色数量;仿色有扩散(将相邻像素的颜色混合来产生)、图案(用像素点排列成图样模拟),都是用与它最接近的颜色代替。

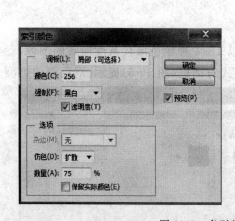
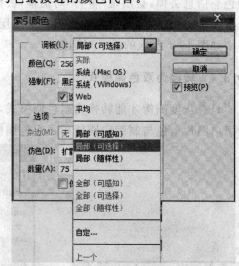

图 19-6 索引颜色参数设置对话框

19.3.6 转换为 RGB 彩色

除黑白模式(图像须先转换为灰度模式)外均可直接转换为 RGB 模式,但灰度模式的图像转换为 RGB 模式的彩色图像不包含有彩色信息。将灰度模式转为彩色模式图像时,是根据每个像素点原先的灰度值将其转为相应的彩色值。

19.3.7 转换为 CMYK 彩色

除了 Bitmap 黑白模式图像外,其他模式的图像都可以转换,打印图像前一般要转换为 CMYK 彩色模式。

19.3.8 多通道模式

在每个通道中使用 256 灰度级,多通道图像对特殊的打印非常有用。例如,转换双色调用于以 ScitexCT 格式打印。以下准则适用于将图像转换为"多通道"模式:

可以将一个以上通道合成的任何图像转换为多通道图像,原来的通道被转换为专色通道。

将彩色图像转换为多通道时,新的灰度信息基于每个通道中像素的颜色值。将 CMYK 图像转换为多通道可创建青、洋红、黄和黑专色通道。将 RGB 图像转换为多通道可创建青、洋红和黄专色通道。从 RGB,CMYK 或 Lab 图像中删除一个通道会自动将图像转换为多通道模式。

19.3.9 协议之间的转换

除用系统设置好的方法进行模式转换外,用户还可以在模式选项中选择概貌到概貌完成图像模式的转换,其实是一种协议之间的转换。可将已打开的图像从任何色彩空间转换为"RGB 设置""灰度设置"和"CMYK 设置"对话框中定义的色彩空间。

第 20 章　图像调整

一幅好的园林设计作品，关键在于调整色彩平衡（如调整亮度、饱和度、对比度及密度范围），正确的校正顺序会有较为满意的效果。

"图像"菜单的"调整"命令中有许多选项用于调整图像的层次、亮度、对比度、色调、饱和度、色彩变化等特性，如图 20-1 所示。

除"阈值"外，色彩校正命令仅对当前选区有效，若未选定选区，则对全图有效。

一般地，"色阶"及"曲线"调整中间调。"色彩平衡"对话框的灰度吸色器有助于除去偏色，它对全图进行色彩校正，再就是要有针对地使用不同的校正方法。比如做出天蓝色，或从土地及树上提取一些黄色，就要使用"色相/饱和度"命令对特定选择区及颜色范围进行校正；或许想往图上增加某种颜色，则应用"色相/饱和度"对话框的"着色"对图像着色；也可应用绘画及编辑工具作详细的色彩校正。Photoshop 还提供了自动色阶、自动对比度、自动色彩等工具。

选取某些对话框中的"预览"选项可预览色彩校正效果。在色彩校正对话框打开时，按下"Alt"键可将 Cancel 切换到 Reset，按下 Reset 可设为其默认值。使用色彩校正控制命令时，在对话框外，吸色器自动被激活，但仍可使用键盘命令滚动、平移、缩放图像。

使用信息面板可读取由色彩校正命令改变后的颜色信息。当正使用色彩校正命令时，信息面板上左边是该像素原来的色彩值，右边为调整后的色彩值。

亮度/对比度(C)...	
色阶(L)...	Ctrl+L
曲线(U)...	Ctrl+M
曝光度(E)...	
自然饱和度(V)...	
色相/饱和度(H)...	Ctrl+U
色彩平衡(B)...	Ctrl+B
黑白(K)...	Alt+Shift+Ctrl+B
照片滤镜(F)...	
通道混合器(X)...	
颜色查找...	
反相(I)	Ctrl+I
色调分离(P)...	
阈值(T)...	
渐变映射(G)...	
可选颜色(S)...	
阴影/高光(W)...	
HDR 色调...	
变化...	
去色(D)	Shift+Ctrl+U
匹配颜色(M)...	
替换颜色(R)...	
色调均化(Q)	

图 20-1　调整命令选项

20.1　调整图像的色阶

色阶调整用来减小或扩大一幅图像的亮度值范围。此命令可以对图像的亮度和对比度进行调整处理,还可处理 Gamma 值。此操作对图像整体或各个色彩通道进行调整。

色阶调整对话框(图 20-2)中显示了图像的直方图,直方图的 X 轴表示图像的亮度,由左边的最暗(0)到右边的最亮(255),Y 轴表示图像中具有某一种亮度的像素数目。

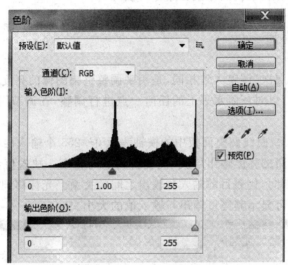

图 20-2　色阶调整对话框

调整对比度对话框下部的▲或△:提高对比度,拖曳直方图中的▲或△;降低对比度,则拖曳它下面色条的▲或△,也可以直接输入数值来进行调整。例如:图像中像素亮度值包含了 0～255 的全部值,现在要降低其对比度,将可输出程度的下限设为 80,则原图像中像素亮度为 0 的就变为 80,则这部分像素的亮度被提高,而原来像素亮度为 255 的仍为 255,这部分像素的亮度不变,这样就降低了对比度,提高了亮度。

设定色阶主要维护色调平衡,通过调整黑场和白场的分布来进行。

手工设定:单击层次对话框中预视上方的白色、中色调或黑色拾取器按钮,点中图像中要定义为黑场和白场的点,也可以双击此按钮,从屏幕出现的"颜色拾取"对话框中设定颜色。

自动设定:点击自动软件,自动将每一通道中的黑场和白场进行调整。

对多幅图像进行同一种校正时,可单击对话框中的存储及载入。对一幅图作了校正后,将参数存储,在对另一幅图作同样校正时,载入该参数即可。

20.2　自动色级调整

自动色级调整可以自动调整图像的明暗和色彩对比,使图像尽可能地落在中色调区,使图像中明、暗、中调的像素分布尽可能均匀。

20.3　曲线调整

曲线调整与"层次"调整大致相同,是用来调整整幅图像的亮度、对比度和灰度系数。但曲线调整可以对灰阶水平上的任何一点进行调整,在调节图像的亮度方面尤其有用。

如图 20-3 所示,曲线调整面板中的横轴表示 0～255 个输入层次,代表像素本身的亮度,竖轴表示新的亮度输出层次,代表新调节的亮度。缺省值为一条直线,表示输出与输入层次相同,代表目前输入与输出之间的关系。光标移到图像上,单击要了解的点,对话框中可显示其亮度输出与输入值的大小。

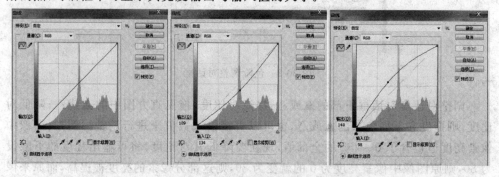

图 20-3　曲线调整面板　　　图 20-4　调整曝光过度图像　　　图 20-5　调整曝光不足图像

调整曝光过度图像,图像将变暗,即较大的输入值变成较小的输出值,如图 20-4 所示;相反,调整曝光不足图像,图像将变亮,即较小的输入值变成较大的输出值,使暗调层次更丰富,如图 20-5 所示。也可以单击"铅笔"图标,用自由曲线的方式画出一条曲线,并可以按平滑钮使其变得平滑,也可以切换为曲线进行下一步的编辑。还可以单击某个通道,进行曲线调整设置,或按"Shift"键选择两个以上的通道。在图像中准备要调节亮度的地方按下鼠标,一个圆出现在对话框中的直线上,拖动这个圆即可调节图像的亮度。在直线上单击,可以固定此点。此点代表图像中区域的亮度保持不变,可以固定 15 个点。如果要清除这些固定点,只需拖动这些点到对话框的外部即可。按住"Alt"键,点击对话框中的坐标图,可在网格与大网格之间切换。

20.4 色彩平衡

对图像的暗调、中间调、高光进行色彩调整,可以对图像进行各种偏色纠正和色彩的调整工作。图 20-6 为色彩平衡对话框,移动▲,可以调节各种颜色值,"保持明度"勾选可以在颜色变化时保持图像的亮度不变。

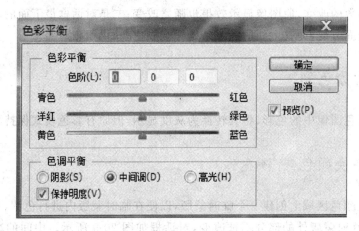

图 20-6 色彩平衡对话框

20.5 亮度/对比度调整

亮度/对比度调整:改变图像的亮度、对比度,向左效果减弱,向右效果加强,如图 20-7 所示。

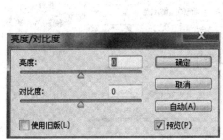

图 20-7 亮度/对比度调整对话框　　图 20-8 色相/饱和度调整对话框

20.6　色相/饱和度调整

色相/饱和度调整可对全图及单独对红、黄、绿、青、蓝、洋红通道进行调整。如图 20-8 所示,"着色"被选中时,对图像的调整均为单色调整。按"Alt"键可将取消变为复位。单击复位可以恢复到原始状态。有两种方法可了解调整结果,一是选中"预览",随着参数的改变,原图像显示效果也随之改变;二是对话框最下面的颜色条会随着参数改变而改变,而其上面的颜色条是标准颜色条,供用户对照。

20.7　去除色彩

去除彩色图像中的色彩,将其转换为灰度显示,但原有彩色模式保持不变。

20.8　替换颜色

在特定颜色区域上创建一个临时蒙版,以便在临时蒙版内进行色调、饱和度及亮度的调整,临时蒙版外的部分不被改变,对话框如图 20-9 所示。中间的小窗口用于显示原图像,将光标移动到此图像上适当位置单击鼠标,与该点颜色相似的像素即被

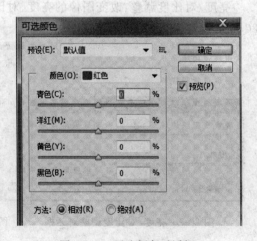

图 20-9　替换颜色对话框　　　　　　图 20-10　可选颜色对话框

设置到临时蒙版中,移动"颜色容差"滑块△,可以改变临时蒙版的面积,如果临时蒙版还多或少一小部分,可以单击右边两个吸管工具图标之一,再单击图像中相应的部分,进行加和减蒙版。然后根据需要,移动"色调""饱和度"和"明度"下面的滑块△,对临时蒙版内的图像进行调整。

20.9　可选颜色

改变各种颜色打印时所使用的油墨百分比,有相对和绝对两种方式,对话框如图20-10 所示。

20.10　通道混合器

改变红、绿、蓝通道其他颜色所占的比例,如图 20-11 所示。"通道混合器"命令可使用当前颜色通道的混合来修改颜色通道。使用这个命令,可以进行创造性的颜色调整,用其他颜色调整工具不易做到。选取每种颜色通道一定的百分比创建高品质的灰度图像、深棕色调或其他色调的图像。将图像转换到一些备选色彩空间,如YCrCb,或从中转换图像、交换或复制通道。

20.11　反相

将图像中的每种颜色变成与其相反的颜色,如对于 256 级颜色值,255 反转后变为 0,0 变为 255。结果相当于变成彩色片的底片,实际上常用于将扫描负片转换为正片。

20.12　色调均化

将图像中最亮的像素作为白色,最暗的像素作为黑色,重新计算图像中各像素的亮度,使图像中的亮度值和黑色值平均分布。常用在扫描获得的图像较暗时来增加亮度,产生鲜明的效果。

20.13　阈值

将彩色或灰度图像转换为高反差的黑白图像,效果类似木刻的黑白图。色阶的阈值可以自己指定。原图像中像素亮度值大于阈值就变成白色,小于阈值就变成黑色,对话框如图 20-12 所示。

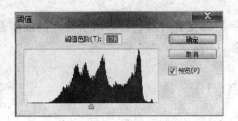

图 20-11　通道混合器对话框　　　　图 20-12　阈值对话框

20.14　色调分离

重新改变图像的灰度级。可以指定图像中每个通道的色调级(或亮度值)的数目,并将这些像素映射为最接近的匹配色调(图 20-13)。例如,在 RGB 图像中选择两个色调可以产生六种颜色:两个红色、两个绿色和两个蓝色。可以在照片中制作特殊效果,如制作大的单调区域时,此命令非常有用。在减少灰度图像中的灰色阶数时,它的效果最为明显。但它也可以在彩色图像中产生一些特殊效果。

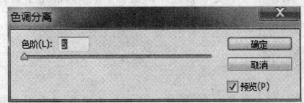

图 20-13　色调分离对话框

20.15　变化

以缩略图的形式形象地调整图像的暗调、中间色调、高光、饱和度,但是相对要求计算机运行速度较快,如图 20-14 所示。此命令不能提供非常精确的选择与变化,但它有重要的优点，即可以同时预显示所有可能的变化，比较直观。图 20-14 中被方框圈起来的名为"当前挑选"的图像为当前图像，这样就可以进行比较。除了影响色彩平衡的控制之外，此命令还提供改变亮度的类似控制。对应在对话框的右边有三个图："较亮""当前挑选""较暗"。变化的剧烈程度取决于"精细－粗糙"滑标。越靠近精细一端，变化越不明显，反之亦然。如果"显示修剪"选项有效，就可以知道一个小图像中的变化是否在原始图像中引起了不想要的剪辑。剪辑现象在一副图像中增添了过多的内容时发生，产生整块的纯色彩区域，抹除了一幅照片的图像细节。

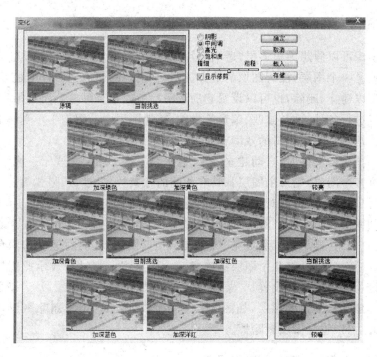

图 20-14　变化调整对话框

第 21 章　图层、通道和路径

21.1　图层

　　电脑图像可以假想为很多层"透明胶片"叠加在一起而得到的一个整体形象,每张"胶片"就是一个图层,没有图像的地方透明,有图像的地方透明程度是可随意设定的。图层可以建立、删除,也可以设置它的透明程度或是否可见。而对每一个图层中的图像内容进行各种绘图、修改、编辑等操作,其他图层中的图像将不受影响,利用图层可以大大地提高图像编辑的效率和质量。

　　新建一个图像文件时,自动建立一个"背景"层,这个图层相当于一块画布。如果一个图像有多个图层,则每个图层都具有相同的像素数、通道数、格式等。

　　利用"图层"面板,可以对图层进行创建、复制、合并、删除等操作,还可以隐藏或显示单独的图层,如图 21-1 所示。面板中"合成方式"共有 17 种;"不透明度"值越小,越透明;"眼睛"显示表示层可见;"笔"表示当前图层,同时右边变为深色,当前层是唯一的。"链接"表示将几个图层链接成一个图层组。"略图"显示此图层中图像,大小可在选项菜单中选择设置。"蒙版"指为当前图层制作一个蒙版。"新建"指在当前图层上方建立一个新的图层,如图 21-2 所示。"垃圾筒"用于删除图层,拖动一个图层到此处,可以将此图层删除掉。

21.1.1　建立新图层,复制、删除图层

　　每个文件最多可建立 99 个图层,只要计算机能够有足够的速度和空间,每个图层的设置可单独设置,但一般尽量少用图层,以减少计算机的负担。含图层的文件只能保存为 PSD 格式。表 21-1 是建立新图层,复制、删除图层的一些方法。

　　在新建图层对话框中,如图 21-2 所示,可以输入新图层的名称、不透明程度、与其他图层合并方式,还可以选定与前一个图层组成一个图层组。

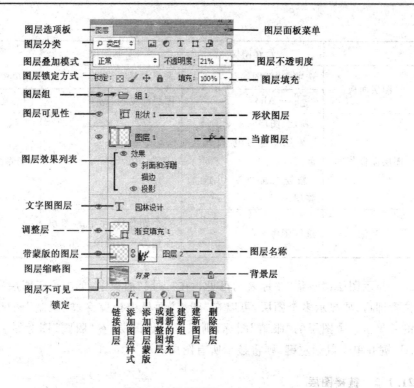

图 21-1　图层面板

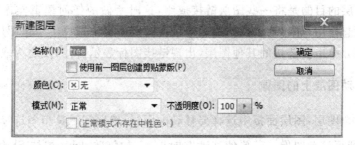

图 21-2　新建图层对话框

表 21-1　建立新图层，复制、删除图层的方法

	新建图层	复制图层	删除图层
快捷键	Shift＋Ctrl＋N Ctrl＋J Ctrl＋Shift＋J		

	新建图层	复制图层	删除图层
图层面板	选项中"新图层"	选项中"复制图层"	选项中"删除图层"
	⬜(＋Alt)	图层拖曳到 ⬜	图层拖到 🗑
图层面板菜单	\新建\图层 \新层\通过拷贝建立新层 \新层\通过剪切建立新层	\复制图层	\删除图层
其他	选区图像复制	一个图像文件中的图层拖到另一个图像文件	

显示图层:"眼睛"图标表示可见。在"图层"面板中,单击位于图层"眼睛"的显示位置即可;要显示多个图层,可以在"图层"面板中拖曳穿过"眼睛"图标纵列;按 Alt 键并单击一个图层的"眼睛"图标,则只显示该图层;在"眼睛"图标纵列上再一次按 Alt 键并单击鼠标左键,则将显示所有图层。

21.1.2　链接图层

链接图层的目的是将一些图层链接成组,这时所做的任何编辑操作将对有关链接图层共同起作用,如移动、旋转、缩放等。在图层面板中选择第一个图层,在图层面板的第二列处单击要链接的其他图层,出现链接图标表示链接,反之为取消。

21.1.3　移动图层上的图像

移动一个图层:图层面板中选择要移动的图层,然后在工具箱中选择 ▸⊕ ,按住鼠标左键,即可移动图像。若要使移动方向是 45°的倍数,同时按住 Shift 键;按任何一个方向键以 1 个像素的增量单位移动;任何一个方向键＋Shift 键以 10 个像素的增量单位移动。

移动多个图层:在图层面板中,选择一个要移动的图层,再把其他图层和第一个图层链接,其他同移动一个图层一样。

21.1.4　背景图层和普通图层的转换与增加

每个图像都包含有一个背景图层,一般在新建图像时自动产生,它决定了整个图像的尺寸,因此放在背景层的图像应该是所有图层中尺寸最大的,否则,新增图层的内容就会被剪裁掉。

将背景图层转化为普通图层:双击图层面板的背景层,出现建立图层对话框,输入新建的图层名称,并设置其不透明度和模式,确定即可,背景层消失了,出现一个新图层。相反,通过"菜单→图层→新建→背景",可建立一个背景层。

调整层的顺序:背景层永远在最底层,可以用"菜单→图层→排列",进行顺序变换。最直接的方法就是在图层面板上拖动。背景层必须变成普通层才能移动位置。

21.1.5　合并图层

将多个图层合并成一个图层,将使图像文件缩小,因此在大图像文件工作时可以节省磁盘空间,方法见表 21-2。

表 21-2　合并图层的一般方法

	当前层与其下一层合并	合并所有可见层	合并所有可见的链接图层	合并所有图层
快捷键	Ctrl+E	Ctrl+Shift+E		
图层面板	选项\向下合并层	选项\合并可见层	合并链接图层	拼合所有层
图层菜单	图层\向下合并层	图层\合并可见层	图层\合并链接层	图层\拼合所有层

21.1.6　图层的混合

在"图层"面板底部点击"添加图层样式"按钮 _fx_ ,从弹出的下拉菜单中选择"混合选项"命令,打开"图层样式"对话框中的"混合选项:默认"样式,如图 21-3 所示。

(1)常规混合

混合模式:设置当前图层与其下方图层的混合模式,可产生不同的混合效果。

不透明度:拖动右侧的滑块,可以设置当前图层产生效果的透明程度,以便制作出朦胧效果;也可以直接在滑块右侧的文本框中输入数值。

(2)高级混合

填充不透明度:拖动右侧的滑块,可以设置填充颜色或图案的不透明度;也可以直接在滑块右侧的文本框中输入数值。

通道:通过选中它右侧的复选框,R(红)、G(绿)、B(蓝)通道,用以确定参与图层混合的通道。

挖空:用于控制混合后图层色调的深浅,通过当前图层看到其他图层中的图像,包括无、浅和深 3 个选项。

将内部效果混合成组:可以将混合后的效果编为一组,将图像内部制作成镂空效果,以便以后使用或修改。

将剪贴图层混合成组:选中该复选框,挖空效果将对编组图层有效,如果取消将只对当前图层有效。

透明形状图层:添加图层样式的图层有透明区域时,选中该复选框,可以产生蒙版效果。

图层蒙版隐藏效果:添加图层样式的图层有蒙版时,选中该复选框,生成的效果如果延伸到蒙版中,将会被遮盖。

矢量蒙版隐藏效果:添加图层样式的图层有矢量蒙版时,选中该复选框,生成的效果如果延伸到图层蒙版中,将会被遮盖。

(3)混合颜色带

混合颜色带:在它右侧的下拉列表中可以选择和当前图层混合的颜色,包括灰、红、绿、蓝4个选项。

本图层:在下面的颜色条两侧有两个由小直角三角形组成的三角形,拖动它们可以调整当前图层的颜色深浅。按下 Alt 键,三角形会分开为两个小直角三角形,拖动其中一个,可以精确地调整当前图层颜色的深浅。

下一图层:与"本图层"的使用方法一样,只不过它调整的是下一图层颜色的深浅。

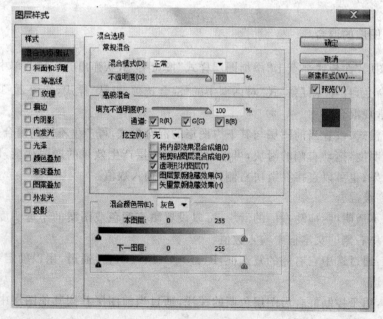

图 21-3　图层样式对话框

21.1.7　图层蒙版

蒙版模式将选区作为蒙版编辑的好处是可以使用几乎所有的 Photoshop 工具或滤镜来修改蒙版。例如,如果用选框工具创建一个矩形选区,可以进入蒙版模式,然后使用画笔扩大或缩小选区,或者使用滤镜扭曲选区边界,也可以使用选择工具,因为快速蒙版并不是一个选区。先选择一个区域,再使用蒙版模式将选区扩大或缩小以建立蒙版,或全部在蒙版模式中创建蒙版。被保护与不被保护区域的颜色有区别,退出蒙版模式时,不被保护的区域变为一个选区。当以"快速蒙版"模式工作时,通道调板中出现一个临时的"快速蒙版"通道,但是所做的所有蒙版编辑都是在图像窗口中进行的。使用图层蒙版可将图层中的不同区显示或隐藏起来。创建图层蒙版先选择要创建图层蒙版的图层或选区,再点击"菜单→图层→添加图层蒙版",也可使用图层面板中的"蒙版"按钮来创建图层蒙版。蒙版在图层面板中,会出现图层蒙版略图。

当编辑图层蒙版时,所有编辑产生的结果都在图层上出现。如果希望观察没有蒙版时的图层效果,就需要暂时关闭图层蒙版。

21.1.8　调节层的运用

调节层的作用主要是对图像进行一些处理,如色彩校正这些很难再还原的处理,利用调节层很容易解决这一问题,它可在不破坏原图像的同时对图像进行各种色彩调整等操作,在不需要时可以随时去除。

制作调节层可以在图层面板中的选项菜单中选择新建调节层,图层面板上会出现相应原调整图层(图 21-4)。

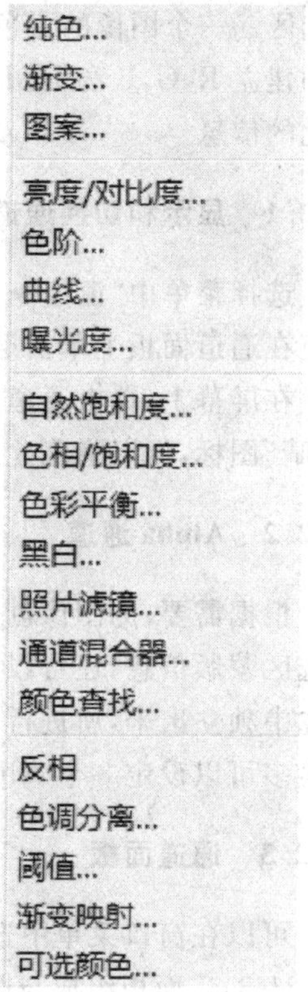

编辑调节层可以选择图层面板中的调节层,然后在工具箱中选择绘图或编辑工具进行编辑。要删除调整影响,用黑色画笔涂抹调节层即可;要显示对下面图层调整的全部效果,用白色画笔涂抹调节层;要删除部分调整影响,用灰色涂抹调节层。

21.2　通道的使用

Photoshop 中的每个通道是一个描述该原色的 8 位图像,共有 256 个亮度值,即从 0(黑色)到 255(白色),因此可以说每个通道都是独立的灰度图。

纯色…
渐变…
图案…

亮度/对比度…
色阶…
曲线…
曝光度…

自然饱和度…
色相/饱和度…
色彩平衡…
黑白…
照片滤镜…
通道混合器…
颜色查找…

反相
色调分离…
阈值…
渐变映射…
可选颜色…

图 21-4　调整图层的种类

少于 256 种色彩的图像可以由单个通道来表示,不包括可以独立编辑的多个通道,例如,一个灰阶图像只有一个通道,黑白图像只允许在每个像素里有 1 bit,所以一个通道足以描述这个图像。索引色彩图像是唯一例外的情形,一个通道就能表示不同的色相,因为 256 种色彩中的每色是根据某种 CLUT 而约定的。另外,双色调也是特例,Photoshop 把它视为单一的 8 bit 通道。

彩色图像在印刷厂是使用 4 个印版来印刷的,每个印版分别印刷青(Cyan)、品红(Magenta)、黄(Yellow)和黑(Black),一个通道就相当印刷中的一个印版,每一个通道保存着一种颜色的数据。RGB 图像是由 R(红)、G(绿)、B(蓝)三种颜色的光按不同比例混合而成,计算机保存的是此幅图像中的三种颜色的数据,RGB 有红色通道、绿色通道、蓝色通道和 RGB 通道,同样 CMYK 图像就有青色(Cyan)通道、品红(Magenta)通道、黄色(Yellow)通道、黑色(Black)通道和 CMYK 通道。

Photoshop 在两种情况下使用通道:一是分别存储图像的彩色信息,二是保存一个选区。一个图像的彩色信息通道自动根据其图像类型创建,例如,对于 RGB 图像,自动建立 R,G,B 和 RGB 通道,其中 RGB 通道是一个混合通道,它保存并显示所有颜色的信息。

21.2.1　显示和切换通道

选择菜单中"窗口→显示通道"即可。图像里的每个通道都出现在面板上,切换通道在通道面板上单击通道名即可。选择了一个通道,Photoshop 通常显示编辑的通道在屏幕上,单击通道面板左边一列,还可以看到除编辑外的附加通道,通过单击"眼睛"图标,可以隐藏此通道,单击没有"眼睛"图标的地方,此通道会再次显示出来。

21.2.2　Alpha 通道

根据需要,为图像创建另外的通道称为 Alpha 通道。在 Alpha 通道中,可以保存选区蒙版信息,还可以利用通道的命令来创建新的图像。蒙版把受保护的区域从图像中独立出来,所进行的颜色修正等操作只对选定区域有效。图像在 Photoshop 中最多可以设定 8 个 Alpha 通道。

21.2.3　通道面板

可以在窗口菜单中选择显示通道命令,或者按 F7 将"通道"面板显示在屏幕上(图 21-5)。面板组成与图层面板类似,但不同的是有一个选区按钮 ▢ ,可以将当前通道内的全部图像设为选区,存入按钮 ▢ ,可以将当前全部图像存入一个选区。

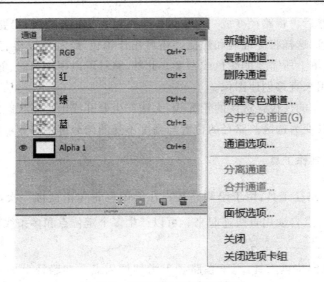

图 21-5　通道对话框及选项菜单

21.2.4　选项菜单

用户单击通道面板右上角的三角形按钮，即可打开如图 21-5 所示的选项菜单，其中包含一些重要的通道功能。

"新建通道"用选取工具可以在图像上设置一个选区，单击"通道"面板右上角的选项按钮，出现选项菜单，选择"新建通道"命令，设置完成即有新通道。"复制通道"可以复制 Alpha 通道，也可以把复制的 Alpha 通道形成一个新图像文件，还可以把复制的 Alpha 通道放入任何其他打开的图像文件中。若干用户想对某个通道进行操作而又想保持原通道的内容不变，为此，就应该在图像文件中先对该通道进行复制。"分离通道"可以将每个通道分成各自独立的灰度图像，然后单独修改每个灰度图像，并自动将通道色彩名字写到窗口名称的末尾。"合并通道"是将多个通道的图像合并到一个多通道图像，在合并之前所有通道的图像必须是打开的，且尺寸绝对一样，并一定是灰度图像。通道的基本操作与图层操作极为类似。"面板选项"用来改变面板左侧缩略图的尺寸。

21.3　路径的使用

路径是使用路径工具在图像上绘制的，它可能是一个点、一条直线或是一条曲线。路径可以修改、保存，并且一个图像可以有多个路径。路径的主要作用是能够制作选区，对于复杂的选区设定，其他选取工具都较难，路径可以比较简单地将选区轮廓描绘出来,然后再将路径变成一个选区。也可以作为工作路径,沿路径来对图像进行修改、处理等,这样将更准确和快捷。还可用作填色,路径可以很容易地在路径所包围的区域内填上所需的颜色或图案。此外,路径可以用来选取、剪裁复杂的物体轮廓,也可以用来直接创建图像。

路径所定义的仅仅是选区的轮廓线,无法产生晕开或半透明状态修改,要进行这些编辑,须将其变为选区。路径的位置与精度不受图像分辨率和显示比例的影响。

21.3.1 路径制作工具

绘制路径工具:用于绘制路径。在绘图区每单击鼠标一次,即可产生一定位点,两个定位点自动用直线连起来。可以产生多个定位点和多条线段,这些点和线段就构成了路径。

增加定位点工具:用于在路径上增加插入点。在路径上单击,即可在路径上增加定位点。

删除定位点工具:用于在路径上删除定位点。在路径上某一定位点上单击鼠标,即可删除这个定位点。

自由钢笔工具:和磁性钢笔工具一样,能手绘路径。用自由钢笔绘制时,会自动定下锚点,无须确定将它们放置在哪里,路径完成之后可以对其进行调整。

转换点工具:通过点的调整用于改变路径线段的弧度,可将直线段改成曲线,将曲线弧度任意改变。

调整路径工具:用于对路径进行调整、编辑。将光标放在路径上,按住鼠标移动,可将许多线条移到另一位置;按住一个定位点移动鼠标,可将与之相连的两条线的位置改变。

路径选择工具:单击路径中的任何位置选择路径,可将它拖动到新的位置。按住 Shift 键可增选其他的路径。

直接选择工具:单击路径并选择相应的路径段。可将路径段拖动到新位置,可调整直线段的长度或角度,调整曲线段的位置或形状。

21.3.2 路径浮动选项板

路径浮动选项板见图 21-6,其功能是:"用前景色填充路径"在路径包围区域内填充前景色;"用画笔描边路径"将路径作为画笔绘图工具的路线;"将路径作为选区"

将路径包围的区域设置为一个选区；"从选区生成路径"将选区变成路径。选项包括了面板上有的功能和其他没有的选项。用户可以使用两种方法制作曲线路径：一种是直接画曲线路径，另一种是先画一个大致的直线路径，然后使用"转换点"工具将其修改成曲线路径。

图 21-6　路径浮动选项板

第 22 章　Photoshop 滤镜插件

22.1　滤镜插件简介

滤镜是 Photoshop 的特色工具之一，通过使用滤镜，可以快速编辑照片、改善图像效果、掩盖缺陷，为图像提供素描或印象派绘画外观等特殊艺术效果。Photoshop 本身在出版时会自带一些滤镜，其中应用于智能对象的智能滤镜在使用时不会造成图像破坏。智能滤镜作为图层效果存储在"图层"面板中，并且可以利用智能对象中包含的原始图像数据随时重新调整这些滤镜。

目前开发的滤镜插件种类很多，功能各异，其中 KPT，Eye Candy 及 Gallery Effects 等堪称佼佼者。主要应用包括抠图、降噪、锐化、边框、光效、缩放、调色、变形、文字、材质、艺术效果等。

KPT 是由 Meta Tools 公司开发的滤镜插件软件包。它包含大量可插入 Adobe Photoshop 的滤镜插件。

EyeCandy 是在 Black Box 的基础上发展起来的一套滤镜插件软件包，它包含多个可插入 Adobe Photoshop 滤镜插件。

Gallery Effects 是一套由 Adobe 公司开发的滤镜插件软件包，分有多个卷。

若使用滤镜插件，就要从 Filter（滤镜）菜单中选择适当的下拉菜单命令。最近一次选择应用的滤镜插件在菜单的顶端出现，可以重复使用。

在使用滤镜插件之前，某些滤镜插件允许预览其在激活层上的效果。因为运用滤镜插件（尤其对于大的图像）需要消耗很多的时间，所以使用预览选项可以节省时间并阻止不满意的效果，或者选择小范围的图像进行试用，效果满意后再大面积应用。

22.2　如何使用滤镜插件

Adobe 提供的滤镜显示在"滤镜"菜单中。第三方开发商提供的某些滤镜可以作为增效工具使用，直接安装即可使用。大部分小型 Photoshop 滤镜，只要将滤镜文件的扩展名命名为 8bf，再将这个文件复制到 Photoshop 目录下的 Plug-ins 目录下就可以了。一般滤镜安装完毕以后，会出现在滤镜菜单下面。在安装后，这些增效工具滤镜出现在"滤镜"菜单的底部。

通过应用于智能对象的智能滤镜，在使用时不会造成破坏。智能滤镜作为图层效果存储在"图层"面板中，并且可以利用智能对象中包含的原始图像数据随时重新调整这些滤镜。

要使用滤镜，请从"滤镜"菜单中选取相应的子菜单命令。

滤镜应用于正在使用的可见图层或选区。对于 8 位通道的图像，所有滤镜都可以单独应用，可以通过"滤镜库"累积应用大多数滤镜。不能将滤镜应用于位图模式或索引颜色的图像。有些滤镜只对 RGB 图像起作用，不支持 CMYK 模式。可以将所有滤镜应用于 8 位图像。可以将下列滤镜应用于 16 位图像：液化、消失点、平均模糊、模糊、进一步模糊、方框模糊、高斯模糊、镜头模糊、动感模糊、径向模糊、表面模糊、形状模糊、镜头校正、添加杂色、去斑、蒙尘与划痕、中间值、减少杂色、纤维、云彩、分层云彩、镜头光晕、锐化、锐化边缘、进一步锐化、智能锐化、USM 锐化、浮雕效果、查找边缘、曝光过度、逐行、NTSC 颜色、自定、高反差保留、最大值、最小值及位移。下列滤镜应用于 32 位图像：平均模糊、方框模糊、高斯模糊、动感模糊、径向模糊、形状模糊、表面模糊、添加杂色、云彩、镜头光晕、智能锐化、USM 锐化、逐行、NTSC 颜色、浮雕效果、高反差保留、最大值、最小值及位移。

22.2.1　从滤镜菜单应用滤镜

可以对现用的图层或智能对象应用滤镜。应用于智能对象的滤镜没有破坏性，并且可以随时对其进行重新调整。

(1)选择要应用滤镜执行内容，可能有如下之一：

将滤镜应用于整个图层，请确保该图层是现用图层或选中的图层。

将滤镜应用于图层的一个区域，请选择该区域。

在应用滤镜时不造成破坏以便以后能够更改滤镜设置，选择包含要应用滤镜的图像内容的智能对象。

(2)从滤镜菜单的子菜单中选取一个滤镜。

如果不出现任何对话框，则说明已应用该滤镜效果。

在滤镜菜单中选择滤镜插件，这时如果这种滤镜插件有对话框，对话框会弹出，然后在对话框中设置选项、选择或输入数值。有些滤镜也可能没有参数选择。如果出现对话框或滤镜库，请选择相应的选项，然后单击"确定"。

将滤镜应用于较大图像可能要花费很长的时间，但是，可以在滤镜对话框中预览效果。在预览窗口中拖动以使图像的一个特定区域居中显示。在某些滤镜中，可以在图像中单击以使该图像在单击处居中显示。单击预览窗口下的"＋"或"－"按钮可以放大或缩小图像。

（3）重复利用最近一个滤镜的效果，可用菜单中"上次滤镜操作"或用快捷键"Ctrl＋F"。

22.2.2　滤镜库的使用

滤镜库可提供许多特殊效果滤镜的预览。可以应用多个滤镜、打开或关闭滤镜的效果、复位滤镜的选项，以及更改应用滤镜的顺序。滤镜库并不提供滤镜菜单中的所有滤镜（图 22-1）。

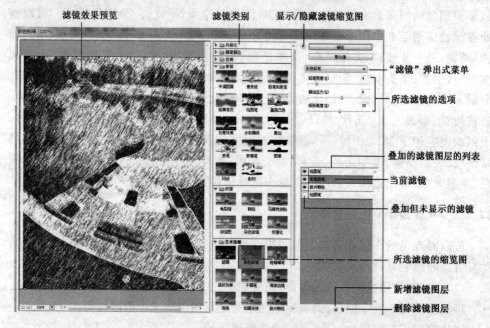

图 22-1　滤镜库对话框

（1）显示滤镜库

选取"滤镜→滤镜库"。单击滤镜的类别名称，可显示可用滤镜效果的缩览图。

放大或缩小预览：单击预览区域下的"＋"或"－"按钮，或选取一个缩放百分比。

查看预览的其他区域：使用抓手工具在预览区域中拖动。

隐藏滤镜缩览图：单击滤镜库顶部的"显示/隐藏"按钮 ⊗。

（2）从滤镜库应用滤镜

滤镜效果是按照它们的选择顺序应用的。在应用滤镜之后，可通过在已应用的滤镜列表中将滤镜名称拖动到另一个位置来重新排列它们。重新排列滤镜效果可显著改变图像的外观。单击滤镜旁边的眼睛图标 👁，可在预览图像中隐藏效果。此外,还可以通过选择滤镜并单击"删除滤镜图层"图标 来删除已应用的滤镜。

为了在试用各种滤镜时节省时间,可以先在图像中选择有代表性的一小部分进行试验。执行下列操作之一:

要将滤镜应用于整个图层,请确保该图层是现用图层或选中的图层。

要将滤镜应用于图层的一个区域,请选择该区域。

要在应用滤镜时不造成破坏以便以后能够更改滤镜设置,请选择包含要应用滤镜的图像内容的智能对象。

选取"滤镜→滤镜库"。单击一个滤镜名称以添加第一个滤镜。可能需要单击滤镜类别旁边的倒三角形以查看完整的滤镜列表。添加滤镜后,该滤镜将出现在滤镜库对话框右下角的已应用滤镜列表中。

为选定的滤镜输入值或选择选项。请执行下列任一操作:

要累积应用滤镜,请单击"新增滤镜图层"图标 ,并选取要应用的另一个滤镜。重复此过程以添加其他滤镜。

要重新排列应用的滤镜,请将滤镜拖动到滤镜库对话框右下角的已应用滤镜列表中的新位置。

要删除应用的滤镜,请在已应用滤镜列表中选择滤镜,然后单击"删除滤镜图层"图标 。如果对结果满意,请单击"确定"。

22.3　光照效果滤镜

光照效果滤镜能够给一副图像增加一个光照的效果,形成特殊的光影效果,通过给光照效果滤镜制定纹理,能够给目标图像加上立体效果,使图像形成阴影。

光照效果滤镜对话框的各个参数见图 22-2。

预设样式:共有 17 种不同样式可供选择。在这个下拉式列表中选择不同的设置实现各种效果。

光照有点光源、聚光灯、无限光 3 种光线类型。

点光源是圆形点状光,影响区域是一个圆形,其图标中可以修改光强度及移动光位置。聚光灯是模拟聚光灯的效果,影响区域是一个椭圆形。其图标中有内、外两个椭圆,可以修改光强度、聚光灯光的形状及光位置。无限光模拟太阳光从远处照射光,要移动光照,拖动中央圆圈。要更改光照方向,请拖动线段末端的手柄以旋转光照角度。

每一种光线都有不同的性质。在一个时间里只有一种光线在窗口中显示,而多光线效应则在背景图像显示。想关闭一种光线效应,可在光照类型中的"开"检查框

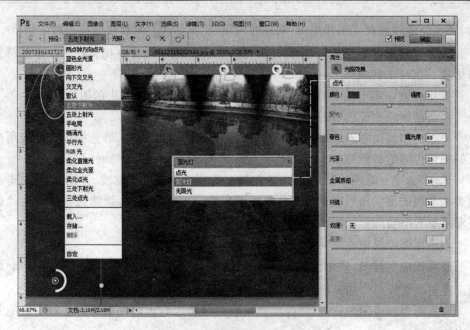

图 22-2　光照效果滤镜对话框

中的标记勾选掉。

　　点光源、聚光灯、无限光等光的属性可调：

　　颜色：光的颜色。

　　聚光：聚光角度。

　　曝光度：增加光照（正值）或减少光照（负值）。零值则没有效果。

　　强度：光照强度。

　　着色：确定光照或光照投射到的对象哪个反射率更高。

　　金属光泽：材质表面的金属光泽。

　　环境：环境漫射光，使该光照如同与室内的其他光照（如日光或荧光）相结合一样。选取数值 100 表示只使用此光源，或者选取数值－100 以移去此光源。要更改环境光的颜色，单击颜色框，然后使用出现的拾色器。

22.4　落影滤镜

　　该滤镜通过在选区下创建阴影使选区有一种浮出的感觉，很容易产生立体效果，如图 22-3 所示。

　　该滤镜工作时需要选区，除非将落影滤镜运用于一个层上的对象，阴影形状与选

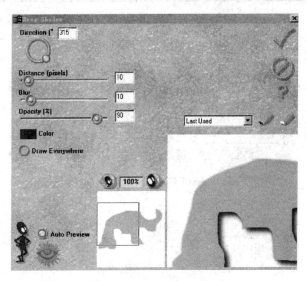

图 22-3　落影滤镜对话框

区形状基本类似。另外,要保证落影滤镜在一个层上正确地工作,一定要保证保持透明度(Preserve Transparency)选择框处于撤选状态。这一点对 Photoshop 用户来说十分重要,因为如果保持透明度有效,该滤镜就不能正常工作。

Drop Shadow 滤镜中控制设置如下:

Direction(方向):控制选区阴影偏移量的方向。它的取值范围为 0°～360°。0°直接将阴影向右偏移;90°直接将阴影向上偏移;180°将阴影向左偏移;270°将阴影向下偏移。

Blur(模糊):控制阴影的锐度。其值越高,表示阴影越模糊,给出一种远离光源的模糊效果。它的取值范围为 0～100。

Opacity(不透明度):调整所有阴影的透明度。其值越高,表示填充颜色或阴影后面的层越不透明。它的取值范围为 0～100。

Color(颜色):点击该框会弹出一个颜色拾取框,可以从中选择阴影颜色。

Distance(距离):控制阴影与选区的距离。该值越高,距离越大,产生一种使选区更加远离背景的效果。它的取值范围为 0～600。

22.5　透视投影

透视投影在园林里常用来做一些有透视效果的阴影,如树木做投影是最为常见的了。用这种方法比其他方法更为快捷和准确。其对话框如图 22-4 所示。

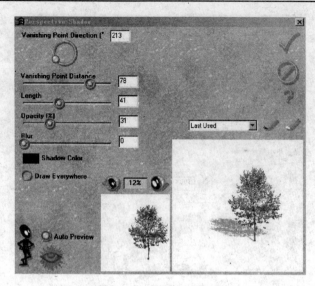

图 22-4　透视投影对话框

主要参数如下：

Vanishing Point Direction(灭点方向)：控制阴影落下的方向，0°阴影向右，90°则为向上，180°向左，但都不能落在选区的前面。

Vanishing Point Distance(灭点距离)：控制阴影水平方向与选区的距离。值越小，距离越近。

Length(长度)：控制阴影的长度。

Opacity(不透明度)：调整阴影的不透明度，值越大，越不透明。

Blur(模糊)：控制阴影边缘的清晰程度。

22.6　智能锐化滤镜

智能锐化可在"滤镜→锐化"子菜单中找到(图 22-5)。相较于标准的 USM 锐化滤镜，智能锐化的开发目的是改善边缘细节、阴影及高光锐化。

在阴影和高光区域对锐化提供了良好的控制(图 22-6)，可以从三个不同类型的模糊中选择移除：高斯模糊、运动模糊和镜头模糊。智能锐化设置可以保存为预设，供以后使用。智能锐化滤镜比 USM 锐化滤镜能获得更好的结果。智能锐化与USM 滤镜相比，只需要更少的设置即可轻松获得良好的效果。

图 22-5　智能锐化面板

图 22-6　智能锐化面板中的阴影设置

第三部分
SketchUp 基础知识

第 23 章　SketchUp 基础

23.1　SketchUp 简介

直接面向设计过程　此软件最突出的特点是直接面向设计过程,而不只是面向渲染成品或施工图纸,这使得设计师可以直接在电脑上进行直观的构思。它可以从潦草的草图开始,随着设计构思的不断清晰,一边可以追加详细设计,随时接受精确的尺寸;一边可以最大限度地减少机械重复劳动并能控制设计成果的准确性。它给设计师带来边构思边表现的体验,产品打破设计师设计思想的束缚,快速形成设计草图,创作设计方案。SketchUp 被设计师称为最优秀的草图工具,是设计创作上的一大革命。它被用来设计和形象化一切东西,从铆钉和住宅整修工作,到最大最复杂的居民区、商业区、工业区和市区工程。世界上所有具规模的 AEC(建筑工程)企业或大学几乎都已采用该软件。设计师在方案创作中使用 CAD 繁重的工作量可以被SketchUp 的简洁、灵活与功能强大所代替。

易学易用　SketchUp 的设计宗旨是简单易用,界面简洁,易学,命令极少,生成的模型非常精简,便于制作大型场景,完全避免了其他设计软件的复杂性。因此,它成为一个简单得令人惊讶的强大工具,一些不熟悉电脑的设计师可以很快地掌握它,可以迅速地建构、显示、编辑三维建筑模型,同时可以导出透视图、DWG 或 DXF 格式的 2D 向量文件等尺寸精确的平面图形。其模型可以导入其他着色、后期、渲染软件继续形成照片级的商业效果图。

便于设计过程交流　此软件直接针对设计,设计过程中随时都可以作为直观的三维成品,甚至可以模拟手绘草图的效果,完全解决了及时与业主交流的问题。

表现简洁　在软件内可以为表面赋予材质、贴图,并且有 2D、3D 配景形成的图面效果类似于钢笔淡彩,使得设计过程的交流完全可行。可以迅速容易地建构、显示、编辑 3D 模型。它融合了铅笔画的优美与自然笔触,以及现今数位媒体的速度与灵活性。作为一个专业的草图绘制工具,可以让设计者更直接、更方便地与业主和甲方交流。

动画表现　此软件可以非常方便地生成场景漫游动画、阴影动画、剖面动画。

准确定位的阴影　此软件可以设定所在的城市、时间,进行实时分析阴影,并可以生成阴影动画。

23.2 操作界面

23.2.1 欢迎界面

欢迎界面包括学习、许可证、模板 3 个面板。学习面板(图 23-1)提供在线资源，许可证面板(图 23-2)提供注册信息，模板面板(图 23-3)提供选择使用的模板。园林设计一般使用的模板为"建筑设计—毫米"模板，选择好模板后可以不选"始终在启动时显示"，使下一次直接进入操作界面。

图 23-1　学习面板

23.2.2 用户界面简介

设计建立的模型一般是三维的，常用平面图、立面图、剖面图组合起来表达设计的三维构思。大多数三维设计软件通常用三个平面视口加上一个三维视口来作图，但是会消耗大量的系统资源。SketchUp 只用一个简洁的视口来作图，各视口之间的切换非常方便。图 23-4 分别表达了平面图、立面图、剖面图、三维视图在 SketchUp 中的显示。其操作界面简洁(图 23-5)。

　　标题栏　包含了标准的窗口控件(关闭、最小化和最大化)和当前打开的文件名。

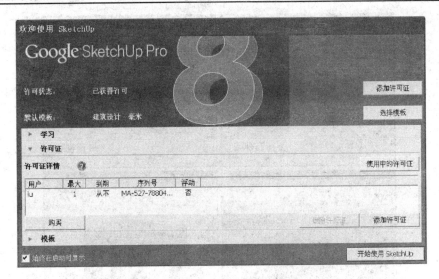

图 23-2 许可证面板

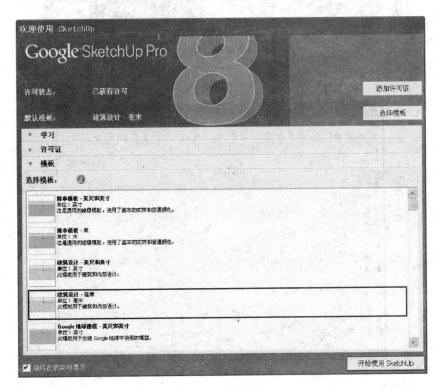

图 23-3 模板面板

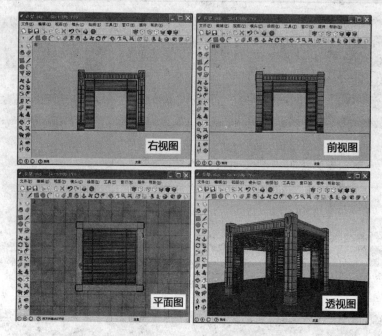

图 23-4　观察窗口的不同视角

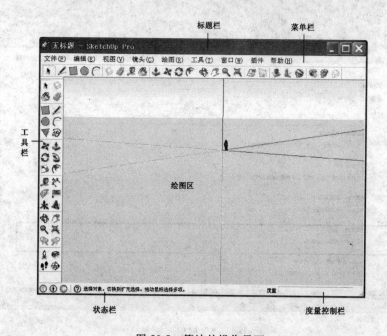

图 23-5　简洁的操作界面

标题栏中文件名为"无标题"时,一般表示文件未保存。

　　菜单栏　　提供了大部分的 SketchUp 工具、命令和设置。菜单包括:文件、编辑、视图、镜头、绘图、工具、窗口、插件和帮助。

　　工具栏　　工具栏显示在窗口左侧,包含用户定义的一组工具和控件。默认情况下,工具栏包含基本的 SketchUp 入门工具,名为大工具集。要显示其他工具栏,选择菜单"视图"→"工具栏"菜单下相应的工具栏。

　　绘图区　　绘图区的 3D 空间由绘图轴直观地界定。绘图轴是三条彼此垂直的彩色直线。这些绘图轴有助于在绘图时提供 3D 空间方向体验。绘图区还包含一个简单的人物模型,可提供 3D 空间体验的基本尺度。

　　状态栏　　左侧包含了分别用于地理位置定位、声明归属和登录的按钮。中间区域包含一个按钮,用于显示工具向导和针对目前所用绘图工具(包括可通过键盘快捷键使用的特殊功能)的提示。留意一下状态栏可以发掘 SketchUp 各工具的高级功能。

　　数值控制框(VCB)　**"度量"控制栏**　位于状态栏的右侧,用于绘制内容时显示尺寸信息和接受输入的数值。在创建或移动一个物体时,动态显示空间尺寸信息,如长度或半径。鼠标指定的数值会在 VCB 中动态显示,若指定或显示的数值不符合指定的数值精度,数值前会有"~"号。数值的输入可以在命令完成之前输入或在执行完命令还没有开始其他操作之前输入数值,输入数值后回车确定。命令仍然生效时,可以不断修改输入的数值。退出命令后 VCB 不会再起作用。数值输入前不需要点击 VCB,直接输入数值即可。

23.2.3　环境设置

　　一般在软件使用前要根据专业的需要设定好使用偏好,点击菜单"窗口"→"模型信息"可以弹出界面,分别进行如下的模型信息设定。

　　(1)尺寸设置(图 23-6)。

　　(2)单位设置(图 23-7):模板选择时决定了所选的制图单位。但打开单个文件时"单位"是以文件单位为先的,即若模型是以美制英寸为绘图单位的,打开后单位是英制的,这就需要将系统的绘图单位改回到公制毫米为主单位,精度为"0 mm"。

　　(3)地理位置设置(图 23-8):地理位置指的是设计项目所在的经纬度,也可以手动设置。正确的地点,可以精确地反映出设计对象的阴影。

　　(4)动画设置(图 23-9):场景动画转换时间和场景延迟时间的设置,一般时间均设为 0 s,以保证动画的连续和平滑。

　　(5)统计信息设置(图 23-10):可以看到当前模型的统计信息,而且可以清除模型中未使用的内容,修正模型的错误。

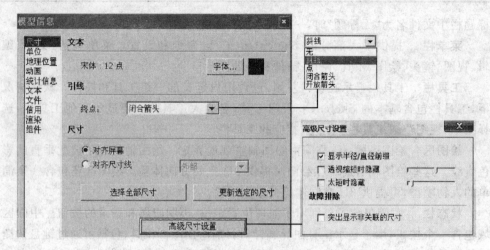

图 23-6　尺寸标注的设定

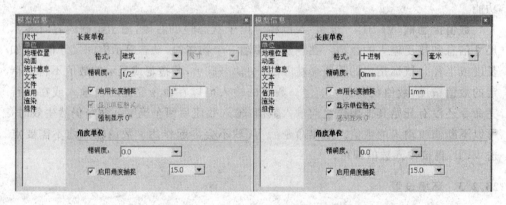

图 23-7　改变单位由英制改为十进制

（注：角度单位，国外与国内都是统一使用"度"为单位）

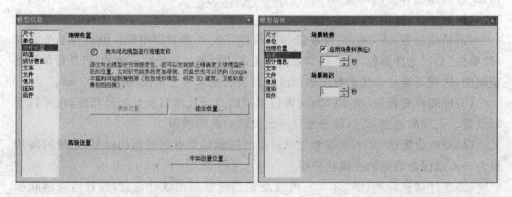

图 23-8　地理位置面板　　　　　　图 23-9　动画设置面板

（6）文本设置（图23-11）：对模型中的屏幕文本、引线文本、引线进行设计。

（7）文件设置（图23-12）：文件保存的位置、版本等一些文件信息设计。

（8）信用设置（图23-13）：模型作者及组件作者可以登录Google声明所有权。

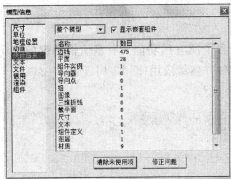

图23-10　统计信息面板

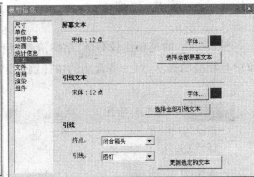

图23-11　文本设置面板

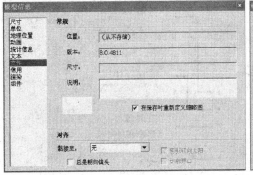

图23-12　文件面板

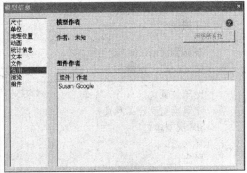

图23-13　信用设置面板

（9）渲染设置（图23-14）：一般需要打开消除锯齿纹理。

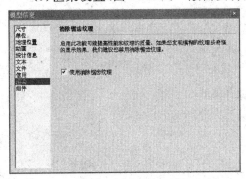

图23-14　渲染设置面板

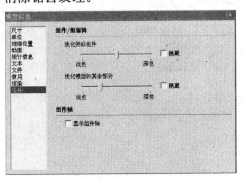

图23-15　组件相关设置

(10)组件设置(图 23-15):组件显示的控制,这样有利于编辑时确立对象在组或组件中的位置。

23.3　菜单及子菜单

　　SketchUp 的菜单比较简洁,结构清楚,包含了所有的功能。有默认快捷键的在菜单中有相应的提示,对一些常用的快捷键应记住并熟练应用(图 23-16 至图 23-24)。

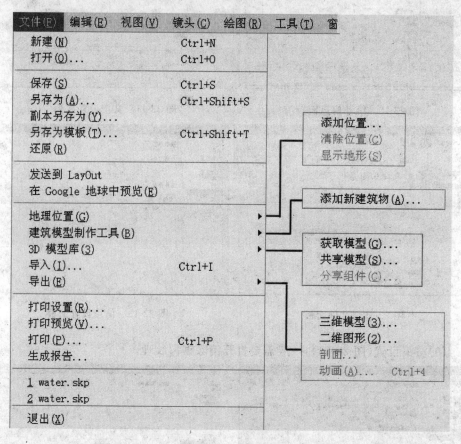

图 23-16　文件菜单

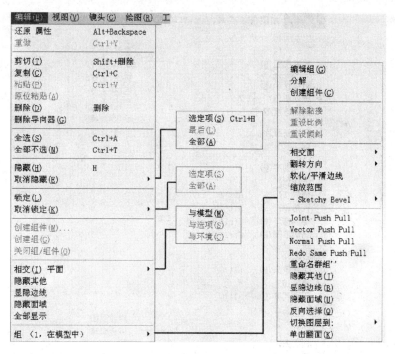

图 23-17　编辑菜单

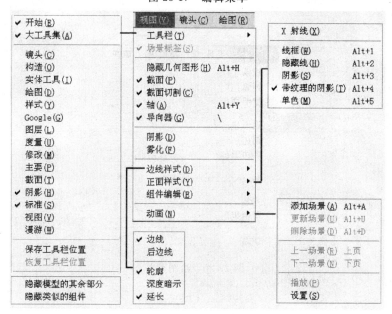

图 23-18　视图菜单

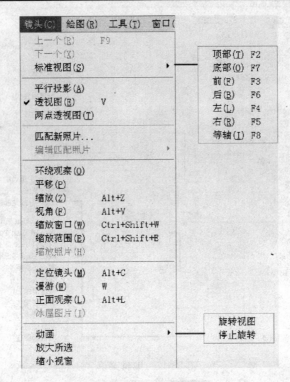

图 23-19　镜头菜单

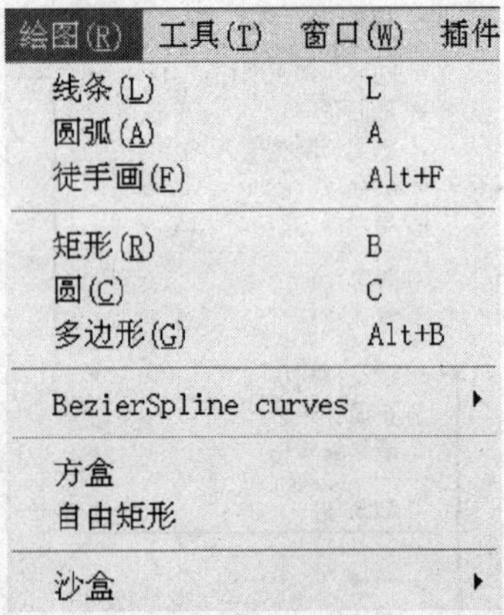

图 23-20　绘图菜单

工具(T)　窗口(W)　插件　帮助(H)	
✔ 选择(S)	空格
橡皮擦(E)	E
颜料桶(I)	X
移动(V)	M
旋转(T)	R
调整大小(C)	S
推/拉(P)	P
跟随路径(F)	D
偏移(O)	F
外壳	
实体工具	▶
卷尺(M)	Q
量角器(O)	Alt+P
轴(X)	Y
尺寸(D)	Alt+T
文本(T)	T
三维文本(3)	Alt+Shift+T
截平面(N)	
Joint Push Pull	
Vector Push Pull	
Normal Push Pull	
Undo Push Pull and reselect faces	
Redo Same Push Pull	
Shear Transformation	
实用程序	▶
互动	
沙盒	▶

图 23-21　工具菜单

窗口(W)　插件　帮助(H)	
模型信息	F10
图元信息	
材质	Shift+X
组件	Alt+O
样式	
图层	
大纲	
场景	
阴影	Shift+S
雾化	Alt+8
照片匹配	Alt+0
柔化边线	
工具向导	
使用偏好	
隐藏对话框	
Ruby 控制台	
Ruby 控制台	
组件选项	
组件属性	Ctrl+Shift+A
照片纹理	

图 23-22　窗口菜单

图 23-23　插件菜单（因安装插件会不同）　　图 23-24　帮助菜单

23.4　工具分类及其快捷键操作

　　SketchUp 的工具分类较为细致（图 23-25），单独使用占用桌面面积过大，所以常用的是"大工具集"（图 23-26），其他工具也可以在使用时临时打开，方法是在"视图"→"工具栏"下点击相应的名称。

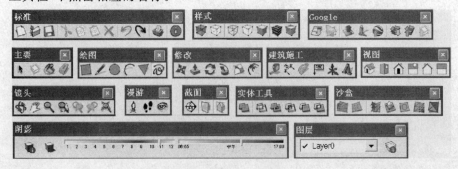

图 23-25　各种工具分类

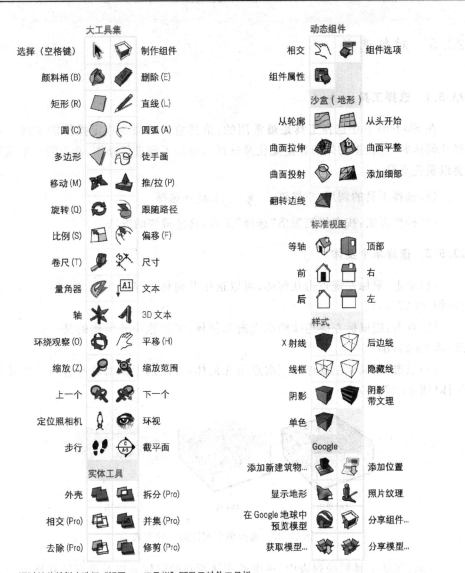

大工具集		动态组件	
选择（空格键）	制作组件	相交	组件选项
颜料桶（B）	删除（E）	组件属性	
矩形（R）	直线（L）	沙盒（地形）	
圆（C）	圆弧（A）	从轮廓	从头开始
多边形	徒手画	曲面拉伸	曲面平整
移动（M）	推/拉（P）	曲面投射	添加细部
旋转（Q）	跟随路径	翻转边线	
比例（S）	偏移（F）	标准视图	
卷尺（T）	尺寸	等轴	顶部
量角器	文本	前	右
轴	3D 文本	后	左
环绕观察（O）	平移（H）	样式	
缩放（Z）	缩放范围	X 射线	后边线
上一个	下一个	线框	隐藏线
定位照相机	环视	阴影	阴影带文理
步行	截平面	单色	
实体工具		Google	
外壳	拆分（Pro）	添加新建筑物...	添加位置
相交（Pro）	并集（Pro）	显示地形	照片纹理
去除（Pro）	修剪（Pro）	在 Google 地球中预览模型	分享组件...
		获取模型...	分享模型...

通过从菜单栏中选择"视图 → 工具栏"可显示其他工具栏。

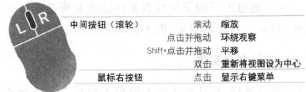

中间按钮（滚轮）		滚动	缩放
		点击并拖动	环绕观察
		Shift+点击并拖动	平移
		双击	重新将视图设为中心
鼠标右按钮		点击	显示右键菜单

图 23-26 常用工具的分类及快捷键

23.5 对象选择

23.5.1 选择工具

在 SketchUp 中选择工具是最常用的,给其他工具命令指定操作的实体。在选择几何体时,应根据物体的数量变化及选择类型的不同进行操作,选中的元素或物体会以黄色亮显。

(1)选择工具的调用:空格键　　　　　工具→选择

(2)操作方法:按空格键激活"选择"工具,这是最快的方法。

23.5.2 选择单个实体

(1)单击:鼠标左键点击几何体,可以选中几何体的某一个面、线或打开群组、组件(图 23-27(a))。

(2)双击:用鼠标左键连续两次点击几何体,可以选中几何体的某一表面及其边线(图 23-27(b))。

(3)三击:用鼠标左键连续三次点击几何体,可以选中该面及所有与之相邻的几何体(图 23-27(c))。

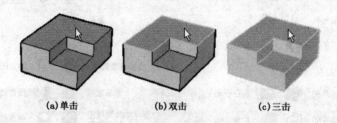

(a)单击　　　　　(b)双击　　　　　(c)三击

图 23-27　选择单个实体的 3 种方式

注意:图层工具栏的列表中,选中的实体所在的图层会以黄色亮显并显示一个小箭头。可以通过图层的下拉列表来快速改变所选实体的图层。若选中了多个图层中的实体,列表中将显示箭头,但不会显示图层名称。

23.5.3 选择多个实体

(1)窗口选择:在几何体的左侧单击鼠标左键不放设置选择框起点,拖动鼠标至几何体右侧松开鼠标按键,完成从左向右的选择操作。此种选择方式只有完全包含在选择框内的几何体被选中,如图 23-28 所示。

（2）交叉窗口选择：在几何体的右侧单击鼠标左键不放设置选择框起点，拖动鼠标至几何体左侧松开鼠标按键，完成从右向左的选择操作。此种选择方法拖出的矩形选框会选择矩形选框以内的和接触到的所有实体，如图 23-29 所示。

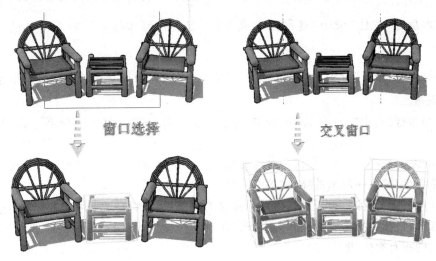

图 23-28　窗口选择　　　　　　　　　图 23-29　交叉窗口选择

23.5.4　选择组件与组

如图 23-30 所示，激活"选择"工具单击建筑模型，在建筑模型附近出现一圈黄色框架，表明此建筑模型当前处于组件或组的状态。

双击建筑模型，使组或组件恢复为正常的线和面状态。选择建筑模型组后回车，建筑模型内部元素当前处于可编辑状态，如图 23-30 所示。编辑完毕后在建筑模型组外部单击鼠标左键或者按"Esc"键可退出组件或组编辑。

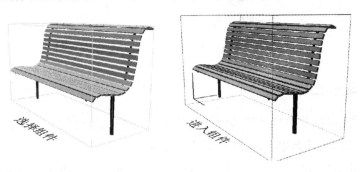

图 23-30　选择模型及进入组件的显示

23.5.5　编辑选择集

（1）增加：按住"Ctrl"键鼠标变成 ▶＋，点击几何体将其添加到当前选择集中。

（2）反选：按住"Shift"键鼠标变成 ▶≥，点击几何体即可反转几何体的选择状态。

（3）减少：按住"Shift＋Ctrl"键鼠标变成 ▶－，点击当前选中的几何体可取消其选择状态。

（4）全选：利用"Ctrl＋A"组合键，可将可见物体全部选择。菜单命令：编辑→全选。

（5）取消选择：在绘图窗口的空白处单击鼠标左键即可取消选择状态。也可以使用菜单命令：编辑→取消选择，或按组合键"Ctrl＋T"。

使用选择工具时，也可以右击鼠标弹出关联菜单。然后从"选择"子菜单中进行扩展选择，包括选择轮廓线、相邻的表面、所有的连接物体、同一图层的所有物体、相同材质的所有物体（图 23-31）。

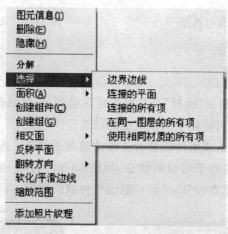

图 23-31　选择的右键菜单

23.5.6　"填充"工具

"填充"工具用于为指定的几何体模型赋予各种贴图材质。

（1）"填充"工具调用方式 🖌 工具→材质 B。

（2）操作方法：按 B 激活"填充"工具，这是最快的方法。根据需要进行：

①单个填充　系统自动弹出"材质"对话框，其中包含了多个材质库。选择一种

材质,利用"填充"工具将其填充到指定的几何体平面上,如图 23-32 所示。

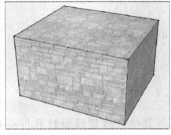

　　(a)材质库文件夹　　　　　　(b)选择适当的材质　　　　　(c)填充材质

图 23-32　为几何体填充材质

　　②邻接填充　按住"Ctrl"键可以对某一平面和所有与其相邻的其他平面赋予同一贴图材质。

　　③替换材质　激活"填充"命令,选择一种新材质,按住"Shift"键选中已赋材质的某一平面,则模型中使用同一材质的所有平面都将被新材质替换。

　　④邻接替换　选择一种新材质,按住"Ctrl＋Shift"键选中已赋材质的某一平面,则模型中与该平面连接的且使用同一材质的平面都将被新材质替换。

　　⑤提取材质　按住"Alt"键点击需要取样材质的平面,松开"Alt"键完成取样操作。利用"填充"工具选中模型的其他平面,则取样的材质就被填充到选中的平面上。

　　⑥填充组件与组　激活"填充"工具,从材质库中选择一种材质,点击需要填充的组或组件模型,将选择的材质填充到组件或组模型的所有平面,如图 23-33 所示。

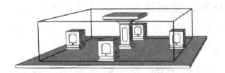

图 23-33　对组件与组进行填充

第 24 章　图形绘制与三维建模

24.1　坐标系统

24.1.1　世界坐标系

　　与其他三维建筑设计软件一样，SketchUp 也使用坐标系来辅助绘图。红色的坐标轴代表"X 轴向"，绿色的坐标轴代表"Y 轴向"，蓝色的坐标轴代表"Z 轴向"，其中实线轴为坐标轴正方向，虚线轴为坐标轴负方向，三条轴线的交点称为原点（图 24-1）。可以通过任意两条轴线来定义一个平面。例如，红/绿轴面相当于"地面"。直接在屏幕上绘图时，SketchUp 会根据视角来决定相应的作图平面。

　　显示和隐藏坐标轴　绘图坐标轴的显示和隐藏可以在"视图"菜单中切换：视图→轴，也可以在绘图坐标轴上点击鼠标右键，在关联菜单中选择"隐藏"。SketchUp 导出图像时，绘图坐标轴会自动隐藏。

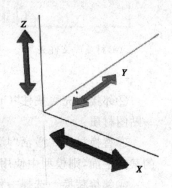

图 24-1　SketchUp 坐标系

24.1.2　重新定位场景坐标轴

　　坐标轴工具允许在模型中移动绘图坐标轴。使用这个工具可以让在斜面上方便地建构起矩形物体，也可以更准确地缩放那些不在坐标轴平面的物体。根据需要，可以对默认的坐标轴的原点、轴向进行更改。具体操作如下：

　　（1）单击 ![icon] 或者在绘图坐标轴上点击鼠标右键，在关联菜单中选择"放置"。此时屏幕中的鼠标指针变成 ![icon] 。

　　（2）移动鼠标到需要重新定义的坐标原点，单击鼠标左键，完成原点的定位。

　　（3）转动鼠标到红色的 Y 轴需要的方向位置，单击鼠标左键，完成 Y 轴的定位。

　　（4）再转动鼠标到绿色的 X 轴需要的方向位置，单击鼠标左键，完成 X 轴的定位。

(5)此时可以看到屏幕中的坐标系已经被重新定义了。

　　对齐绘图坐标轴到一个表面上　在一个表面上点击鼠标右键,在关联菜单中选择"对齐坐标轴"。

　　对齐视图到绘图坐标轴　可以对齐视图到绘图坐标轴的红/绿轴面上。在斜面上精确作图时这是很有用的。在绘图坐标轴上点击鼠标右键,在关联菜单中选择"对齐视图"。

　　相对移动和相对旋转　可以快速准确地相对于绘图坐标轴的当前位置来移动或旋转绘图坐标轴。在绘图坐标轴上点击鼠标右键,在关联菜单中选择"移动"。开启移动坐标轴对话框,可以输入移动和旋转值。数值单位采用参数设置的单位标签里的设置(图 24-2 至图 24-4)。

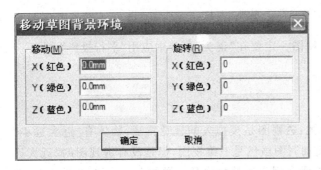

图 24-2　坐标轴的移动和旋转

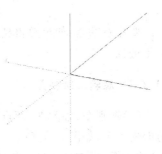

图 24-3　坐标轴向图

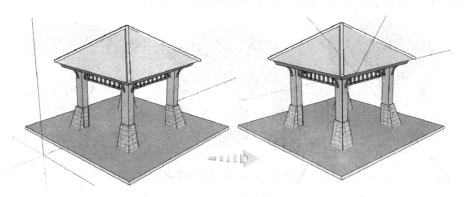

图 24-4　鼠标指针的变化

24.2 视图

24.2.1 视图切换

各种平面视图的作用不一致,在三维作图时经常要进行视图间的切换。在 SketchUp 中只用一组视图工具栏,如图 24-5 所示。在作图的过程中,只要单击视图工具栏中相应的按钮,SketchUp 将自动切换到对应的视图中。

顶视　　　右视　　　左视

等轴　　　前视　　　后视

图 24-5　视图工具栏

要注意的是:如果要得到正视图一定要在"镜头"菜单中应用"平行投影",才不会产生透视。

24.2.2 旋转三维视图

(1)透视图、轴测图、两点透视:透视图是模拟人的视觉特征,物体有"近大远小"的消失关系,如图 24-6 所示。而轴测图虽然是三维视图,但是没有透视图的"近大远小"的关系,距离视点近的物体与距离视点远的物体是一样的大小,在轴测模式下,可以产生立面、平面和剖面。SketchUp 的透视模式可以提供三点透视,但只要让视线水平,就能获得两点透视,这可以通过放置照相机工具来实现。

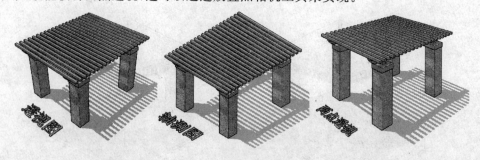

图 24-6　透视图与轴测图

(2)环绕观察 ：即让照相机绕着模型旋转。观察模型外观时特别方便(特别是观察椅子等物体,或者大型建筑模型的外观等),环绕观察可以从照相机工具栏或显示菜单中的照相机工具子菜单中激活。

　　首先,激活环绕观察,在绘图窗口中按住鼠标并拖曳。在任何位置按住鼠标都没有关系,环绕观察会自动围绕模型视图的大致中心旋转。用环绕观察进行鼠标双击,可以将点击位置在视图窗口里居中,有助于更准确地旋转视图。

　　创建和编辑模型的过程中,环绕观察十分常用。因此,要掌握一些快捷键。

　　鼠标中键　若有三键鼠标/滚轮鼠标,在使用其他工具(漫游除外)的同时,按住鼠标中键,可以临时激活环绕观察。

　　平移　使用盘旋工具时,按住"Shift"键可以临时激活平移工具。

　　摇晃　正常情况下,环绕观察开启了重力设置,可以保持竖直边线的垂直状态。按住"Ctrl"键可以屏蔽重力设置,从而允许照相机摇晃。

　　页面　利用页面保存常用视图,可以减少环绕观察的使用。

　　单击 ,然后按鼠标左键,在屏幕上任意转动以达到希望观测的角度,再释放鼠标;或按住鼠标中键不放,在屏幕上转动以找到需要的角度,再放开鼠标。

　　在 SketchUp 中默认的三维视图是透视图。若想切换到轴测图,可以在"相机"菜单中取消"透视显示"命令,如图 24-7 所示。

　　注:在使用 调整观测角度时,SketchUp 为保证观测视点的平稳性,将不移动相机机身位置。若需要观测视点随着鼠标的"转动"而移动机身,可以按住"Ctrl"键不放,再转动。

图 24-7　切换到透视图

24.2.3　平移

　　在绘图软件中用得最多的命令是"平移视图"与"缩放视图",因此熟练应用它们可以提高效率。平移工具可以相对于视图平面水平或垂直地移动照相机。

　　平移视图方法:一是单击 ;二是按住"Shift"键不放,再单击鼠标中键进行视图的平移。这两种方式都可以实现对屏幕视图的水平方向、垂直方向、倾斜方向的任意平移。使用滚轮鼠标,同时按住"Shift"键和鼠标中键/滚轮。可以在使用任何工具的同时,临时切换到平移工具中来。

24.2.4　缩放视图

　　绘图时,经常需要放大或缩小视图,从整体或局部查看效果。SketchUp 缩放工具如下(图 24-8)。

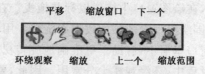

图 24-8　缩放工具

工具的作用是将当前视图放大或缩小,能够实时地看到视图的变换过程。

具体操作如下:单击　按钮,按住鼠标左键不放,从屏幕上方往下方移动是缩小视图;按住鼠标左键不放,从屏幕下方往上方移动是扩大视图。当视图放大或缩小到希望达到的范围时,松开鼠标左键完成操作。更快捷的方式是在任何情况下,可以上下转动鼠标的滚轮来完成缩放功能。滚轮鼠标向下滑动是缩小视图,向上滑动是放大视图。缩放的中心是光标所在的位置。缩放工具的另一个扩展功能就是鼠标双击。这样可以直接将双击的位置在视图里居中,有些时候可以省去使用平移工具的步骤。

当激活缩放工具的时候,可以输入一个准确的值来设置透视或照相机的焦距,也可以指定使用哪种系统。例如,输入“60 deg”表示设置一个 60°的视野,输入“45 mm”表示设置一个 45 mm 的照相机镜头。也可以在缩放的时候按住“Shift”键进行动态调整。注意,改变视野的时候,照相机仍然留在原来的三维空间位置上。

的作用是将指定窗口区域内的图形最大化显示于视图屏幕上,从而将局部范围扩大。具体操作如下:单击“窗选”按钮,按住鼠标左键不放在屏幕中进行拖动,拖出一个矩形的窗口区域并释放鼠标,这个窗口区域就是需要放大的图形区域。这个窗口区域中的图形将会最大化地显示在屏幕上。

的作用是将整个可见的模型以屏幕的中心为中心最大化地显示于视图之上,使整个模型在绘图窗口中居中,并充满全屏。其操作步骤非常简单,单击工具栏中的“充满视窗”按钮即可完成。

注意:鼠标的滚轮可以上下转动,也可以将滚轮当中键使用。为加快 SketchUp 作图的速度,对视图进行操作时应该最大限度地使用鼠标:

①按住中键不放并移动鼠标实现　功能。

②按住“Shift”键不放加鼠标中键实现　功能。

③将滚轮鼠标上下滑动实现　功能。

24.2.5 定位镜头工具 🔍

在设计过程中,经常需要快速地检查屋顶的设施、临近建筑的视线,或者推敲建筑坐落在什么位置比较好。

传统的做法是制作工作模型,而在设计初期绘制精确的透视图是不实际的。虽然透视草图有助于方案设计的推敲,但草图毕竟不精确,无法提供良好的视图效果,甚至会因此干扰设计意图。

使用 SketchUp 可以很好地解决这个问题。在设计过程的任何阶段,都可以得到精确且可以量度的透视图。SketchUp 放置照相机的功能能够决定从某个精确的视点观察,哪些事物可见或不可见;将视点放置到指定的视点高度上;用较少的时间完成多个透视组合。

注意:SketchUp 右下角的数值控制框显示的是视点高度,可以输入自己需要的高度。

照相机位置工具有两种不同的使用方法:若只需要大致的人眼视角的视图,鼠标单击就可以;若要比较精确地放置照相机,鼠标点击并拖曳即可。

鼠标单击 鼠标单击使用的是当前的视点方向,仅仅是把照相机放置在点取的位置上,并将照相机高度设置为通常的视点高度。

若在平面上放置照相机,默认的视点方向指向上,就是一般情况下的北向。

点击并拖曳 这个方法可以准确地定位照相机的位置和视线。很简单,先点击确定照相机(人眼)所在的位置,然后拖动光标到要观察的点,再松开鼠标即可。

提示:可以先使用测量工具和数值控制框来放置辅助线,这样有助于更精确地放置照相机。

放置好照相机后,会自动激活环视工具,让从该点向四处观察。此时也可以再次输入不同的视点高度来进行调整。

24.2.6 漫游工具 👣

漫游工具可以设定相机在模型中观察模型场景,所有的画面自动形成动画。漫游工具还可以固定视线高度,然后以人眼的视线观看场景。只有在激活透视模式的情况下,漫游工具才有效。

漫游工具可以从照相机工具栏或显示菜单中的照相机工具子菜单中激活。

(1)激活漫游工具:在绘图窗口的任意位置按下鼠标左键。注意会放置一个十字符号。这是光标参考点的位置。

(2)继续按住鼠标不放:向上移动是前进,向下移动是后退,左右移动是左转和右转。距离光标参考点越远,移动速度越快。

移动鼠标的同时按住"Shift"键,可以进行垂直或水平移动。按住"Ctrl"键可以移动得更快。"奔跑"功能在大的场景中是很有用的。

激活漫游工具后,也可以利用键盘上的方向键进行操作。

使用广角视野(FOV) 在模型中漫游时通常需要调整视野。要改变视野,可以激活缩放工具,按住"Shift"键,再上下拖曳鼠标即可。

环视快捷键 在使用漫游工具的同时,按住鼠标中键可以快速旋转视点。其实就是临时切换到环视工具。

24.2.7 正面观察 👁

正面观察即让照相机以自身为固定旋转点,旋转观察模型,就好像转动脖子四处观看,既可以左右看,也可以上下看。正面观察在观察内部空间时特别有用,也可以在放置照相机后用来评估视点的观察效果。

正面观察可以从照相机工具栏或显示菜单中的照相机工具子菜单中激活。

环视 首先,激活正面观察。然后在绘图窗口中按住鼠标左键并拖曳。在任何位置按住鼠标都没有关系。

指定视点高度 使用正面观察时,可以在数值控制框中输入一个数值,来准确设置视点距离地面的高度。

在使用漫游工具中环视 通常,鼠标中键可以激活盘旋工具,但在使用漫游工具的过程中,鼠标中键却会激活正面观察。

24.2.8 对齐视图

"对齐视图"命令可以精确地将 SketchUp 视图垂直对齐到图中的元素上。

坐标轴 从绘图坐标轴的关联菜单中选择对齐视图,将把 SketchUp 照相机垂直对齐到所选的坐标轴上。

剖面 从剖面的关联菜单中选择对齐视图,将把 SketchUp 照相机垂直对齐到所选的剖面上。这可用于产生一点透视的剖透视图。

表面 从表面的关联菜单中选择对齐视图,将把 SketchUp 照相机垂直对齐到所选的表面上。这可用于产生斜面的正视图,方便测量。

24.3 物体显示

24.3.1 视图背景与天空

模型常常通过周围的环境来烘托景深和透视,最常用的"环境"就是背景与天空。

在 SketchUp 中,可以直接显示出背景与天空,但是此环境比较单调,可以将图形输出到专业软件,如 Photoshop 中进行加工。显示背景与天空的具体操作步骤如下:

(1)选择"窗口"→"样式"命令,在弹出的样式对话框中选择"编辑"选项,如图 24-9 所示。

(2)在"编辑"选项中选择"背景"选项,选"天空"和"地面"。

(3)单击"天空"右侧的颜色框,弹出如图 24-10 所示的选择颜色对话框,选择天空的颜色并调整亮度。

(4)单击"地面"右侧的颜色框,同样弹出如图 24-10 所示的选择颜色对话框,选择地面的颜色并调整亮度。

图 24-9　样式对话框

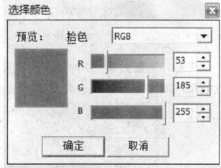

图 24-10　选择颜色对话框

(5)调整地面的"透明度"选项。不选中"显示地面的反面"复选框,以增加显示的速度。因为在 SketchUp 中主要是以单面建筑为主,反面可以不显示。

(6)按"Enter"键结束对背景与天空的设置。此时可以观察到屏幕中已经存在一个基本的天空与背景。打开一个建立好的模型,设置好背景与天空,就可以生成一般的效果图了,如图 24-11 所示。

(7)若不需要显示天空与地面,可以在图 24-9 所示的样式对话框中直接取消选中"天空"与"地面"复选框,然后按"Enter"键确认。

注意:在 SketchUp 中背景与天空都无法贴图,只能用简单的颜色来表示。若需要增加配景贴图,可以在 Photoshop 中完成。也可以将 SketchUp 的文件导入到彩绘大师 Piranesi 中生成类似水彩画、马克画的效果图。

图 24-11　一般的天空与背景效果

天空和地面效果　SketchUp 的天空和地面效果可以在背景中展示一个模拟大气效果的渐变的天空和地面，以及显示出地平线（图 24-12）。

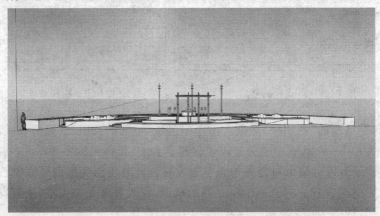

图 24-12　天空与地面效果

天空效果　激活时，在背景处从地平线开始向上显示渐变的天空效果。渐变颜色在地平线位置为白色，往上渐变到指定的颜色。

地面效果　在背景处从地平线开始向下显示指定颜色渐变的地面效果。

地面透明度　显示不同透明等级的渐变地面效果,让可以看到地平面以下的几何体。建议在使用硬件渲染加速的条件下才开启该选项。

从下面显示地面底部　激活该项,则当照相机从地平面下方往上看时,可以看到渐变的地面效果。

24.3.2　图层

各种图形软件的图层功能主要有两大类:一类是管理图形文件,如 3ds Max、AutoCAD、SketchUp 等;另一类是绘图时方便作特效,如 Photoshop 等。由于 SketchUp 主要是单面建模,单体建筑就是一个物体,一个室内场景也是一个物体,所以"图层管理"这个功能就不会有 AutoCAD 那样高的使用频率了,甚至根本不用图层功能,所以在 SketchUp 的默认启动界面中是没有图层工具栏的。若需要使用"图层管理"功能,就要打开图层工具栏(图 24-13)。具体操作如下:

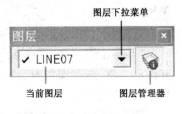

图 24-13　图层工具栏

(1)选择"视图"→"工具栏"→"图层"命令。

(2)图层工具条由两个部分组成:一个是左侧的图层列表,单击黑色的向下箭头,会自动列出当前场景中所有的图层;另一个是右侧的"图层管理器"按钮,单击此按钮会弹出如图 24-14 所示的图层对话框。选择"窗口"→"图层"命令,同样也可以弹出图层对话框。在对图层进行操作时,添加、删除图层一般在图层对话框中操作,而切换当前的绘图图层可直接在图层下拉列表框中选择。

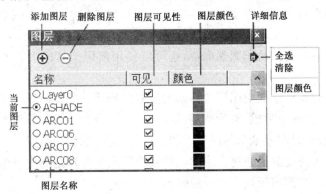

图 24-14　图层对话框

在 SketchUp 中,系统默认自建了一个"Layer0"。若不新建其他图层,所有的图形将被放置于"Layer0"中,"图层 0"不能被删除,不能改名。若系统中只有"Layer0"

一个图层,该图层也不能被隐藏。若场景比较小,可以使用单图层绘图,这种情况也比较常见,这个单图层就是"图层0"。若场景较复杂,需要用图层分门别类地管理图形文件,则需要使用图层对话框来进行图层管理。具体操作如下:

(1)在图层对话框中,单击"添加图层"按钮,将所增加的图层添加到当前场景之中,如图24-14所示。

注意:添加图层的原则是按绘图要素的分类来新增图层,一个图层就是一种图形类别。

(2)双击已经有的图层名称,可以更改图层名。

(3)单击图层名,再单击"删除"按钮,可以删除没有图形文件的图层。若图层中有图形文件,删除图层时会弹出如图24-15所示的删除含有物体的图层对话框,可以根据具体需要来选择。

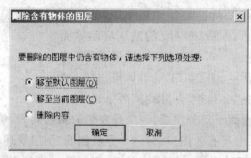

图24-15 删除含有物体的图层对话框

若在场景中有多个图层时,其中必定有一个当前图层,而且只有一个当前图层。所有绘制的图形将被放置在当前图层中。当前图层的标志就是在图层名前有一个小黑点。如图24-14所示,ASHADE就是当前图层。若需要切换当前图层,在"图层"对话框中单击图层名前的小圆圈即可,也可以使用图层工具栏中的图层下拉列表框直接切换。

管理图层应首要掌握对图层的显示与隐藏的操作。为了对同一类别的图形对象进行快速操作,如赋予材质、整体移动、加速显示等,这时可以将其他类别的图形隐藏起来,而只显示此时需要编辑的图层。若已经按照图形的类别进行了分类,那么就可以用图层的显示与隐藏来快速完成了。隐藏图层只需要取消选中该图层中的"显示"列中的复选框。当前图层是不能被隐藏的。

注:在大型或复杂场景的建模过程中,由于图形对象较多,应有目的地对图形进行分类,并创建图层,以方便作图与图形的编辑。而在小场景中模型相对较简单,可以不使用图层管理,使用默认的"图层0"绘图即可。

图层管理 在2D软件中,图层好比是重叠数张描绘着图面组件的透明纸张,而在 SketchUp 这样的 3D 应用程序中基本上没有这样的图层概念,但是有类似图层的几何体管理技术。SketchUp 的图层是指分配给图面组件或对象并给予名称的属性。将对象配置在不同的图层中可以更简单地控制颜色与显示状态。

SketchUp 的图层并没有将几何体分隔开来。所以,在不同的图层里创建几何体,并不意味着这个几何体不会和别的图层中的几何体合并在一起。只有组和组件中的几何体会和外部的几何体完全分开。

由于图层的这种性质,SketchUp 提供了分层级的组和组件来加强几何体的管理。组、组件,特别是嵌套的组或组件,比图层能更有效地管理和组织几何体。

默认"图层 0"　每个文件中都有一个默认图层,叫作"图层 0"。所有分配在"图层 0"的几何体,在编组或创建组件后,会继承组或组件所在的图层。

新建图层　要新建一个图层,只要点击图层管理器下方的"新建"按钮即可。SketchUp 会在列表中新增一个图层,使用默认名称,不过可以修改图层名。

图层重命名　在图层管理器中选择要重命名的图层,然后点击它的名称,输入新的图层名,回车确定。

设置当前图层　所有的几何体都是在当前图层中创建的。要设置一个图层为当前图层,只要点击图层名前面的确认框即可。也可以使用图层工具栏来实现,在确认没有选中任何物体的情况下,在列表中选择要设置为当前图层的图层名称。

设置图层显示或隐藏　可以通过图层的"可见"栏来设置图层是否可见。图层可见,则显示图层中的几何体;图层不可见,则隐藏图层中的几何体。不能将当前图层设置为不可见。

将几何体移动到另一个图层　具体步骤如下:

①选择要移动的物体。

②图层工具栏的列表框会以黄色亮显,显示物体所在图层的名称和一个箭头。若选择了多个图层中的物体,列表框也会亮显,但不显示图层名称。

③点击图层列表框的下拉箭头,在下拉列表中选择目标图层,物体就移到指定的图层中去了,同时指定的图层变为当前图层。

也可以用实体的属性对话框来改变其所在的图层。在实体上右击鼠标,选择"属性",然后选择图层。

激活"按图层颜色显示"　SketchUp 可以给图层设置一种颜色或材质,以应用于该图层中的所有几何体。当创建一个新图层时,SketchUp 会给它分配一个唯一的颜色。要按图层颜色来观察的模型,只要选中图层管理器下方的"按图层颜色显示"即可。

改变图层颜色　点击图层名称后面的色块,会打开材质编辑对话框,可以在这里设置新的图层颜色。

删除图层　①要删除一个图层,在图层列表中选择该图层,然后点击"删除"按钮。若这个图层是空图层,SketchUp 会直接将其删除。若图层中还有几何体,SketchUp 会提示如何处理图层中的几何体,而不会和图层一起被删除。②选择相应的操作,然后点击"删除"按钮确认。

清理未使用的图层　要清理所有未使用的图层(图层中没有任何物体),在图层管理器下方点击"清理"按钮,SketchUp 会不经提示直接删除所有未使用的图层。

24.3.3　剖面工具 ⊕

此工具用来创造剖切效果。剖面空间的位置及其与组和组件的关系决定了剖切效果(图 24-16)。也可以给剖切面赋材质,这能控制剖面线的颜色,或者将剖面线创建为组。

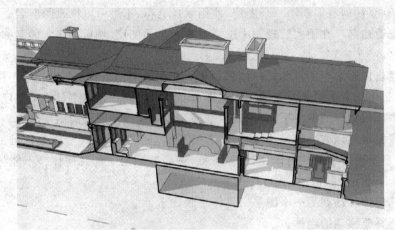

图 24-16　建筑剖面透视效果

SketchUp 的动态剖切面不但提供了传统剖面的所有优点,而且还有其他软件所没有的一系列新功能:

①可视化　剖切面可以看到模型的内部,并且在模型内部工作。

②内部关系　剖切面不仅能从频繁显示和隐藏模型中的一部分几何体中解脱出来,还可以动态展示模型内部空间的相互关系。

③剖面图　可以使用工业标准格式导出剖面切片到 CAD 软件中。这些剖面可以作为施工图的模板文件,也可以打印出来用于制作精确的物理模型。

④矢量图　还可以把剖面导出到大多数使用工业标准的矢量图软件中,用于制作图表、图释、表现图等。

⑤建模　在模型内部进行建模时,剖面是非常有用的。

此外,剖面切片可用于制作物理模型。

剖切面　这是一个有方向的矩形实体,用于在 SketchUp 的绘图窗口中表现特定的剖面(图 24-17)。这些物体也可用于控制剖面的选集、位置、定位、方向和剖面切片的颜色。与 SketchUp 的其他物体一样,一个剖切面可以被放置在特定的图层中,可以移动、旋转、隐藏、复制、阵列等。

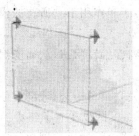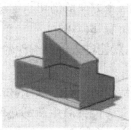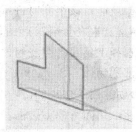

图 24-17　剖切面、剖切效果、剖切线

剖切效果　展示剖切面的剖切效果(图 24-17)。注意,剖切不会真的删除或改变几何体,只是在视图中使几何体的一部分不显示出来而已。编辑几何体也不会受剖切面的影响。

剖切线　剖切面与几何体相交而创建的边线就是剖切线(图 24-17)。这是动态的"虚拟"边线,会持续更新,但也可用于 SketchUp 的参考系统。通过创建组,可以将切片制作成一个永久的几何体,也可以导出二维的剖面图。

(1)增加剖切面:要增加剖切面,可以用工具菜单(工具→剖面→增加)或者使用剖面工具栏的"增加剖切面"按钮。

光标处出现一个新的剖切面,移动光标到几何体上,剖切面会对齐到每个表面上。这时可以按住"Shift"键来锁定剖面的平面定位,在合适的位置点击鼠标左键放置。

(2)重新放置剖切面:剖切面可以和其他的 SketchUp 实体一样,用移动工具和旋转工具来操作和重新放置。

翻转剖切方向　在剖切面上点击鼠标右键,在关联菜单中选择"反向",可以翻转剖切的方向。

改变当前激活的剖面　放置一个新的剖切面后,该剖切面会自动激活。可以在视图中放置多个剖切面,但一次只能激活一个剖切面。激活一个剖切面的同时会自动关闭其他剖切面。

激活的方法有两种:用选择工具在剖切面上双击鼠标;或者在剖切面上点击鼠标右键,在关联菜单中选择"激活"。

（3）隐藏剖切面：剖面工具栏可以控制全局与剖切面与剖面的显示和隐藏。也可以使用工具菜单：工具→剖面→显示剖切面/剖面。

（4）组和组件中的剖面：虽然一次只能激活一个剖切面，但是群组和组件相当于"模型中的模型"，在它们内部还可以有各自的激活剖切面。例如，一个组里还嵌套了两个带剖切面的组，分别有不同的剖切方向，再加上这个组的一个剖切面，那么在这个模型中就能对该组同时进行四个方向的剖切。剖切面能作用于它所在的模型等级（整个模型、组、嵌套组等）中的所有几何体。

用选择工具双击组或组件，就能进入组或组件的内部编辑状态，从而能编辑组或组件内部的物体。

（5）创建剖面切片的组：在剖切面上右击鼠标，在关联菜单中选择"剖面创建组"。这时会在剖切面与模型表面相交的位置产生新的边线，并封装在一个组中。这个组可以移动，也可以马上炸开，使边线和模型合并。这个技术能够快速创建复杂模型的剖切面的线框图。

（6）导出剖面：SketchUp 的剖面可以导出。

①二维光栅图像　将剖切视图导出为光栅图像文件。只要模型视图中有激活的剖切面，任何光栅图像导出都会包括剖切效果。

②二维矢量剖面切片　SketchUp 也可以将激活的剖面切片导出为二维矢量图。DWG 和 DXF 导出的二维矢量剖面能够进行准确的缩放和测量。

（7）使用页面：和渲染显示信息与照相机位置信息一样，激活的剖切面信息也可以保存在页面中。当切换页面的时候，剖切效果会进行动画演示。

（8）对齐视图：在剖切面的关联菜单中选择"对齐视图"命令，可以把模型视图对齐到剖切面的正交视图上。结合等角轴测/透视模式，可以快速生成剖立面或一点剖透视。

24.3.4　删除工具

在 SketchUp 中，删除工具除了可删除几何体，还具有隐藏和柔化边线的功能。按 E 激活删除工具或"工具→删除"，这是最快的方法。根据需要进行：

删除几何体　点击要删除的几何体边线即可完成相应操作，如图 24-18 所示。

注意：删除工具不能直接删除平面。

隐藏边线　按住"Shift"键点击直线可隐藏直线，但不能删除直线，如图 24-19 所示。

柔滑边线　按住"Ctrl"键点击直线可柔滑边线，但不能删除边线。按住"Shift＋Ctrl"键点击直线，可取消直线的柔滑状态，如图 24-20 所示。

将柔化完成的边线取消柔化命令　按住"Ctrl＋Shift"键，选中被柔化过的边线部分即可完成取消柔化命令。

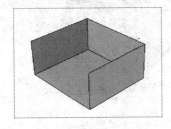 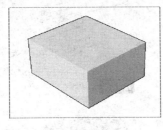 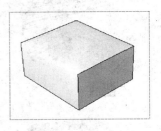

图 24-18　删除边线的几何体　　图 24-19　隐藏边线的几何体　　图 24-20　柔滑边线的几何体

24.3.5　显示样式

SketchUp 默认情况下选用的是"阴影纹理"模式,显示有专门的工具条(图 24-21)。

图 24-21　"显示模式"工具栏

X 射线　使场景中所有的物体都是透明的,就像用 X 光照射一样。在此模式下,可以非常方便地查看模型内部的构造,如图 24-22 所示。X 光透视模式可以和其他显示模式结合使用(线框模式除外,它已经是透明的了)。该模式让所有的可见表面变得透明。

X 光透视模式在可视化/渲染设置和辅助建模上都是有用处的。打开 X 光透视模式进行建模,就可以轻易看到、选择和捕捉原来被遮挡住的点和边线。但是,要注意被遮挡住的表面是无法选择的。

"表面"阴影在 X 光透视模式下是无效的。地面阴影显示也只有打开后才可见。请注意 X 光透视模式不同于透明材质。

线框　该按钮的功能是将场景中的所有物体以线框的方式显示,在这种模式下场景中模型的材质、贴图、面都是失效的,所有的表面都被隐藏,将不能使用那些基于表面的工具,如推/拉工具。但此模式下的显示速度非常快,如图 24-22 所示。

隐藏线　将被挡在后部的物体隐去,以达到隐藏的目的,以边线和表面的集合来显示模型。此模式更加有空间感,但是由于在后面的物体被消隐,无法观测到模型的内部,也没有颜色和贴图。这对打印输出黑白图像进行传统编辑是很有用的,可以在图纸上进行手工描绘,如图 24-22 所示。

阴影着色模式　将模型的表面用颜色来表示,如图 24-22 所示。这种模式是SketchUp 默认的显示模式,在没有指定表面颜色的情况下系统用黄色来表示正面,用蓝色表示反面。关于正反面的问题,本书后面讲解建模时有更加详细的介绍。在着色模式下,模型表面被着色,并反映光源,赋予表面的颜色将显示出来(在 Sketch-

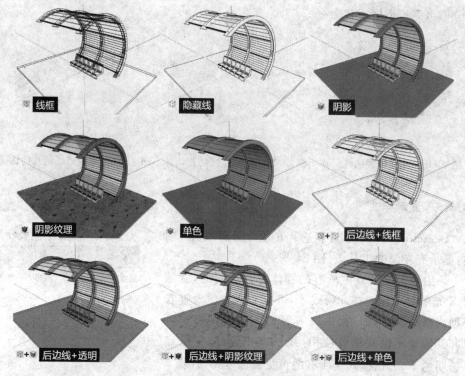

图 24-22 不同样式的效果

Up中,表面的正、反两面可以赋予不同的颜色和材质);若表面没有赋予颜色,将显示默认颜色(在参数设置的颜色标签中指定)。

阴影与纹理贴图着色模式 在场景中的模型被赋予材质后,可以显示出材质与贴图的效果,如图 24-22 所示。若模型没有材质,此按钮无效。

单色模式 在单色模式下,模型就像是线和面的集合体,就像消隐线模式。但是,单色模式提供默认的投影,这样,把面从前面转到后面,然后就可以显示投影。

注:对于这些显示样式,要针对具体情况进行选择。需要看到内部的空间结构,可以用 X 光模式;绘制方案时,在图形没有完成的情况下可以使用着色模式,这时显示的速度会快一些;图形完成后可以使用"材质与贴图"来查看整体效果。

24.4 辅助绘图工具

SketchUp 有一个强大的几何分析引擎,可以在二维屏幕上进行三维空间中的工作。它通过对齐已有的几何体而产生的参考有助于进行精确的绘制。SketchUp 总是在绘图的同时推测各种对齐关系,根据鼠标的移动来预测可能需要的对齐参考。

参考工具提示　参考提示在识别到特殊的点或几何条件时会自动显示出来。这是 SketchUp 参考引擎的重要功能，可以把复杂的综合参考变得简单清楚。

"引导"一个参考　有时候，需要的参考可能不会马上出现，或者 SketchUp 总是选择错误的对齐关系。这时候，可以临时移动光标到需要对齐的几何体上，来引导一个特定的参考提示。出现工具提示后，SketchUp 就会优先采用这个对齐参考。

参考类型　有三种类型的参考：点、线、面。有时，SketchUp 可以结合几种参考形成综合参考，但最基本的就是下面这些：

点式参考　模型中某一精确位置的参考点。可以自动捕捉以下位置：

端点：绿色参考点，线或圆弧的端点。

中点：青色参考点，线或边线的中点。

交点：黑色参考点，一条线与另一条线或面的交点。

在表面上：蓝色参考点，提示表面上的某一点。

在边线上：红色参考点，提示边线上的某一点。

边线的等分点：紫色参考点，提示将边线等分。

半圆：画圆弧时，若刚好是半圆，会出现"半圆"参考提示。

线性参考　在空间中延伸的参考线。除了工具提示外，还有一条临时的参考线出现在以下情况。

在轴线上：表示沿某一条轴线延伸的参考线。实线，根据平行的轴线分别有红色、绿色、蓝色。

在点上：从一个点上沿着坐标轴的方向延伸的虚线。

垂直于边线：表示垂直于另一条边线的紫色参考线。

平行于边线：表示平行于另一条边线的紫色参考线。

端点切线：从一段圆弧的端点开始画弧。

平面参考

绘图平面：若 SketchUp 不能捕捉到几何体上的参考点，它将根据视角和绘图坐标轴来确定绘图平面。例如，若俯视模型，在空白处创建的几何体将位于地平面上，即红/绿轴面。

在表面上：一个表面上的参考点为蓝色，显示"在表面上"参考提示。这用于锁定参考平面。

组件参考　所有的几何体都可以获得组或组件内的几何体上的参考点。组和组件上的参考点都显示为紫色的点。相应的提示会告诉我们捕捉到的是哪一类型的点。

参考锁定　有时候，几何体可能会干扰到需要的参考，这时候就需要用到参考锁定，防止当前的对齐参考受到不必要的干扰。在捕捉到需要的参考后，按住"Shift"键就可以锁定这个对齐参考。然后就可以在这个参考的方向约束下去选择第二个参考点。任何参考都可以锁定,如沿着轴线方向、沿着边线方向、在表面上、在点上、平行或垂直于边线等。

内部编辑时的参考点 编辑组件时,只能改变组件内的几何体,不过仍然可以捕捉外部几何体上的参考点。

24.4.1 卷尺

测量工具可以执行一系列与尺寸相关的操作,包括测量两点间的距离、创建辅助线、缩放整个模型。

(1)测量距离

①激活测量工具。

②点击测量距离的起点。可以用参考提示确认点取正确的点,也可以在起点处按住鼠标,然后往测量方向拖动。

③鼠标会拖出一条临时的"测量带"线。测量带类似于参考线,当平行于坐标轴时会改变颜色。当移动鼠标时,数值控制框会动态显示"测量带"的长度。

④再次点击确定测量的终点。最后测得的距离会显示在数值控制框中。

不需要一定在某个特定的平面上测量。测量工具会测出模型中任意两点的准确距离。

(2)创建辅助线和辅助点:辅助线在绘图时非常有用。可以用工具在参考元素上点击,然后拖出辅助线。例如,从"在边线上"的参考开始,可以创建一条平行于该边线的无限长的辅助线。从端点或中点开始,会创建一条端点带有十字符号的辅助线段(图 24-23)。

①激活测量工具。

②在要放置平行辅助线的线段上点击。

③移动鼠标到放置辅助线的位置。

④再次点击创建辅助线。

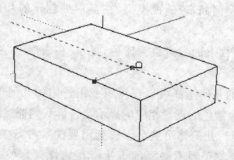

图 24-23　创建辅助线

（3）缩放整个模型：这个功能非常方便，可以在粗略的模型上研究方案，当需要更精确的模型比例时，只要重新制定模型中两点的距离即可。不同于 CAD，SketchUp专注于体块和比例的研究，而缩放功能则不用担心精确性，直到需要的时候再调整精度即可。

①激活测量工具。

②点击作为缩放依据的线段的两个端点。这时不会创建出辅助线，它会对缩放产生干扰。数值控制框会显示这条线段的当前长度。

③通过键盘输入一个调整比例后的长度，按回车键。出现一个对话框，询问是否调整模型的尺寸，选择"是"，则模型中所有的物体都按指定的调整长度和当前长度的比值进行缩放。

（4）组件的全局缩放：缩放模型的时候，所有从外部文件插入的组件不会受到影响。这些外部组件拥有独立于当前模型的缩放比例和几何约束。不过，那些在当前模型中直接创建和定义的内部组件会随着模型缩放。可以在对组件进行内部编辑时重新定义组件的全局比例。由于改变的是组件的定义，因此所有的关联组件会跟着改变。

24.4.2　量角器

量角器工具可以测量角度和创建辅助线。

（1）测量角度

①激活量角器工具。出现一个量角器（默认对齐红/绿轴平面），中心位于光标处。

②当在模型中移动光标时，量角器会根据旁边的坐标轴和几何体而改变自身的定位方向。可以按住"Shift"键来锁定自己需要的量角器定位方向，另外按住"Shift"键也会避免创建辅助线。

③把量角器的中心设在要测量的角的顶点上，根据参考提示确认是否指定了正确的点，点击"确定"。

④将量角器的基线对齐到测量角的起始边上，根据参考提示确认是否对齐到适当的线上，点击"确定"。

⑤拖动鼠标旋转量角器，捕捉要测量的角的第二条边。光标处会出现一条绕量角器旋转的点式辅助线，再次点击完成角度测量，角度值会显示在数值控制框中。

（2）创建角度辅助线

①激活量角器工具。

②捕捉辅助线将经过的角的顶点，点击放置量角器的中心。

③在已有的线段或边线上点击，将量角器的基线对齐到已有的线上。

④出现一条新的辅助线,移动光标到相应的位置,角度值会在数值控制框中动态显示。

量角器有捕捉角度,可以在参数设置的单位标签中进行设置。当光标位于量角器图标之内时,会按预测的捕捉角度来捕捉辅助线的位置。若要创建非预设角度的辅助线,只要让光标离远一点就可以了。

⑤再次点击放置辅助线。角度可以通过数值控制框输入,输入的值可以是角度(如 34.1),也可以是斜率(如 1 : 6)。在进行其他操作之前可以持续输入修改。

(3)锁定旋转的量角器:按住"Shift"键可以将量角器锁定在当前的平面定位上。这可以结合参考锁定同时使用。

(4)输入精确的角度值:用量角器工具创建辅助线的时候,旋转的角度会在数值控制框中显示,可以在旋转的过程中或完成旋转操作后输入一个旋转角度。

输入一个角旋转值 输入新的角度,按回车键确定。输入负值表示往当前方向的反方向旋转。

输入角度 直接输入十进制数就可以了。输入负值表示往当前鼠标指定方向的反方向旋转。例如,输入 68.1 表示 68.1°的角。可以在旋转的过程中或完成旋转操作后输入一个旋转角度。

输入斜率 用比号隔开两个数来输入斜率(角的正切)如 8 : 12 。输入负的斜率表示往当前鼠标指定方向的反方向旋转。

24.4.3 隐藏

要简化当前视图显示,或者想看到物体内部并在其内部工作,有时候可以将一些几何体隐藏起来。隐藏的几何体不可见,但是它仍然在模型中,需要时可以重新显示。

显示隐藏的几何体 激活显示菜单下的"网格显示隐藏物体",可以使隐藏的物体部分可见。"视图"→"隐藏几何图形",激活以后,就可以看到选择和显示隐藏的物体(图24-24)。

隐藏和显示实体 SketchUp 中的任何实体都可以被隐藏,包括组、组件、辅助物体、坐标轴、图像、剖切面、文字和尺寸标注。SketchUp 提供了一系列的方法来控制物体的显示:

编辑菜单:用选择工具选中要隐藏的物体,然后选择编辑菜单中的"隐藏"命令。相关命令还有:显示、显示上次和全部显示。

关联菜单:在实体上点击鼠标右键,在弹出的

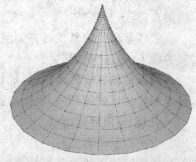

图 24-24 非隐藏状态显示的网格

关联菜单中选择显示或隐藏。

删除工具：使用删除工具的同时，按住"Shift"键，可以将边线隐藏。

对象属性：每个实体的属性对话框中都有隐藏确认框。在实体上点击鼠标右键，在弹出的关联菜单中选择"属性"。隐藏确认框位于"一般设置"标签下。

隐藏绘图坐标轴　SketchUp 的绘图坐标轴是绘图辅助物体，不能像几何实体那样选择隐藏。要隐藏坐标轴，可以在显示菜单中取消"坐标轴显示"，也可以在坐标轴上右击鼠标，在关联菜单中选择"隐藏"。

隐藏剖切面　剖切面的显示和隐藏是全局控制。可以使用剖面工具栏或工具菜单来控制所有剖切面的显示和隐藏："工具→剖面→显示剖切面"。

隐藏图层　可以同时显示和隐藏一个图层中的所有几何体，这是操作复杂几何体的有效方法。图层的可视控制位于图层管理器中。

①在显示菜单中选择"图层管理"打开图层管理器，或者点击图层工具栏上的图层管理器按钮。

②点击图层的"可见"栏，该图层中的所有几何体就从绘图窗口中消失了。

使用页面　页面可以记录和快速恢复模型中实体的显示和隐藏设置。

24.5　绘制图形

24.5.1　直线工具

直线工具可以用来画单段直线、多段连接线，或者闭合的面，继而快速准确地画出复杂的三维几何体；也可以用来分割面或修复被删除的面。

（1）画一条直线：点击，在视图窗口点击确定直线段的起点，往画线的方向移动鼠标。此时在数值控制框中会动态显示线段的长度。可以在确定线段终点之前或者画好线后，从键盘输入一个精确的线段长度，只输入数字，SketchUp 会使用当前文件的单位设置：长度 8600 ；也可以点击线段起点后，按住鼠标不放，在线段终点处松开，也能画出一条线来；还可以为输入数值指定单位，例如，英制的（2′8″）或者公制的（3.686 m），SketchUp 会自动换算。

除了输入长度，SketchUp 还可以输入线段终点准确的空间坐标。

绝对坐标：用中括号输入一组数字，表示以当前绘图坐标轴为基准的绝对坐标，格式 $[x,y,z]$：长度 [20,25,29] 。

相对坐标：用尖括号输入一组数字，表示相对于线段起点的坐标，格式 $\langle x,y,z \rangle$，x,y,z 是相对于线段起点的距离：长度 <15,20,27> 。

(2)创建表面：三条以上的共面线段首尾相连，可以创建一个表面，在闭合一个表面的时候，有"端点"的参考工具提示。创建一个表面后，直线工具还处于激活状态，此时可以开始画别的线段。

(3)分割线段：若在一条线段上画交线，SketchUp 会自动把原来的线段从交点处断开。

(4)分割表面：要分割一个表面，只要画一条端点在表面周长上的线段就可以了，有时候交叉线不能按需要进行分割。在打开轮廓线的情况下，所有不是表面周长一部分的线都会显示为较粗的线。若出现这样的情况，用直线工具在该线上描一条新的线来进行分割，SketchUp 会重新分析几何体并重新整合这条线。

(5)利用参考来绘制直线段：利用 SketchUp 强大的几何体参考系统，可以用直线工具在三维空间中绘制。在绘图窗口中显示的参考点和参考线，显示了要绘制的线段与模型中的几何体的精确对齐关系，而且辅助参考随时都处于激活状态（图24-25）。例如，要画的线平行于坐标轴时，线会以坐标轴的颜色亮显，并显示"在 * 轴上"的参考提示。参考还可以显示与已有的点、线、面的对齐关系。如移动鼠标到一边线的端点处，然后沿着轴向向外移动，会出现一条参考点线，并显示"在点上"的提示，这表示现在对齐到端点上。

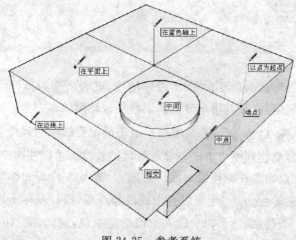

图 24-25　参考系统

(6)参考锁定：捕捉的参考点可能受到别的几何体的干扰，不能捕捉到需要的对齐参考点。这时，可以按住"Shift"键来锁定需要的参考点。例如，移动鼠标到一个表面上，等显示"在表面上"的参考工具提示后，按住"Shift"键，则以后画的线就锁定在这个表面所在的平面上。"在 * 轴上"会强制在轴方向上。

(7)等分线段：线段可以等分为若干段。在线段上右击鼠标，在关联菜单中选择

"等分"。

24.5.2　矩形

(1)绘制矩形与正方形:激活矩形工具,点击确定矩形的第一个角点,移动光标到矩形的对角点,再次点击完成。在创造黄金分割的时候,将会出现一条有端点的线和"黄金分割"的提示,若有端点的线条提示是正方形,会创建出一个方形,点击结束(图24-26);也可以在第一个角点处按住鼠标左键开始拖曳,在第二个角点处松开,按"Esc"键则取消命令。画一个不与默认的绘图坐标轴对齐的矩形,可以在绘制矩形之前先用坐标轴工具重新放置坐标轴。

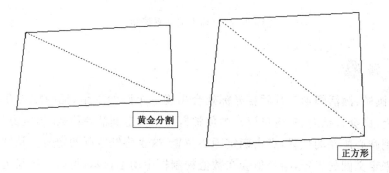

图 24-26　矩形工具的辅助提示

(2)画精确尺寸的矩形或正方形:绘制矩形时尺寸在数值控制框中动态显示。在确定第一个角点后,或者刚画好矩形之后,可以通过键盘输入精确的尺寸: 尺寸 4000,3000 。

若只是输入数字,SktechUp 会使用当前默认的单位设置;也可以为输入的数值指定单位,如英制的(如 $1'6''$)或者公制的(如 2.54 m);也可以只输入一个尺寸,若输入一个数值和一个逗号(如 $3'$,),表示改变第一个尺寸,第二个尺寸不变。同样,若输入一个逗号和一个数值(如,$3'$),则只改变第二个尺寸。

(3)利用参考系统绘制矩形:利用 SketchUp 强大的几何体参考系统,可以用矩形工具在三维空间中绘制矩形。在绘图窗口中显示的参考点和参考线,显示了要绘制的线段与模型中的几何体的精确对齐关系。例如,移动鼠标到已有边线的端点上,然后再沿坐标轴方向移动,会出现一条点式辅助线,并显示"以点为起点"的参考提示。这表示正对齐于这个端点。也可以用"在点上"的参考在垂直方向或者非正交平面上绘制矩形(图 24-27)。

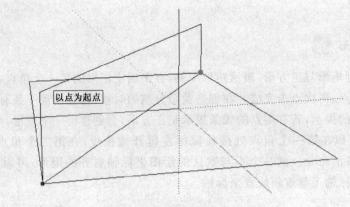

以点为起点

图 24-27　利用辅助系统画图

24.5.3　圆

(1)画圆:激活圆形工具后在光标处会出现一个圆的提示,把圆放置在已经存在的表面上,圆会自动对齐;也可以在数值控制框中指定圆的片段数,确定方位后,再移动光标到圆心所在的位置,点击确定圆心位置,这也将锁定圆的定位。从圆心往外移动鼠标来定义圆的半径,半径值会在数值控制框中动态显示,可以从键盘上输入一个半径值,按回车键确定。再次点击鼠标左键结束画圆命令;也可以点击确定圆心后,按住鼠标不放,拖出需要的半径后再松开即可完成画圆。刚画好圆,圆的半径和片段数都可以通过数值控制框进行修改。

(2)指定精确的数值:画圆的时候,它的值在数值控制框中动态显示,数值控制框位于绘图窗口的右下角,可以在这里输入圆的半径和片段数。

指定半径　确定圆心后,可以直接在键盘上输入需要的半径长度并按回车键。输入时可以使用不同的单位,例如,系统默认使用公制单位,而输入了英制单位的尺寸（如 $3'6''$）后,系统会自动换算,也可以在画好圆后再输入数值来重新指定半径。

指定片段数　没开始绘制时,数值控制框显示的是"边",这时可以直接输入一个片段数。一旦确定圆心后,数值控制框显示的是"半径",这时直接输入的数就是半径, 半径 2000 。如果要指定圆的片段数,应该在输入的数值后加上字母"s"。

画好圆后也可以接着指定圆的片段数。片段数的设定会保留下来,后面再画的圆会沿用这个片段数。

(3)圆的片段数:SketchUp 中所有的曲线,包括圆、圆弧,都是由许多直线段组成的。

用圆形工具绘制的圆,实际上是由直线段围合而成的。虽然圆实体可以像圆那样进行修改,挤压的时候也会生成曲面,但实际上它是由许多小平面组成,所有的参考捕捉技术都是针对片段的。

圆的片段数较多时,曲率看起来就比较平滑,但是,较多的片段数也会使模型变得更大,从而降低系统性能。根据需要,可以指定不同的片段数。较小的片段数值结合柔化边线和平滑表面也可以取得光滑的几何体。

24.5.4　圆弧

圆弧工具用于绘制圆弧实体,圆弧和圆、曲线等实际上是由多个直线段连接而成的,但可以像圆弧曲线那样进行编辑(图 24-28)。

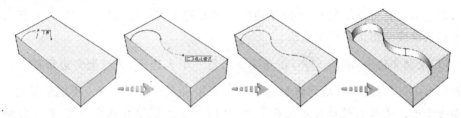

图 24-28　画圆弧过程

(1)绘制圆弧:激活圆弧工具,点击确定圆弧的起点,再次点击确定圆弧的终点,移动鼠标调整圆弧的凸出距离;也可以输入确切的圆弧的弦长、凸距、半径、片段数。

(2)画半圆:调整圆弧的凸出距离时,圆弧会临时捕捉到半圆的参考点。注意“半圆”的参考提示。

(3)画相切的圆弧:从开放的边线端点开始画圆弧,在选择圆弧的第二点时,圆弧工具会显示一条“青色”的切线圆弧。点取第二点后,可以移动鼠标打破切线参考并自己设定凸距。若要保留切线圆弧,只要在点取第二点后不要移动鼠标并再次点击确定即可。

(4)挤压圆弧:可以利用推/拉工具,像拉伸普通的表面那样拉伸带有圆弧边线的表面。拉伸的表面成为圆弧曲面系统。虽然曲面可以整体操作和显示,但实际上也是由很多平面组成的。

(5)指定精确的圆弧数值:当画圆弧时,数值控制框首先显示的是圆弧的弦长,然后是圆弧的凸出距离。可以输入数值来指定弦长和凸距。圆弧的半径和片段数的输入需要专门的输入格式。

输入数字　SketchUp 会使用当前文件的单位设置,也可以为输入的数值指定单位,例如,英制的(如 $1'7''$)或者公制的(如 2.872 m)。

指定弦长　点取圆弧的起点后,就可以输入一个数值来确定圆弧的弦长,输入负值表示要绘制的圆弧在当前方向的反向位置,但必须在点击确定弦长之前指定弦长。

指定凸出距离　输入弦长以后,还可以再为圆弧指定精确的凸距或半径。只要数值控制框显示"凸距",就可以指定凸距。负值的凸距表示圆弧往反向凸出。

指定半径　可以指定半径来代替凸距。要指定半径,必须在输入的半径数值后面加上字母"r"(例如:25 r 或 3′8″ r 或 7 mr),然后按回车键。可以在绘制圆弧的过程中或画好以后输入。

指定片段数　要指定圆弧的片段数,可以输入一个数字,在后面加上字母"s",并按回车键。可以在绘制圆弧的过程中或画好以后输入。

24.5.5　正多边形

多边形工具可以绘制 3～100 条边的外接圆的正多边形实体。多边形工具可以从工具菜单或绘图工具栏中激活。

(1)绘制多边形:激活 ,在光标下出现一个多边形,若想把多边形放在已有的表面上,可以将光标移动到该面上。SketchUp 会进行捕捉对齐。不能给多边形锁定参考平面。若没有把鼠标定位在某个表面上,SketchUp 会根据视图,在坐标轴平面上创建多边形。可以在数值控制框中指定多边形的边数,平面定位后,移动光标到需要的中心点处,点击确定多边形的中心。同时也锁定了多边形的定位。向外移动鼠标可以定义多边形的半径。半径值会在数值控制框中动态显示,可以输入一个准确数值来指定半径。再次点击完成绘制;也可以在点击确定多边形中心后,按住鼠标左键不放进行拖曳,拖出需要的半径后,松开鼠标完成多边形绘制。画好多边形后,马上在数值控制框中输入,可以改变多边形的外接圆半径和边数。

(2)输入精确的半径和边数

输入边数　刚激活多边形工具时,数值控制框显示的是边数,也可以直接输入边数。绘制多边形的过程中或画好之后,数值控制框显示的是半径。此时还想输入边数的话,要在输入的数字后面加上字母"s"(如"8s"表示八边形),指定好的边数会保留给下一次绘制。

输入半径　确定多边形中心后,就可以输入精确的多边形外接圆半径。可以在绘制的过程中或绘制好以后对半径进行修改。

24.5.6　徒手画笔

徒手画工具允许以多义线曲线来绘制不规则的共面的连续线段或简单的徒手草图物体。绘制等高线或有机体时很有用。

(1)绘制多义线曲线:激活徒手画工具,在起点处按住鼠标左键,然后拖动鼠标进行绘制,松开鼠标左键结束绘制。

　　用徒手画工具绘制闭合形体时,只要在起点处结束线条绘制,SketchUp 就会自动闭合形体(图 24-29)。

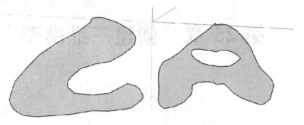

图 24-29　徒手多义曲线

　　(2)绘制徒手曲线:徒手草图物体不能产生捕捉参考点,也不会影响其他几何体。可以用徒手线对导入的图像进行描图,勾画草图,或者装饰。要创建徒手草图物体,在用徒手画工具进行绘制之前先按住"Shift"键即可。要把徒手草图物体转换为普通的边线物体,只需在它的关联菜单中选择"炸开"。

第 25 章 创建三维模型

25.1 推/拉

推/拉工具可以用来扭曲和调整模型中的表面,可以移动、挤压、结合和减去表面。不管是进行体块研究还是精确建模,都是非常有用的。注意:推/拉工具只能作用于表面,因此不能在线框显示模式下工作。

(1)使用推/拉:激活推/拉工具后,有两种使用方法可以选择:①在表面上按住鼠标左键,拖曳,松开;②在表面上点击,移动鼠标,再点击确定。

根据几何体的不同,SketchUp 会进行相应的几何变换,包括移动、挤压和挖空。推/拉工具可以完全配合 SketchUp 的捕捉参考进行使用。

推/拉值会在数值控制框中显示。可以在推拉的过程中或推拉之后,输入精确的推拉值进行修改。在进行其他操作之前可以一直更新数值,也可以输入负值,表示往当前的反方向推/拉。

(2)用推/拉来挤压表面:推/拉工具的挤压功能可以用来创建新的几何体(图25-1)。可以用推/拉工具对几乎所有的表面进行挤压(不能挤压曲面)。

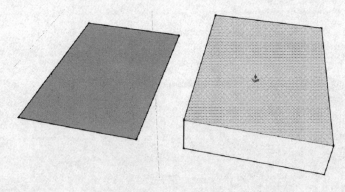

图 25-1 推出体

(3)重复推/拉操作:完成一个推/拉操作后,可以通过双击鼠标对其他物体自动应用同样的推/拉操作数值。

注意:在地面(红色/绿色面)创造出一个面时,SketchUp 将把这个面视为该建筑物的地面。这个面的前方(绿色)指向下面,后面(紫色)指向上面。因此,朝上(沿蓝轴)拉一个面(绿色)时,实际上是从这个面的后面向上拉,蓝色的面会被临时指派成"地面下"方向。此项操作后,双击会重复此项操作或者回到开始操作的那个面。

(4)用推/拉来挖空:若在一面墙或一个长方体上画了一个闭合形体,用推/拉工具往实体内部推拉,可以挖出凹洞,若前后表面相互平行的话,可以将其完全挖空,SketchUp 会减去挖掉的部分,重新整理三维物体,从而挖出一个空洞(图 25-2)。

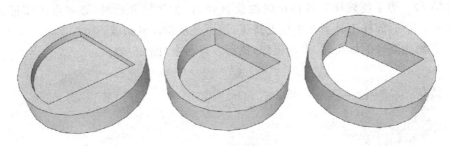

图 25-2 推与挖空

(5)使用推/拉工具垂直移动表面:使用推/拉工具时,可以按住"Ctrl"键强制表面在垂直方向上移动。这样可以使物体变形,或者避免不需要的挤压。同时,会屏蔽自动折叠功能(图 25-3)。

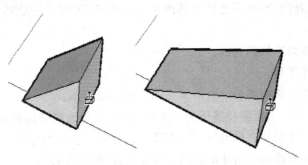

图 25-3 移动表面

25.2 跟随路径

用随手画工具绘制一条边线/线条,然后使用放样工具沿此路径挤压成面。尤其是在细化模型时,在模型的一端画一条不规则或者特殊的线,然后沿此路径放样,就更加有用了。

提示：在使用放样工具时，路径和面必须在同一个环境中。

(1)沿路径手动挤压成面：使用放样工具手动挤压成面的方法如下：

①确定需要修改的几何体的边线。这个边线就叫"路径"。

②绘制一个沿路径放样的剖面。确定此剖面与路径垂直相交。

③从工具菜单里选择放样菜单，点击剖面。

④移动鼠标沿路径修改。在 SketchUp 中，沿模型移动指针时，边线会变成红色（图 25-4）。为了使放样工具在正确的位置开始，在放样开始时，必须点击邻近剖面的路径，否则，放样工具会在边线上挤压，而不是从剖面到边线。

⑤到达路径的尽头时，点击鼠标，执行放样命令（图 25-4）。

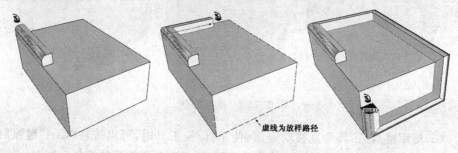

图 25-4　放样工具的应用（沿线放样）

(2)预先选择路径：使用选择工具预先选择路径，可以帮助放样工具沿正确的路径放样。

①选择一系列连续的边线。

②选择放样工具。

③点击剖面。该面将会一直沿预先选定的路径挤压。

(3)自动沿某一个面路径挤压另一个面：最简单和最精确的放样方法，是自动选择路径。使用放样工具自动沿某一个面路径挤压另一个面的方法如下：

①确定需要修改的几何体的边线。这个边线就叫"路径"。

②绘制一个沿路径放样的剖面。确定此剖面与路径垂直相交（图 25-5(a)）。

③在工具菜单中选择放样工具，按住"Alt"键，点击剖面。

④从剖面上把指针移到将要修改的表面，路径将会自动闭合（图 25-5(b)）。

注意：若路径是由某个面的边线组成，可以选择该面，然后放样工具自动沿该面的边线放样。

(4)使用放样工具沿圆路径创造旋转面的方法如下：

①绘制一个圆，圆的边线作为路径。

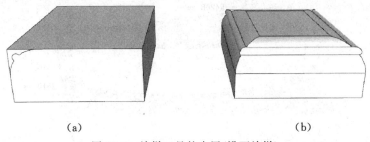

(a) (b)

图 25-5 放样工具的应用(沿面放样)

②绘制一个垂直于圆的表面(图 25-6(a))。该面不需要与圆路径相交。

③使用以上方法沿圆路径放样(图 25-6(b))。

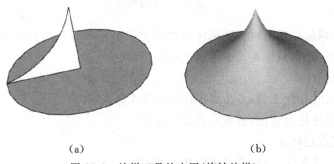

(a) (b)

图 25-6 放样工具的应用(旋转放样)

25.3 SketchUp 的标注工具

尺寸标注工具 可以对模型进行尺寸标注。SketchUp 中的尺寸标注是基于 3D 模型的。边线和点都可用于放置标注。适合的标注点包括:端点、中点、边线上的点、交点,以及圆或圆弧的圆心(图 25-7)。

进行标注时,有时可能需要旋转模型以让标注处于需要表达的平面上。所有标注的全局设置可以在参数设置对话框中的尺寸标注中进行。

(1)线性标注:在模型中放置线性标注。

①激活尺寸标注工具,点击要标注的两个端点。

②移动光标拖出标注。

③再次点击鼠标确定标注的位置。要对一条边线进行标注,也可以直接点取这条边线。

标注平面可以将线性标注放在某个空间平面上,包括当前的坐标平面(红/绿轴、

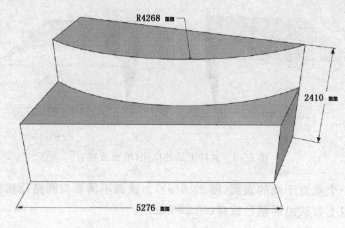

图 25-7　尺寸标注

红/蓝轴、蓝/绿轴),或者对齐到标注的边线上。半径和直径的标注则被限制在圆或圆弧所在的平面上,只能在这个平面上移动。

（2）半径标注

①激活尺寸标注工具,点击要标注的圆弧实体。

②移动光标拖出标注,再次点击确定位置。

（3）放置直径标注

①激活尺寸标注工具,点击要标注的圆实体。

②移动光标拖出标注,再次点击确定位置。

要让直径标注和半径标注互换,可以在标注上右击鼠标,选择"类型"——半径或直径。

（4）文字注释:文字工具用来插入文字物体到模型中。SketchUp 中,主要有两类文字:引注文字和屏幕文字。

放置引注文字

①激活文字工具,并在实体上（表面、边线、顶点、组件、群组等）点击,指定引线所指的点。

②点击放置文字。

③在文字输入框中输入注释文字,按两次回车键或点击文字输入框的外侧完成输入。任何时候按"Esc"键都可以取消操作。

注:附着的引注文字可以不需要引线而直接放置在 SketchUp 的实体上,使用文字工具在需要的点上双击鼠标就可以,引线将被自动隐藏。

文字引线有两种主要的样式:基于视图和三维固定。基于视图的引线会保持与屏幕的对齐关系;三维固定的引线会随着视图的改变而和模型一起旋转。可以在参数设置对话框的文字标签中指定引线类型。

放置屏幕文字

①激活文字工具,并在屏幕的空白处点击。

②在出现的文字输入框中输入注释文字。

③按两次回车键或点击文字输入框的外侧完成输入。屏幕文字在屏幕上的位置是固定的,不受视图改变的影响。

编辑文字　用文字工具或选择工具在文字上双击即可编辑;也可以在文字上右击鼠标弹出关联菜单,再选择"编辑文字"。

文字设置　用文字工具创建的文字物体都是使用参数设置对话框的文字标签中的设置。这里包括引线类型、引线端点符号、字体类型和颜色等。

第26章　对象编辑

26.1　删除工具

删除工具 可以直接删除绘图窗口中的边线、辅助线，以及其他物体。它的另一个功能是隐藏和柔化边线。

（1）删除几何体：激活删除工具，点击想删除的几何体。也可以按住鼠标不放，然后在那些要删除的物体上拖过，被选中的物体会亮显，再次放开鼠标就可以全部删除。

若偶然选中了不想删除的几何体，可以在删除之前按"Esc"键取消这次的删除操作。

若鼠标移动过快，可能会漏掉一些线，把鼠标移动得慢一点，重复拖曳的操作，就像真的在用橡皮擦一样。

提示：要删除大量的线，更快的做法应该是：先用选择工具进行选择，然后按键盘上的"Delete"键删除；也可以选择编辑菜单中的删除命令来删除选中的物体。

（2）隐藏边线：使用删除工具的时候，按住"Shift"键，不是删除几何体，而是隐藏边线。

（3）柔化边线：使用删除工具的时候，按住"Ctrl"键，不是删除几何体，而是柔化边线。同时按住"Ctrl"键和"Shift"键，就可以用删除工具取消边线的柔化。

26.2　移动和复制

移动工具 可以移动对象，也可以复制几何体。

（1）移动几何体

①用选择工具指定要移动的元素或物体。

②激活移动工具。

③点击确定移动的起点。移动鼠标，选中的物体会跟着移动。一条参考线会出现在移动的起点和终点之间，数值控制框会动态显示移动的距离，也可以输入一个距离值。

④再次点击确定,使移动终止。

(2)选择和移动:若没有选择任何物体的时候激活移动工具,移动光标会自动选择光标处的任何点、线、面或物体。但是,用这个方法,一次只能移动一个实体。另外,用这个方法,点取物体的点会成为移动的基点。

若想精确地将物体从一个点移动到另一个点,应该先用选择工具来选中需要移动的物体,然后用移动工具来指定精确的起点和终点。

(3)移动时锁定参考:在进行移动操作之前或移动的过程中,可以按住"Shift"键来锁定参考。这样可以避免参考捕捉受到别的几何体的干扰。

(4)移动组和组件:移动组件实际上只是移动该组件的一个关联体,不会改变组件的定义,除非直接对组件进行内部编辑。

若一个组件吸附在一个表面上,移动的时候它会继续保持吸附,直到移出这个表面时才断开连接,吸附组件的副本仍然不变。

(5)复制

①先用选择工具选中要复制的实体。

②激活移动工具。

③进行移动操作之前,按住"Ctrl"键进行复制。

④在结束操作之后,注意新复制的几何体处于选中状态,原物体则取消选择。可以用同样的方法继续复制下一个,或者使用多重复制来创建线性阵列。

(6)创建线性阵列(多重复制):SketchUp 的多重复制功能可以分别用移动工具快速实现几何体的线性阵列。可以反复输入距离值和角度值来推敲阵列的构造,方法如下:

①按上面的方法复制一个副本。

②复制之后,输入复制份数来创建多个副本,语法设置如下:"复制的份数＋x"或"复制的份数＋＊"或"＊＋复制的份数"。例如,输入"2x"(或"＊2")就会复制两份。另外,也可以输入一个等分值来等分副本到原物体之间的距离,语法设置如下:"复制的份数＋/"或"/＋复制的份数"。例如,输入"5/"(或"/5")会在原物体和副本之间创建 5 个副本。在进行其他操作之前,可以持续输入复制的份数及复制的距离(图 26-1)。

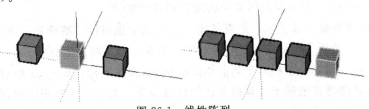

图 26-1　线性阵列

(7)拉伸几何体:当移动几何体上的一个元素时,SketchUp 会按需要对几何体进行拉伸。可以用这个方法移动点、边线,以及表面。例如,图 26-2 所示的表面可以向红轴(x 轴)的负方向移动或向蓝轴(z 轴)的正方向移动。也可以移动线段来拉伸一个物体。如图 26-3 所示,所选线段往蓝轴(z 轴)正方向移动,形成了坡屋顶。若一个移动或拉伸操作会产生不共面的表面,SketchUp 会将这些表面自动折叠。任何时候都可以按住 Alt 键,强制开启自动折叠功能。

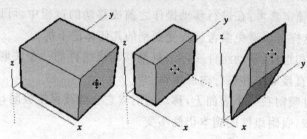

图 26-2　拉伸面

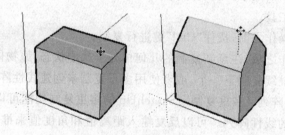

图 26-3　拉伸一条线

(8)输入准确的移动距离:移动、复制、拉伸时,数值控制框会显示移动的距离长度,长度值采用参数设置对话框中单位标签里设置的默认单位。可以指定准确的移动距离、终点的绝对坐标或相对坐标,以及多重复制的线性阵列值。

输入移动距离　在移动中或移动后都可以输入新的移动距离,按回车键确定。若只输入数字,SketchUp 会使用当前文件的单位设置。也可以为输入的数值指定单位,例如,英制的(如 $3'6''$)或者公制的(如 3.652 m),SketchUp 会自动换算。输入负值(如 -35 cm)表示向鼠标移动的反方向移动物体。

输入三维坐标　除了输入距离长度,SketchUp 也可以按准确的三维坐标来确定移动的终点。使用 [ ] 或〈 〉符号,可以指定绝对坐标或相对坐标。

绝对坐标:$[x, y, z]$ 相对于当前绘图坐标轴;相对坐标:$\langle x, y, z\rangle$ 相对于起点。

注意:具体格式依赖于计算机系统的区域设置。对于一些欧洲用户,分隔符号是分号,那坐标格式就应该是:$[x; y; z]$。

26.3　旋转和旋转复制

可以在同一旋转平面上旋转物体中的元素,也可以旋转单个或多个物体。若是旋转某个物体的一部分,旋转工具 可以将该物体拉伸或扭曲。

(1)旋转几何体

①用选择工具选中要旋转的元素或物体。

②激活旋转工具。

③在模型中移动鼠标时,光标处会出现一个旋转"量角器",可以对齐到边线和表面上。可以按住"Shift"键来锁定量角器的平面定位。

④在旋转的轴点上点击放置量角器。可以利用 SketchUp 的参考特性来精确定位旋转中心。

⑤点取旋转的起点,移动鼠标开始旋转。若开启了参数设置中的角度捕捉功能,会发现在量角器范围内移动鼠标时有角度捕捉的效果,光标远离量角器时就可以自由旋转了。

⑥旋转到需要的角度后,再次点击确定。可以输入精确的角度和环形阵列值(图 26-4)。

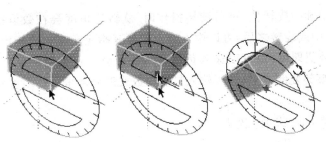

图 26-4　旋转工具应用

提示:也可以在没有选择物体的情况下激活旋转工具。此时,旋转工具按钮显示为灰色,并提示选择要旋转的物体。选好以后,可以按"Esc"键或旋转工具按钮重新激活旋转工具。

当只选择物体的一部分时,旋转工具也可以用来拉伸几何体。若旋转导致一个表面被扭曲或变成非平面,将激活 SketchUp 的自动折叠功能,自动生成折叠线(图 26-5)。

(2)旋转复制:和移动工具一样,旋转前按住"Ctrl"键可以开始旋转复制。

(3)利用多重复制创建环形阵列:用旋转工具复制好一个副本后,还可以用多重复制来创建环形阵列。和线性阵列一样,可以在数值控制框中输入复制份数或等分

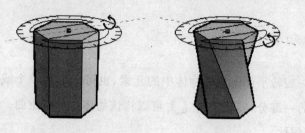

图 26-5　旋转面时的自动折叠功能

数。例如,旋转复制后输入"5x",表示复制 5 份。使用等分符号"5/",也可以复制 5 份,但他们将等分原物体和最后一个副本之间的旋转角度。在进行其他操作之前,可以持续输入复制的份数及复制的角度(图 26-6)。

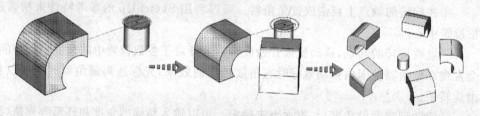

图 26-6　环形阵列

　　(4)输入精确的旋转值:进行旋转操作时,旋转的角度会在数值控制框中显示。在旋转的过程中或旋转之后,可以输入一个数值来指定角度。要指定一个旋转角度的度数,输入数值即可;也可以输入负值表示往当前指定方向的反方向旋转。按住"Ctrl"键进行旋转复制之后,可以输入复制份数或等分数来进行多重复制。

26.4　拉伸(比例缩放)

　　比例工具可以缩放或拉伸 　选中的物体,使其发生等比或不等比缩放。

　　(1)缩放几何体

　　①使用选择工具选中要缩放的几何体元素。

　　②激活比例工具。

　　③点击缩放夹点并移动鼠标来调整所选几何体的大小。不同的夹点支持不同的操作。注意,鼠标拖曳会捕捉整倍缩放比例(如 1.0,2.0 等),也会捕捉 0.5 倍的增量(如 0.5,1.5 等)。

　　④数值控制框会显示缩放比例。可以在缩放之后输入一个需要的缩放比例值或缩放尺寸。详见下文(9)。

（2）缩放可自动折叠的几何体：SketchUp 的自动折叠功能会在所有的缩放操作中自动起作用。SketchUp 会根据需要创建折叠线来保持平面的表面。

（3）缩放二维表面或图像：二维的表面和图像可以像三维几何体那样进行缩放。缩放一个表面时，比例工具的边界盒只有 8 个夹点。可以结合"Ctrl"键和"Shift"键来操作这些夹点，用法和三维边界盒类似。

缩放处于红绿轴平面上的一个表面时，边界盒只是一个二维的矩形。若缩放的表面不在当前的红绿轴平面上，边界盒就是一个三维的几何体。要对表面进行二维的缩放，可以在缩放之前先对齐绘图坐标轴到表面上。

（4）缩放组件和组：缩放组件和群组与缩放普通的几何体是不同的。

在组件外对整个组件进行外部缩放并不会改变它的属性定义，只是缩放了该组件的一个关联组件而已，该组件的其他关联组件保持不变。这样就可以得到模型中同一组件的不同缩放比例的版本。若在组件内部进行缩放，就会修改组件的定义，从而所有的关联组件都会相应地进行缩放。

可以直接对组进行缩放，因为组没有相关联的组。

（5）缩放/拉伸选项：除了等比缩放，还可以进行非等比缩放，即一个或多个维度上的尺寸以不同的比例缩放。非等比缩放也可以看作拉伸。可以选择相应的夹点来指定缩放的类型。

图 26-7 中，比例工具显示所有可能用到的夹点。有些隐藏在几何体后面的夹点在光标经过时就会显示出来，而且也是可以操作的；也可以打开 X 光透视显示模式，这样就可以看到隐藏的夹点了。

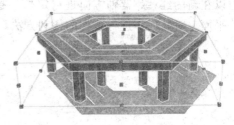

图 26-7　拉伸的夹点

对角夹点　对角夹点可以沿所选几何体的对角方向缩放。默认行为是等比缩放，在数值控制框中显示一个缩放比例或尺寸。

边线夹点　边线夹点同时在所选几何体的对边的两个方向上进行缩放。默认行为是非等比缩放，物体将变形。数值控制框中显示两个用逗号隔开的数值。

表面夹点　表面夹点沿着垂直面的方向在一个方向上进行缩放。默认行为是非等比缩放，物体将变形。数值控制框中显示和接受输入一个数值。

（6）缩放修改键

"Ctrl"键　中心缩放。夹点缩放的默认行为是以所选夹点的对角夹点作为缩放的基点。但是，可以在缩放的时候按住"Ctrl"键来进行中心缩放。

"Shift"键　等比/非等比缩放。"Shift"键可以切换等比缩放。虽然在推敲形体的比例关系时，边线和表面上夹点的非等比缩放功能是很有用的，但有时候保持几何体的等比例缩放也是很有必要的。

在非等比缩放操作中,可以按住"Shift"键,这时就会对整个几何体进行等比缩放而不是拉伸变形。

同样的,在使用对角夹点进行等比缩放时,可以按住"Shift"键切换到非等比缩放。同时按住"Ctrl"键和"Shift"键,可以切换到所选几何体的等比/非等比的中心缩放(图 26-8)。

(a)小树　　　　　(b)拉顶面的夹点　　　(c)用"Shift"键锁定为等比例缩放

图 26-8　比例缩放的应用

(7)使用坐标轴工具控制缩放的方向:可以先用坐标轴工具重新放置绘图坐标轴,然后就可以在各个方向进行精确的缩放控制。重新放置坐标轴后,比例工具就可以在新的红/绿/蓝轴方向进行定位和控制夹点方向(图 26-9)。这也是在某一特定平面上对几何体进行镜像的便利方法。

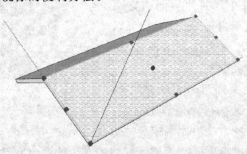

图 26-9　绘图坐标轴结合缩放

(8)使用测量工具进行全局缩放:比例工具可以缩放模型的一部分,另外还可以用 SketchUp 的测量工具来对整个模型进行全局缩放。

(9)输入精确的缩放值:要指定精确的缩放值,可以在缩放的过程中或缩放以后,通过键盘输入数值。

输入缩放比例　直接输入不带单位的数字即可。"2.5"表示缩放 2.5 倍;"—2.5"也是缩放 2.5 倍,但会往夹点操作方向的反方向缩放。这可以用来创建镜像物体。缩放比例不能为 0。

　　输入尺寸长度　除了缩放比例,SketchUp 可以按指定的尺寸长度来缩放,输入一个数值并指定单位即可。例如,输入"2′6″",表示将长度缩放到 2 英尺 6 英寸,"2 m"表示缩放到 2 m。

　　镜像:反向缩放几何体,通过往负方向拖曳缩放夹点,比例工具可以用来创建几何体镜像。注意缩放比例会显示为负值(−1,−1.5,−2),还可以输入负值的缩放比例和尺寸长度来强制物体镜像。

　　输入多重缩放比例　数值控制框会根据不同的缩放操作来显示相应的缩放比例。一维缩放需要一个数值;二维缩放需要两个数值,用逗号隔开;等比例的三维缩放只要一个数值就可以,但非等比的三维缩放需要 3 个数值,分别用逗号隔开。

　　在缩放的时候会注意到,在选择的夹点和缩放点之间有一条虚线。这时可以输入单个缩放比例或尺寸来调整这条虚线方向的缩放比例或尺寸,而忽略当前的比例模式(1D,2D,3D)。

　　要在多个方向进行不同的缩放,可以输入用逗号隔开的数值,缩放尺寸是基于整个边界盒的,而不是基于单个物体(要基于特定的边线或已知距离来缩放物体,可以使用测量工具)。

26.5　偏移

　　偏移工具 可以对表面或一组共面的线进行偏移复制。可以将表面边线偏移复制到原表面的内侧或外侧。偏移之后会产生新的表面。

　　(1)面的偏移

　　①用选择工具选中要偏移的表面(一次只能给偏移工具选择一个面)。

　　②激活偏移工具。

　　③点击所选表面的一条边。光标会自动捕捉最近的边线。

　　④拖曳光标来定义偏移距离。偏移距离会显示在数值控制框中。

　　⑤点击确定,创建出偏移多边形(图 26-10)。

　　提示:可以在选择几何体之前就激活偏移工具,但这时先会自动切换到选择工具。选好几何体后,点击"偏移"按钮或按"Esc"键或回车键,可以回到偏移命令。

　　(2)线的偏移:可以选择一组相连的共面的线来进行偏移。操作如下(图 26-11):

　　①用选择工具选中要偏移的线。必须选择两条以上相连的线,而且所有的线必须处于同一平面上。可以用"Ctrl"键或"Shift"键来进行扩展选择。

　　②激活偏移工具。

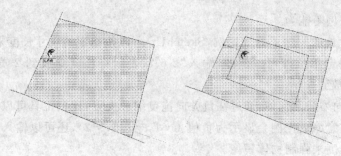

图 26-10　面的偏移

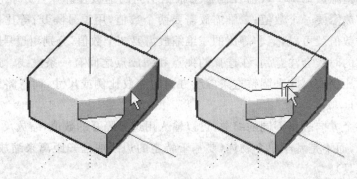

图 26-11　线的偏移

③在所选的任一条线上点击。光标会自动捕捉最近的线段,拖曳光标来定义偏移距离。

④点击确定,创建出一组偏移线。

提示:可以在线上点击并按住鼠标进行拖曳,然后在需要的偏移距离处松开鼠标。当对圆弧进行偏移时,偏移的圆弧会降级为曲线,将不能按圆弧的定义对其进行编辑。

(3)输入准确的偏移值:进行偏移操作时,绘图窗口右下角的数值控制框会以默认单位来显示偏移距离。可以在偏移过程中或偏移之后输入数值来指定偏移距离。

输入一个偏移值　输入数值,并按回车键确定。若输入一个负值,表示往当前偏移的反方向进行偏移。当用鼠标来指定偏移距离时,数值控制框是以默认单位来显示长度。也可以输入公制单位或英制单位的数值,SketchUp 会自动进行换算,负值表示往当前的反方向偏移。

26.6　镜像

对于物体的组或组件,选择好对象后在右键菜单中选择"反转方向",可以分别实现 x,y,z 轴的镜像。也可以对于物体的组或组件应用比例缩放后,在 VCB 窗口输入－1,以实现镜像。镜像最好能够用插件来完成,操作更为简单。

26.7　交错

在 SketchUp 中,使用布尔运算可以很容易地创造出复杂的几何体。在此选项中,可以将两个几何体交错,如一个盒子和一根管子,然后自动在相交的地方创造边线和新的面。这些面可以被推、拉或者删除,用以创造新的几何体。单击鼠标右键,选择"相交面",使用相交面可创造复杂的几何体。

(1)创造两个不同的几何体,例如,一个盒子和一根管子(图 26-12 左)。

(2)移动管子,使之完全插入盒子中间。注意,在管子与盒子相交的地方没有边线。

(3)选择管子。

(4)右击选中的管子。

(5)从右键菜单选择"相交面"与"模型"。这就会在盒子与管子相交的地方产生边线(图 26-12 中)。

(6)删除或者移动不需要的管子的部分(图 26-12 右)。注意,SketchUp 会在相交的地方创造新的面。

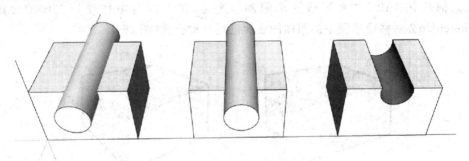

图 26-12　面相交

26.8　自动折叠

SketchUp 中的表面在任何时候都是一个平面。若对一个面进行扭曲,SketchUp会自动折叠,将扭曲的面划分成若干个相连的平面表面(图 26-13)。

自动折叠在大多数情况下是自动执行的。例如,移动长方体的一个角点就会产生自动折叠(图 26-14)。但有些时候,那些导致产生非平面表面的操作会被限制。

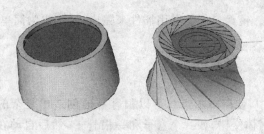

图 26-13　自动折叠

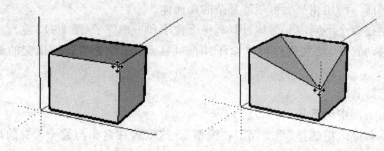

图 26-14　面的折叠

例如,移动长方体的一条边线,将自动在水平位置移动,而不能垂直移动。可以在移动之前按住"Alt"键来屏蔽这个限制。这时,就可以自由移动长方体的边线,SketchUp会对移动过程中被扭曲的表面进行自动折叠(图 26-15)。

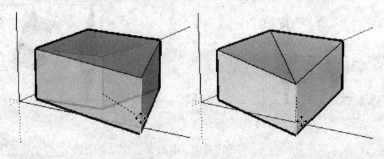

图 26-15　折叠受限

26.9　等分

　　等分命令可以快速地将线、圆弧、圆或多边形等分为若干段长度相等的片段。通常可以从关联菜单中激活等分命令,然后在线上会出现一串红点。在线上前后拖动光标可以动态调节等分的片段数。若暂时停下光标,会出现参考提示,告诉现在的等分片段数和每个片段的长度(图 26-16)。

　　等分的数目也会显示在数值控制框中,可以在框中直接输入数值,然后按回车键确定。当确定了等分数之后,再次点击鼠标,线段就被分为若干段了。

图 26-16　线的等分

第 27 章　组、组件、图层

27.1　组（Group）

　　创建一个选集后，若想在以后快速重新选择，可以将其创建为一个组"编辑→创建组"。一旦定义了一个组，组中的所有元素就被看作是一个整体，选择时会选中整个组。这样可以用来创建诸如"车"或"树"的快速选集。创建组的优点是组内的元素和外部物体分隔开了，这样就不会被直接改变。"右键快捷菜单→编辑→分解"，可以将几何体恢复为正常的线和面。不取消组而对组进行编辑，只要用选择工具在组上双击，或者选中组后再按回车键，就可以进入内部编辑，编辑完在组的外部点击或者按"Esc"键退出。

27.2　组件（Component）

　　组与组件有许多共同之处，很多情况下使用区别不大，都可以将场景中众多的构件编辑成一个整体，保持各构件之间的相对位置不变，从而实现各构件的整体操作，如复制、移动、旋转等。组件是 SketchUP 中常用的建模技术，在建模过程中非常重要，在适当时候把模型对象成组，可避免日后模型粘连的情况发生。同时应充分利用组件的关联复制性，把模型成组后再复制，以提高后续模型个性的效率。需要提醒的是，场景内组件过多会影响运行速度，可以用"视窗→场景信息→统计"里的"删除未使用"按钮清理场景内未使用的组件、材质、层等数据。

　　制作组件方法：选择好所需的模型后，点击右键（或使用菜单），选择"创建组件"。

　　编辑组件的方法：只要双击组件进行即可，同时支持多层嵌套的组件制作及编辑。

　　材质的赋予：如果不是打开组件对内部进行材质赋予，那么赋予组件的材质将会被组件内所有使用默认材质的面所继承，而原来非默认材质的面则保留原有材质。

　　分解：分解与打开有本质上的不同，一旦分解，与原来的组件就没有关系了，但不影响关联组件。分解后要再成组需要重新选取定义组件。但分解一次只能解除当前选定的组层，不能一次性解除所有嵌套的组层。

27.3　组与组件的区别

(1)组和组件均可有效地独立出模型,通过创建一个分层级的组件,可对模型进行有效管理;但组件相对消耗计算机资源较小,可有效提高场景生成速度。

(2)组件有关联特性,对组件双击打开编辑会影响其他相关的组件,会影响模型的外形、大小、方向、位置、材质;而且编辑时,对任何一个组件复制品的修改,都会影响其他相关组件,但是对组的修改不会影响其他复制的组。

(3)组件有名称,而创建组件时不用名字。同时制作组件时若文件中有相同的组件名,将会替换掉原来的组件,包括所有相关联的组件模型,这个特点便于大的规划设计对模型控制细化程度,也可以在设计阶段提高设计速度。例如,在设计居住区时,将所有同样的户型都用同等大小的方块作为组件(如名称为"建筑A")代替摆放,需要渲染出图时,在文件中导入已做好的该户型A模型,并制作组件,命名为"建筑A",并选择替换,出现提示时选择"是",则原来的所有方块都替换成了房子,且放置位置及方向都与规划相同。

(4)图中组件被删除时,还保留在库中,依然影响文件的大小和速度。而组件被删时则不存在于文件中。

(5)在剖切图中组要做多层嵌套剖切则相对较为麻烦,先将模型打包,再打开组进行剖切,这样这层剖切就处在组内,而不是先将剖切与模型同时打包。而组件则可将剖切进行打包,可以多次多方向的剖切组合,较为方便。

(6)组件与组的应用选择

当需要进行关联修改复制时,使用组件,而只有一个组不用复制只是为了不与其他模型粘连,就使用组。同时组和组件之间也可以多次多层嵌套,为了减小容量及加快运行速度,应该考虑好什么时候用组、什么时候用组件,以防对同一物体进行多次组件。例如,做一幢房时,对一些不关键位使用组,做好房后再使用组件,这样减少很多不必要的影响。另外,组件可以直接输出为一个单独的文件,利用组件实现文件中相同内容的共享。

27.4　动态组件

动态组件具有下列几项基本特点:固定某个构件的参数(尺寸、位置),重复某个构件,某个构件的参数调整,某个构件的活动性。因此,具备以上几种或其中一种属性的组件(注意,不是群组),即可被称为动态组件。

第28章 实体、地形创建

28.1 实体工具

　　SketchUp 实体工具仅用于 SketchUp 实体。在 SketchUp 中,实体是任何具有有限封闭体积的 3D 模型(组件或组)。SketchUp 实体不能有任何裂缝(平面缺失或平面间存在缝隙)。

　　可以选择组件或组,并访问实体信息对话框以查看选定内容是否为实体。若列出了体积,则选定内容为 SketchUp 实体;若未列出体积,则选定内容不是实体,并有可能存在裂缝。

　　SketchUp 中有 6 种实体工具,所有工具均只用于实体模型(图 28-1)。

图 28-1　实体工具条

　　"相交"工具（　）:用于两个或多个实体,只生成交叠部分。

　　"去除"工具（　）:用于两个实体,将第二个选定实体的相交几何图形与第一个选定的实体进行合并,然后删除第一个实体,只保留第二个实体(减去其相交的几何图形)。

　　"修剪"工具（　）:与"去除"工具类似,仅用于两个实体,将第二个选定实体的相交几何图形与第一个选定的实体进行合并,与"去除"工具不同的是,"修剪"工具会在结果中保留第一个实体。

　　"拆分"工具（　）:会在实体交叠的位置将两个实体的所有部分拆分为单独的组或组件。

　　"并集"工具（　）:会合并两个或多个交叠实体的所有外表面,创建一个更大的 SketchUp 实体。"并集"工具会在结果中保留所有内部几何图形。

　　"外壳"工具（　）:其作用类似于"并集"工具,但会从结果中删除所有内部几何图形。因此,"外壳"工具是创建轻型模型(如 Google 地球建筑物)的首选工具,因为只需要模型的外表面便可表达设计意图。

"交错"可以同时对"非组件和非群组"的物体一次完成交错,常用来生成相交的线,感觉比实体工具方便,至少这方面比较直接。实体工具只能对两个相交的实体(群或组件)起作用,而且实体的要求比较高,常常有小问题,如有辅助线、多余线等不能用于加壳的实体,"交错"和实体工具都有这样那样的不足。

28.2 沙盒(Sandbox)

沙盒是 SketchUp 主要的曲面建模工具,在园林中经常用来做地形(图 28-2)。

图 28-2 沙盒工具条

根据等高线建模 :工具的特点是选择事先画好的几条线,然后点击这个工具的图标,线就被连起来形成面,这样可以做出丰富的曲面。适合等高线建模(图 28-3)。

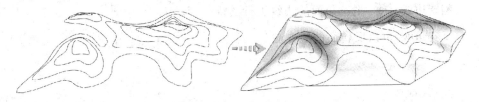

图 28-3 等高线生成地形

创建地形网格 :用此工具根据自己的设定选画好一片正方形或长方形网格,这个带有很多分格的面便成为可编辑为不规则面的原型。

曲面拉升 :应用于修改已经创建的地形网格面。选中工具后,显示为一个圆(这个圆的半径可以输入调节),把它放在面上,单击鼠标向上拉起,就形成了一个凸起的平滑的面来模拟地形的起伏(图 28-4)。注意,前面创建的面默认是一个组件,因此这个操作要先双击组件进入才能有效。

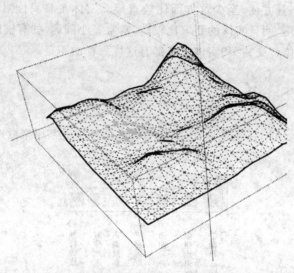

图 28-4　推拉曲面

平整地形 :把要平整的地块放置于不规则地形的上方或下方,点击工具后,先点选小地块,再选要被平整的地形,就会发现这个地形的变化了。注意操作顺序。

曲面投影 :可以把曲面投影到曲面上,如创建道路。

细分地形 :选中曲面,然后点击这个工具,就能通过增加三角面来细分。

翻转边线 :把三角面的边线进行翻转。

反转角线:可以反转面的线方向。

第 29 章 材质与贴图

29.1 材质与贴图基础知识

29.1.1 SketchUp 材质

SketchUp 的材质属性包括名称、颜色、透明度、纹理贴图和尺寸大小等。材质可以应用于边线、表面、文字、剖面、组和组件。其属性和材质赋予操作较为简单,与 SketchUp 简洁一致的风格一脉相承,也有一些自己的特色。

(1)正反面材质:SketchUp 模型是由线和面形成的体,创建的体一开始被自动赋予默认材质,默认材质有正反面,颜色是不一样的,正面默认是浅色、反面一般为深色,可以在"风格→编辑→面设置"中设置。默认材质的两面性更容易分清表面的正反朝向,方便在导出模型到 CAD 和其他 3D 建模软件时调整表面的法线方向。同时,组或组件中的元素上的默认材质可以在级处赋予材质。

SketchUp 中所有添加模型中的材质都会保存到 SKP 文件中,只有颜色信息的材质是很小的,但是有贴图的材质就可能很大,这取决于贴图的大小。要尽量控制贴图的大小,若需要可以使用压缩的图像格式(如 JPEG 或 PNG)来减小图像尺寸。可以删除文件中未使用的材质。在贴图模式下,赋予模型的贴图材质将显示出来。因为渲染贴图会减慢显示刷新的速度,应该经常切换到着色模式,在进行最后渲染的时候才切换到贴图着色模式。

(2)颜色推敲功能:在 SketchUp 中,能够以在其他软件或传统方法上不实用甚至不可能的方法,推敲形体与材质的关系。经由指定材质然后可取用其颜色,能够将形体与材质的关系可视化。颜色关系的推敲功能与可以变更材质颜色的功能都是 SketchUp 材质系统与其他应用程序系统完全不同的地方。过程比结果重要,过程才是真正的目的。这样就可以避开在其他软件应用程序上所需要进行的反复试验工作。另外经由材质颜色化,一个材质文件可以变换成广泛使用的材质。

(3)材质透明度:SketchUp 的材质可以设置从 0 到 100% 的透明度,给表面赋予透明材质就可以使之变得透明。SketchUp 的材质通常是赋予表面的一个面(正面或反面)。若给一个带有默认材质的表面赋予透明材质,这个材质会同时赋予该面的正、反两面,这样从两边看起来都是透明的了。若一个表面的背面已经赋予了一种非透明的材质,在正面赋予的透明材质就不会影响到背面的材质。同样的道理,若再给背面赋予另外一种透明材质,也不会影响到正面。因此,分别给正、反两个面赋予材质,可以让一个透明表面的两侧分别显示不同的颜色和透明等级。

由于 SketchUp 的阴影设计为每秒渲染若干次,透明显示系统是实时运算显示的,因此,基本上无法提供照片级的真实阴影效果,透明效果也是一样,"真实世界"的光源作用于阴影和透明的效果在 SketchUp 的某些模型中可能不能准确显示,有时候透明表面的显示会失真。虽然透明效果可能不能完美显示,但在许多设计推敲和构思表达方面还是非常足够的。SketchUp 可以导出带有材质的三维模型到许多渲染程序中去,可以通过他们来渲染出写实的阴影和透明效果。

SketchUp 使用透明材质的几何体不会产生"半透明"阴影,表面要么完全挡住阳光,要么让光线透过去(图 29-1)。SketchUp 通过一个临界值来决定一个表面是否产生投影,不透明度为 70% 以上的表面可以产生投影,70% 以下的不产生投影。另外,只有不透明度大于或等于 95%,表面才能接受投影。

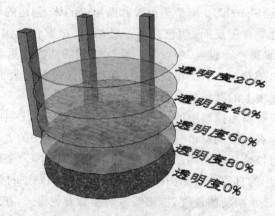

图 29-1　材质的不同透明度

(4)SketchUp 提供不同的工具来使用材质

①填充工具可以应用、填充和替换材质,也可以从一个物体上提取材质。

②材质浏览器可以从材质库中选择材质,也可以组织和管理材质。

③材质编辑器可以用来调整和推敲一个材质的不同属性。

29.1.2　材质填充

材质填充主要由填充工具来完成,用于给模型中的实体分配材质(颜色、贴图)。可以给单个元素上色,填充一组相连的表面,或者置换模型中的某种材质。

(1)命令调用方式

①工具栏：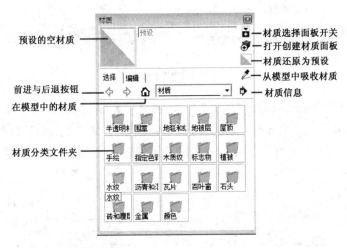 。

②菜单：工具→材质。

③命令行：B。

(2)命令格式

①单个填充。激活"填充"工具，系统自动弹出材质对话框(图 29-2)，其中包含了多个材质库。选择一种材质，利用"填充"工具将其填充至单个边线或表面上，如图29-3 所示。

图 29-2　材质对话框面板

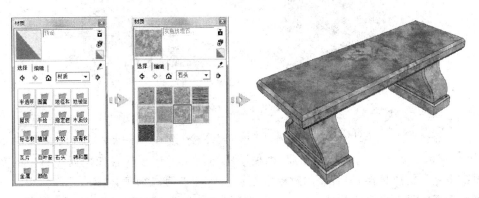

(a)材质库文件夹　　(b)选择适当的材质　　　　(c)填充材质

图 29-3　为几何体填充材质的步骤

②邻接填充（Ctrl）。激活"填充"命令，按住"Ctrl"键可以同时填充与所选表面相邻接并且使用相同材质的所有表面，如图29-4所示。若先用选择工具选中多个物体，那么邻接填充操作会被限制在选集之内。

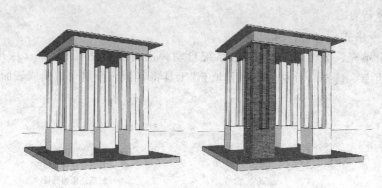

图 29-4　邻接填充

③替换材质（Shift）。激活"填充"命令，选择一种新材质，按住"Shift"键选中某一平面，模型中所有使用该材质的物体（包括组或组件中元素上的默认材质）都会同时改变材质，如图29-5所示。若先用选择工具选中多个物体，那么替换材质操作会被限制在选集之内。

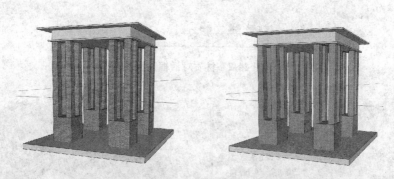

图 29-5　替换材质

④邻接替换（Ctrl＋Shift）。激活"填充"命令，选择一种新材质，按住"Ctrl＋Shift"键选中已赋材质的某一平面，则模型中与该平面连接的且使用同一材质的平面都将被新材质替换，但替换的对象限制在与所选表面有物理连接的几何体中。若先用选择工具选中多个物体，那么邻接替换操作会被限制在选集之内。

⑤提取材质。激活"填充"命令，按住"Alt"键点击需要取样材质的平面，这时光标变为吸管，松开"Alt"键完成取样操作，如图29-6所示。利用"填充"工具选中模型

的其他平面,则提取的材质会被设置为当前材质,然后就可以用这个材质来填充了。

要提取和应用模型中已经存在的材质,步骤如下:

　　a.点击材质面板右上角的"提取材质"按钮。

　　b.移动"吸管"光标到要提取的材质上并点击,该材质就会出现在当前材质预览窗口中。

　　c.利用该材质填充模型。

　　⑥组与组件上色。激活"填充"工具,从材质库中选择一种材质,点击需要填充的组或组件模型,将选择材质填充到组或组件模型的所有平面,

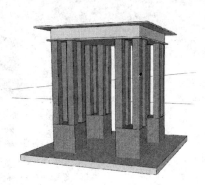

图 29-6　按住"Alt"键拾取材质

如图 29-7 所示。当给组或组件上色时,是将材质赋予整个组或组件,而不是内部的元素。组或组件中所有分配了"默认材质"的元素都会继承赋予组件的材质,而那些分配了"特定材质"的元素则会保留原来的材质不变。将组或组件炸开后,使用默认材质元素的材质就会固定下来。

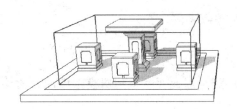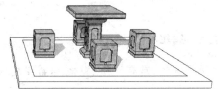

图 29-7　对组与组件进行填充

29.1.3　材质浏览器

　　材质浏览器,也叫材质面板,可以在材质库中选择和管理材质,也可以浏览当前模型中使用的材质。

　　在园林绘图中,材质库中的材质常常与我们设计中所需要的材质在大小、颜色、透明度等方面存在一些差距。因此,设计中我们需要利用材质对话框中的"编辑"选项,对选定材质的大小、颜色和透明度进行编辑与修改,如图 29-8 所示。

　　激活填充工具或从显示菜单中选择都可以打开材质浏览器。

　　菜单项:显示→材质浏览器

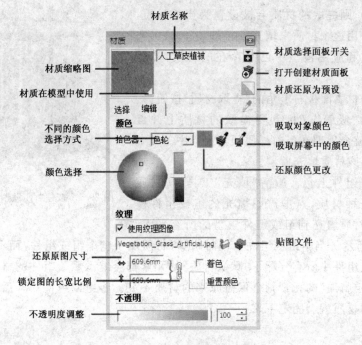

材质名称
材质选择面板开关
材质缩略图
打开创建材质面板
材质在模型中使用
材质还原为预设
不同的颜色选择方式
吸取对象颜色
吸取屏幕中的颜色
颜色选择
还原颜色更改
贴图文件
还原原图尺寸
锁定图的长宽比例
不透明度调整

图 29-8　材质"编辑"对话框

29.1.4　编辑材质

　　默认材质,常有比例、贴图等需要编辑修改,因此要掌握编辑模型中的材质编辑基本步骤:

　　(1)选择有"模型中"标签的材质。先显示场景中定义的所有材质,这时"使用中"的材质样本在右下角有个小三角形。

　　(2)选择要编辑的材质。

　　(3)点击编辑按钮,进入材质编辑器;也可以双击材质进入编辑,或者在材质的关联菜单中选择编辑,主要编辑尺寸,不透明度等(图 29-9、图 29-10)。

图 29-9　材质调整的不同比例效果

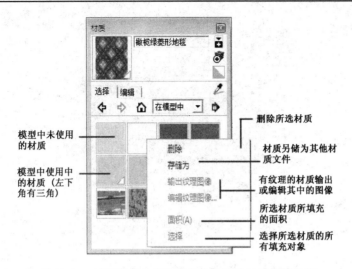

图 29-10　材质面板中右键菜单中的相关材质编辑功能

29.2　材质编辑器

29.2.1　贴图坐标

SketchUp 在上色的时候,贴图是作为平铺图像应用的,图案或者图形垂直或者水平地应用于任何实体。SketchUp 的贴图坐标有两种模式,锁定别针和释放别针。贴图坐标可以在图像上进行独特的操作,例如,将一幅画上色于某个角落或者在一个模型上着色。

注意:贴图坐标能有效地运用于平面,但是不能将材质整个赋予到一个曲面。曲面可以利用显示隐藏几何体,然后将材质分别赋给组成曲面的面。

29.2.2　锁定别针模式

锁定别针模式,每一个别针都有一个固定而且特有的功能。当固定一个或者更多别针的时候,锁定别针模式可以按比例缩放、歪斜、剪切和扭曲贴图。在贴图上点击,可以确保锁定别针模式选中,注意每个别针都有一个邻近的图标。这些图标代表可以应用于贴图的不同功能,点击或者拖延图标及其相关的别针。这些功能只存在于锁定别针模式(图 29-11)。

在编辑过程中,按住"Esc"键,可以使贴图恢复到前一个位置。按"Esc"键两次可以取消整个贴图坐标操作。在贴图坐标中,任何时候都可以使用右键恢复到前一

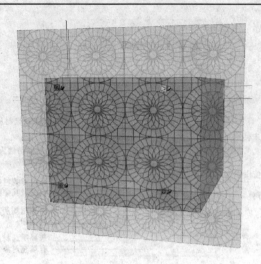

图 29-11　锁定别针模式

个操作,或者从相关菜单中选择返回。

完成贴图修改后,点击右键,选择完成;或者在贴图外点击,关闭;或者在完成后按住回车键。

锁定别针选项有 4 种:

![icon] 移动图表和别针:拖曳(点击和按住)移动图标或者别针来重设贴图。完成贴图修改后,点击右键,选择完成;或者在贴图外点击,关闭;或者在完成后按住回车键。

![icon] 按比例缩放 / 旋转图表和别针:在锁定别针位置上的移动指针基础上,拖曳按比例缩放/旋转图标或者利用指针将贴图以任意角度按比例缩放和旋转。光标拖得越近或者越远,别针都将按比例缩放贴图。在旋转贴图的同时,会出现一个虚线的圆弧。若把光标放置在虚线弧的上面,贴图将会旋转,但是不会按比例缩放。

注意,沿着虚线段和虚线弧的原点,显示了系统参数图像的现在尺寸和原始尺寸。或者也可以从关联菜单中选择重置。选择重置的时候,旋转和按比例缩放都会被重置。

![icon] 按比例缩放 / 剪切图表和别针:拖曳按比例缩放/剪切图标或指针可以同时倾斜或者剪切和调整贴图大小。注意,在此项操作过程中,两个底指针都是固定的。

完成贴图修改后,点击右键,选择完成;或者在贴图外点击,关闭。

![icon] 扭曲图标和指针:拖曳图标或指针可以对材质进行透视修改。此项功能在将图像照片应用到几何体时非常有用。

锁定别针模式在密集如砖块和瓦片贴图中尤其有用。

29.2.3　释放别针模式

释放别针模式适合设置和消除照片的扭曲。在释放别针模式下,别针相互之间都不限制,这样就可以将指针拖曳到任何位置,以扭曲材质,就像可以弄歪放在鼓上面的皮一样。

注意:单击选中别针,可以将别针移动到贴图上的不同位置。这个新的位置将是应用所有锁定别针模式的起点。此操作在锁定别针模式和释放别针模式都有。

29.2.4　给转角赋予连续贴图

贴图可以被包裹在转角。给转角赋予连续贴图的基本步骤如下:

(1)给左侧模型用 ![icon] 赋予材质图像,如图 29-12 左图所示,相邻面图像不连续。

(2)点击右模型的面,用 ![icon] 赋予贴图左侧面,如图 29-12 右图所示。

(3)右击右模型已着色的贴图,选择"纹理→位置"。

(4)不要设置任何东西,仅仅再次右击,选择"完成"。

(5) ![icon] 赋予模型右侧面贴图,材质就包裹在整个角落了,相邻面图像连续。

图 29-12　连续贴图

29.2.5　将贴图包裹在圆筒上

贴图也可以包裹在圆筒上,其主要步骤如下:

(1) 创造一个圆筒。

(2)下载一个光栅图像,选择"文件→插入→图像"菜单项。

(3)将图像放在圆筒前面。

(4)确定图像的大小,使其大小足够覆盖整个圆筒。

(5)点击图像的相关连接,选择作为材质使用。

(6)新材质将会出现在材质浏览器中的模型栏中。

(7)点击材质浏览器中的材质,给圆筒着色,材质就会自动包裹在圆筒上,如需包裹整个模型,重复此项操作。

(8)点击"显示→隐藏几何体"。

(9)选择圆筒的一个面,右键,选择"贴图→坐标"。

(10) 在面上重设贴图。

(11)使用材质浏览器中的滴管,把重设的贴图作为样本,或者使用"Alt"键和油漆桶工具。

(12)点击"显示→隐藏几何体",关闭隐藏几何体。

(13)给圆筒剩下的部分着色上重设好的样本贴图。现在的贴图就会重设在整个圆筒上面。

29.2.6　在 SketchUp 中制作独立贴图

此功能是将选中的已贴图的面的局部生成一个新的贴图。

(1)在平面上填充材质。

(2)在平面上画一块含有图片的封闭区域(可方可圆,实际上贴图是长方形),右键选择"设定的自定义纹理",然后用吸管吸封闭区域即形成新的贴图。

29.2.7　在 SketchUp 中制作合并贴图

(1)在平面上进行分割,并赋予不同的材质。

(2)选择带有两种贴图的表面,右键选择"组合纹理",出现"是否要删除内部边线"的提示,边线的有无对于新生成的贴图并无影响。

第 30 章　太阳与阴影

30.1　地理位置

物体模型在阳光或天光照射下会出现受光面、背光面、阴影。通过阴影效果与明暗对比衬托出物体的立体感和景物的层次。而模型所在的地理位置决定所在物体的日照情况,同一半球、同一国家,由于经纬度不同,日照情况也不一样,那么要得到模型的准确阴影,必须在软件中设置模型所在的地理位置。具体操作如下:

(1)选择"窗口→模型信息",弹出"模型信息"对话框,选择"地理位置"选项,如图 30-1 所示。

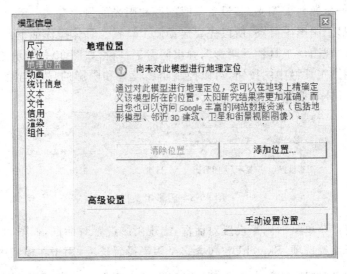

图 30-1　地理位置设计

(2)在"地理位置"选项区域中,可以按"添加位置"联网添加模型在地球上的位置,可以设置表示真实结构的模型的位置和坐落方向;按"手动设置位置"可以自己手动设定精确的精度和纬度来确定一个城市(图 30-2)。

图 30-2　地理位置设置面板

30.2　太阳光与阴影

阴影的产生源自太阳光,其设置与时间段和阳光的强度有关。SketchUp 在默认情况下没有显示阴影工具条,所以先要启动此工具栏。具体操作如下:

(1)选择"视图→工具栏→阴影",弹出阴影工具栏,如图 30-3 所示。

(2)在阴影工具栏中的按钮,可以控制阴影设置和阴影的显示与否,还可以调整阳光照射的具体日期和时间。

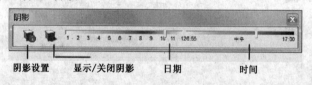

图 30-3　阴影工具栏

(3)从窗口菜单激活阴影设置对话框,出现阴影设置对话框,如图 30-4 所示。

(4)阴影设置选项:SketchUp 包含多个阴影设置选项,用于在模型内控制阴影。

"显示阴影"按钮　在或不在模型内显示阴影。显示阴影会消耗大量系统资源,会影响作图速度,一般在图作完以后,观看整体效果时才打开阴影显示。

"时区"下拉列表　从"时区"下拉列表中选择时区以标识作品位置,进而获得准确的阴影。

"时间"滑块　调整 SketchUp 使用的时间以确定阴影投射的太阳位置。滑块可以调整从日出到日落的时间,12:00 在滑块的中间。在时间文本字段中可以键入时

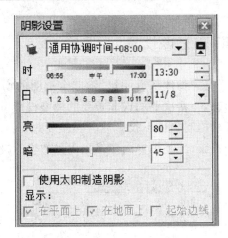

图 30-4　阴影设置对话框

间以精确设置时间。

　　"日期"滑块　调整 SketchUp 使用的日期以确定阴影投射的太阳位置。滑块调整的日期范围是从 1 月 1 日至 12 月 31 日。也可在日期文本字段中键入日期以设置精确的日期或以数字格式(如 1/8)指定日期。

　　"亮"滑块　使用"亮"滑块控制模型中光的强度。此选项用于有效地调亮及调暗光照的表面。

　　"暗"滑块　使用"暗"滑块控制模型中光的强度。此选项用于有效地调亮和调暗阴影下的区域。

　　"使用太阳制造阴影"复选框　在没有实际显示投射时,使用太阳使模型的部分区域出现阴影(图 30-5)。

　　"在平面上"复选框　启用表面阴影投射,表面阴影根据设置的太阳入射角在模型上产生投影,此功能要占用大量的 3D 图形硬件资源,会导致性能降低(图 30-5)。

　　"在地面上"复选框　启用在地平面(红色/绿色平面)上的阴影投射(图 30-5)。

　　"起始边线"复选框　启用边线的阴影投射,实现单线的投影。

图 30-5　不同阴影开关的作用

30.3　物体的投影与受影设置

在太阳的照射下,所有的物体都有阴影,除非全透明的物体。但在作效果图时,为了一些重要模型的形态,一些次要的或非重要的模型投影可以忽略,以免影响主要模型的形态和效果。可以控制物体不投影或者不接受投影。去掉投影有两种方法,一是在受影面上不接受投影;二是去掉由于遮挡阳光产生的投影(图 30-6、图 30-7)。

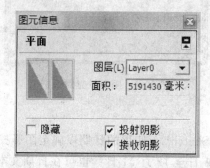

图 30-6　接收阴影和投射阴影控制

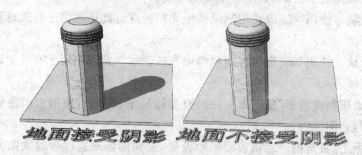

图 30-7　地面阴影接受与不接受的控制效果

第 31 章　文件的输出

模型的输出可以在精确描述几何体的同时,设计者根据模型的特点和表达风格进行风格设计和输出,这是 SketchUp 不同于其他三维软件的地方。特别是进行概念表达时,计算机图像太过准确和生硬,减弱了表达效果,而徒手绘图风格更接近手绘风格,在最初的构思阶段有着明显的优势。它们既能表达构思,又能反映当前的"粗略"状况。这些都可以在 SketchUp 的参数设置中进行,同时在屏幕显示时也可根据需要修改显示方式。

31.1　图形的样式

模型的导出与模型的样式有关,因此在导出模型前,要根据设计所要表达的内容确定样式。

(1)打开图形样式设定面板:在菜单"窗口"→"样式"中打开设定样式面板(图31-1),在样式面板中根据需要选择不同的设定内容(图 31-2、图 31-3)。

图 31-1　样式中的"选择"面板

图 31-2　样式中的"编辑"面板

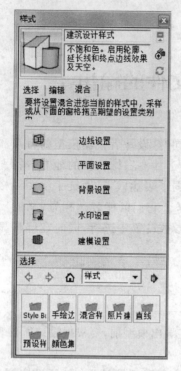

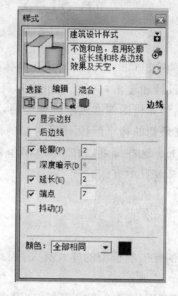

图 31-3　样式中的"混合"面板　　图 31-4　编辑面板中的"边线"面板

（2）边线的编辑：边线是模型表达时最常用的设定，合适的边线有助于方案的表达，主要编辑功能见图 31-4 至图 31-8。其中主要功能如下：

显示边线　控制边线是否显示。勾选该项，将显示所有的可见边线。注意：当边线隐藏时，边线的参考对齐不可用。这个选项只在着色模式和贴图着色模式中有效。

后边线　控制显示被遮挡的连线，打开后模型后边线以浅虚线显示，启用后边线将会停用 X 射线正面样式。显示某些边线被其他边线遮蔽的情况，被遮蔽的边线会显示为虚线。

轮廓线　借鉴于传统手工绘图技术，突显模型中主要形状的轮廓或外形，常常可以突出三维物体的空间轮廓。可以根据需要控制轮廓线的粗细。

深度暗示　利用 OpenGL 实现深度暗示（Depth Cue），打开后物体边线以其设定的宽度、以透视的方法来暗示景深，相对于背景中几何图形的直线而更加突显前景中的几何图形直线。可以根据需要调整数值。

延长线　让每一条边线的端头都稍微延长，模拟手绘的风格，给模型一个"未完成"的感觉。可以按需要控制边线出头的长度。这纯粹是视觉效果，不会影响参考捕捉。

图 31-5　编辑面板中的"平面"设置面板　图 31-6　编辑面板中的"背景"设置面板

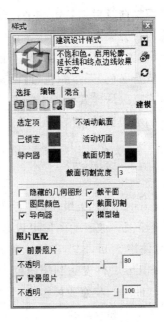

图 31-7　编辑面板中的"水印"设置面板　图 31-8　编辑面板中的"建模"设置面板

端点　以粗线显示端点,大小可调节。

抖动线　通过边线轻微的偏移多次渲染每一条直线,显示为具有动感、粗略的草图。这纯粹是视觉效果,不会影响参考捕捉。

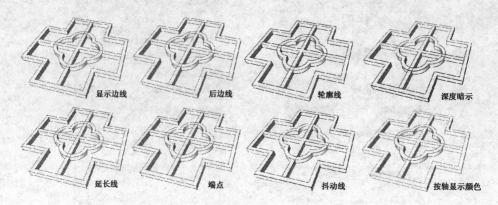

图 31-9　不同显示方式的效果

颜色全部相同　所有的边线以同一颜色来显示,点击其右边的颜色块,可以设置颜色。默认的颜色是黑色。

颜色使用材质颜色　以赋予的材质颜色来显示。

颜色使用轴向颜色　若边线平行于某一轴线时,就显示为轴线的颜色。这有助于了解边线的对齐关系。

(3)背景设置与混合设置:背景指的是图形窗口的显示背景,如图 31-6 所示,主要能够设计背景底色、天空颜色、地面颜色及是否显示等,可以获得不同的显示效果。

混合模式可以从样式面板中提取不同的样式,可以灵活地进行边线设置、平面设置、背景设置、水印设置、建模设置等,如图 31-3、图 31-9 所示。

31.2　输出二维图形

使用 SketchUp 的"二维图形"菜单项,可导出 2D 位图和与分辨率无关的尺寸精确的 2D 矢量绘图。像素的图像可以导出 Bmp,JPEG,PNG,Epx 和 TIFF 文件格式图像,也可以使用 PDF,EPS,DWG 和 DXF 文件格式导出矢量图像。此选项可以方便地将 SketchUp 文件发送到绘图仪,迅速将它们集成到构造文档中,或者使用基于矢量的绘图软件进一步修改模型。但要注意,矢量输出格式可能不支持某些显示选项,如阴影、透明度和纹理等。

31. 2. 1　二维图形的导出步骤

(1)在绘图窗口中已设置好需要导出的模型的页面,SketchUp 直接导出当前屏幕显示的视图,包括表面渲染模式、边线模式、阴影和视图方位。

（2）选择"菜单→导出→二维图形"。

（3）在导出类型中选择图像格式。不同类型的导出"选项"内容，根据位图格式而不同。

（4）单击"选项"进入导出二维图形对话框（图 31-10 至图 31-16），图像大小一般根据需要进行设置。指定尺寸越大，导出时间越长，导出图像文件也越大。选择"消除锯齿"，可以对导出的图像做平滑处理，可以减少图像中的线条锯齿。JPG 格式可以选择质量与文件体积的平衡。

图 31-10　模型不同样式的效果

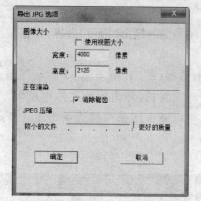

图 31-11　JPG 选项面板

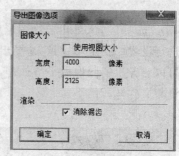

图 31-12　导出图像的尺寸选择

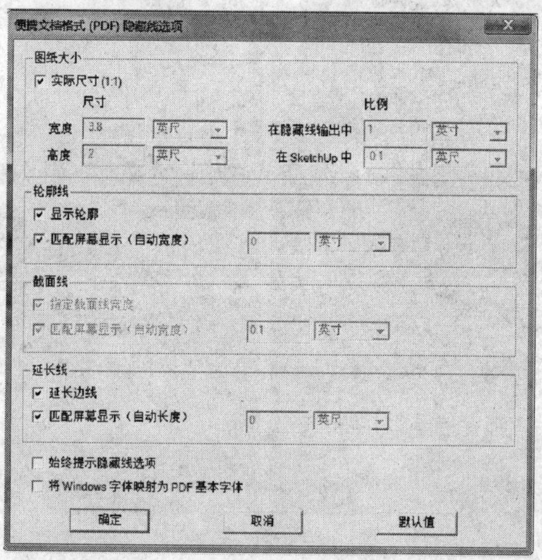

图 31-13　PDF 的输出选项

31. 2. 2　导出的不同格式简介

常规的格式设置有不同的选项,一般都有尺寸的设置等常规选项,但有一些文件的格式有比较特殊的选项,要根据需要进行选择和调整。

EPX 格式是为输出到 Piranesi 中使用的准三维图形格式,其中的 RGB 通道、深度通道、材质通道可以让 Piranesi 智能地渲染图像,从而实现传统的手绘效果。但是 SketchUp 的一些显示模式,如线框模式和消隐模式,则不能在 Piranesi 下正常工作。

SketchUp 除了可以导出三维的 DWG/DXF 文件,还可以将模型导出为二维的

图 31-14 DWG/DXF 输出选项

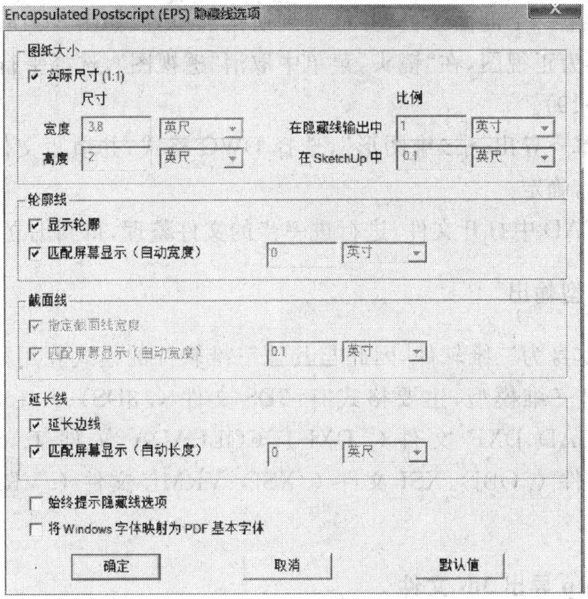

图 31-15 EPS 输出选项

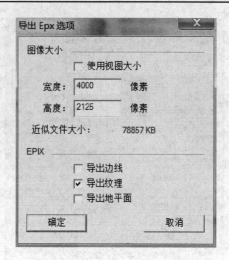

图 31-16　EPX 输出选项

DWG 和 DXF 文件。导出之前将绘图窗口中的视图调整到需要的角度,当前视图直接导出为平面的 DWG 和 DXF 文件。SketchUp 会忽略贴图、阴影等不支持的特性。

以一个传统中国建筑的 DWG 格式文件获取立面图为例:

①如图 31-17 所示的中国传统建筑。

②为建筑加上一个剖面工具,并移动到所需的位置,如图 31-18 所示。

③视图切换为正视图,在"镜头"菜单中取消"透视图",选择平行投影。调整好立面的位置(图 31-19)。

④选择"菜单→导出→二维图形",选择 DWG 格式,并填写文件名,将选项中的相关选项选择上,确定。

⑤在 AutoCAD 中打开文件,进行进一步的文件整理,得到剖立面图(图 31-20)。

31.2.3　三维模型输出

SketchUp 本身为三维软件,因此与其他三维软件的模式互用是很重要的,它可以多种格式导出三维模型,主要格式有:3DS 文件(.3DS)、AutoCAD DWG 文件(.DWG)、AutoCAD DXF 文件(.DXF)、COLLADA 文件(.dae)、FBX 文件(.FBX)、OBJ 文件(.OBJ)、XSI 文件(.XSI)、VRML 文件(.VRML),如图 31-21 至图 31-27 所示。

31.2.4　SketchUp 导出 3ds 文件

为配合其他软件对场景进行进一步深化和完善提供便利,常会输入到 3ds Max 中进行渲染处理,当输出 3ds 文件时,整个场景中排除群组和组件,所有的线、面会组

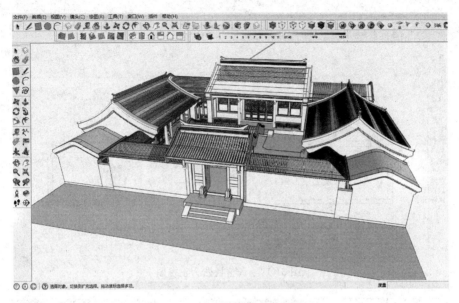

图 31-17 中国传统院落建筑模型

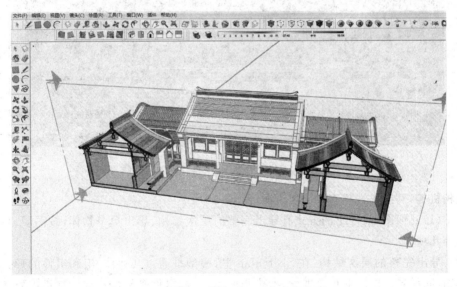

图 31-18 加上剖面工具到合适的位置

合成一个可编辑网格体,每一个群组和组件都会各自转化为一个网格物体,而群组和组件中的群组和组件将会被炸开,被合并到最表面一层的群组或组件成为一个网格物体。所以如果将整个场景成组的话,那么输出的 3ds 文件将只有一个网格物体,3ds 格式是常用的导出格式之一。3ds 格式支持 SketchUp 相关的输出材质、贴图和

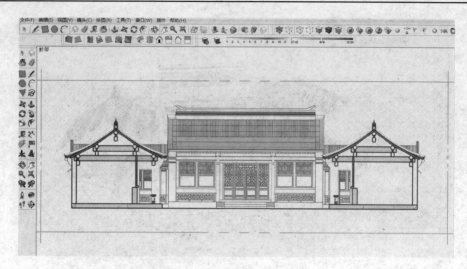

图 31-19　调整视图为正视图

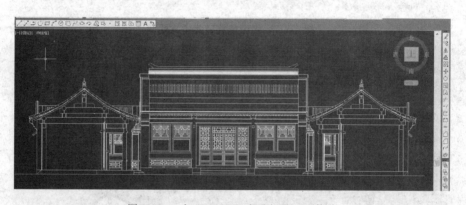

图 31-20　在 AutoCAD 中进行进一步修改

照相机等,其导出选项有些需要说明(图 31-28)。

(1)几何图形:导出的方式有导出完整的层次结构、导出单个物体、按图层、按材质等几项。

导出完整的层次结构:在 SketchUp 里,模型是通过几何体、组和组件的形式来使用,同样导出的时候也是如此,即按几何体、组和组件来导出物体。这里需要注意的是,SketchUp 将按层次的形式将模型导出,低层次的组件将被识别为单个物体,高层次的组件则成为一个集合。SketchUp 最表面一层的群组和组件被保留为单独的物体。缺点是每一个群组和组件都会输出一个自身的复合材质,对材质的编辑很麻烦。

导出单个物体:合并为单个物体导出,简单地说,就是将整个模型导出为一个物体。但是如果场景比较大,可能会超出 3ds 格式对点及面数量的限制,这时候会自动

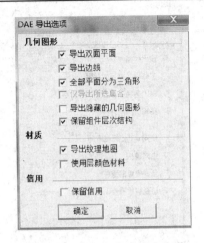

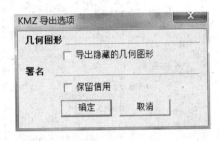

图 31-21 DAE 格式导出选项　　　　图 31-22 KMZ 格式导出选项

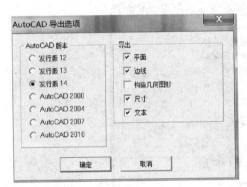

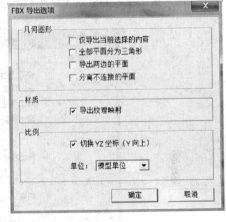

图 31-23 AutoCAD 格式导出选项　　图 31-24 FBX 格式导出选项

转化为几个物体,从而满足要求。导出比较大的模型时不要勾选此项,否则可能会导致导出失败或者部分模型丢失。除非场景不需要做任何修改,或场景较为简单时,否则不推荐这种输出方式。

按图层:按照图层的不同输出不同的物体。

按材质:按照材质分类的不同输出不同的物体。

仅导出当前选项的内容:即被选中的物体导出成 3ds 模型。

导出两边的平面:包括"材质"和"几何图形"两个选项。

"材质"选项能开启 3ds 材质定义中的双面标记,以材质产生双面,这个选项导出的多边形数量和单面导出的数量一样,但是渲染速度降低,特别是反射和阴影效果。

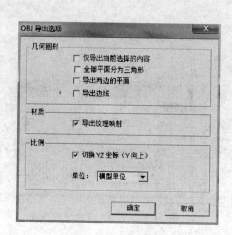

图 31-25 OBJ 格式导出选项

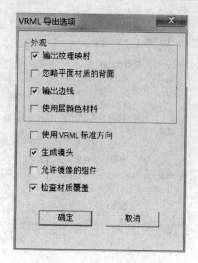

图 31-26 VRML 格式导出选项

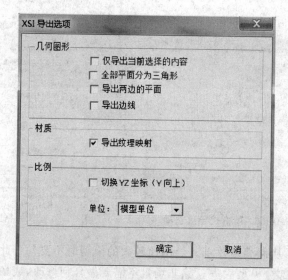

图 31-27 XSI 格式导出选项

"几何图形"选项是以几何体产生双面,SketchUp 模型里的面都导两次,一次导出正面,一次导出背面。导出的多边形数量增加一倍,渲染速度降低,但导出的模型跟 SketchUp 的模型性质大致相似,两面都可渲染,而且都可有不同的材质。一般情况下不需要额外增加模型量;但是在 SketchUp 建模阶段必须保证面法线正反的正确性,否则反面在 3ds Max 里无法显示,产生丢面现象。

导出独立边线:这个选项比较特殊,是用来创建非常细长的矩形来模拟边线。但

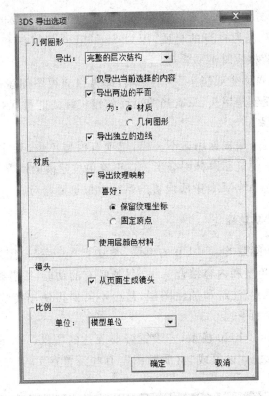

图 31-28　3ds 导出选项

是,可能会使贴图的坐标无效,如需要渲染须重新指定坐标。另外,导出独立边线这个选项可能会使整个 3ds 文件无效,所以对于 3ds Max 不必要,通常默认情况下是关闭的。如果要导出孤立边线,则需要使用 VRML 格式。

(2)材质

导出纹理映射:导出贴图,即导出 3ds 文件时,SU 的材质也相应地导出。这里需要说明的是:3ds 文件的材质文件名限制在 8 个字符内,而且不支持 SketchUp 对文件贴图颜色的改变。贴图文件路径需要在 3ds Max 里添加,应将所有贴图复制到3ds Max 模型文件所在工作目录下,否则会出现找不到贴图的错误信息,应将贴图放在场景文件所在的目录,节约贴图搜索时间。导出纹理映射下面有两个选项:

一是保留纹理坐标:导出 3ds 文件时,SketchUp 里的贴图坐标保持不变,顶点不至于焊接到一起,面之间也不会平滑连接。

二是固定顶点:勾选此选项,SketchUp 导出时会将顶点焊接到一起,以保持几何体的完整,形成平滑的连接。导出 3ds 文件后,贴图坐标将会与平面视图对齐。

使用层颜色材料:以 SketchUp 里的图层分配为标准来分配 3ds 材质,并且可以按图层对模型进行分组。这需要在建模起始阶段就规划好材质的管理方式,物体(或面)将以所在层的颜色为自身的材质,因为 SketchUp 里组件和层是可以交叉存在的,在组件具有复合材质时不易管理。

镜头:只有"从页面生成镜头"一个选项,即为当前视图创建镜头相机,同时也给SketchUp 里的页面创建镜头,只有当前页面的相机视角能被保持,一般不选,到 3ds Max 里重新建立相机。

比例:单位设置一般根据用途不一样,选项有模型单位、英寸、英尺、码、英里、毫米、厘米、千米,一般建筑和园林用毫米。在正确单位建模的情况下,一般是不需要改变输出单位,当然在 3ds Max 中所设置的系统单位也要相对应。

31.2.5 LayOut 布图功能

LayOut 布图功能是 SketchUp 的模块,类似于 AutoCAD 图纸空间的方式,可以将多种不同的图面角度和内容结合一些 SU 所特有的功能,按需要布图在 LayOut 图纸上,可直接标注尺寸、注解和加注图框,甚至不需要再使用传统的 2D 软件即可完成布图,其一般步骤如下:

(1)首先打开 SketchUp 模型,先设置好要表达的场景。在 SketchUp 里将阴影的参数调整好,显示模式设置成"材质贴图",有些设置在 LayOut 里是无法调节的,如图 31-29 所示。

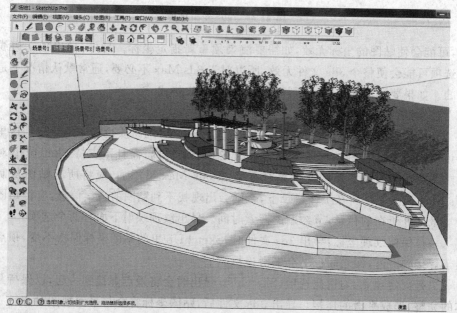

图 31-29 设定要布图的场景

（2）将模型保存，执行"文件→发送到 LayOut"命令，将制作完成的模型导入到 LayOut 中，如图 31-30 所示。

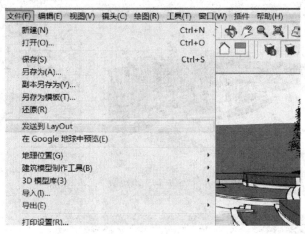

图 31-30　发送到 LayOut

（3）进入 LayOut 后，首先要选择一个合适的模板（这个模板文件也可以自己制作，在每次进入 LayOut 时都可以选择），这里选择 A3 横幅图模板，如图 31-31 所示。

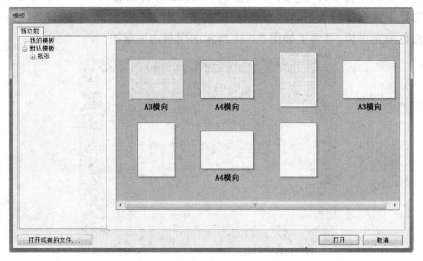

图 31-31　选择模板

（4）进入了 LayOut 的主界面（图 31-32），可以将 SketchUp 软件关闭，以减少对系统资源不必要的占用，在需要的时候再打开。

（5）制作版面效果，绘制图纸的边框，加入相关文字说明。

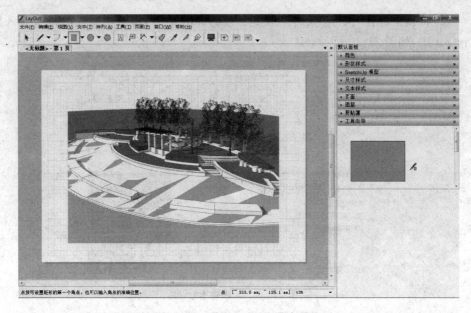

图 31-32 进入 LayOut 的主界面

　　单击主工具栏中的"矩形"工具按钮,在图纸的右侧画出矩形(图 31-33)。继续将矩形处于被选择的状态,将"形状样式"标签栏打开,单击"填充"按键选项将矩形内部的白色填充去掉,得到了如图 31-34 所示的图板边框效果。

图 31-33 画出图纸边框

　　(6)继续使用矩形工具来绘制右侧图纸说明栏,说明栏选择深灰的填充颜色,完成效果如图 31-35 所示。

　　注意:填充颜色的方法有许多种(图 31-36),也可用"图片"方式,从图片中直接

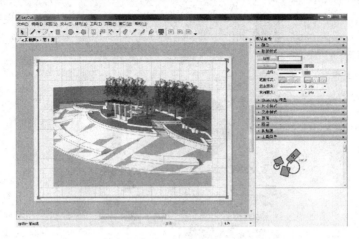

图 31-34　加上图框的场景

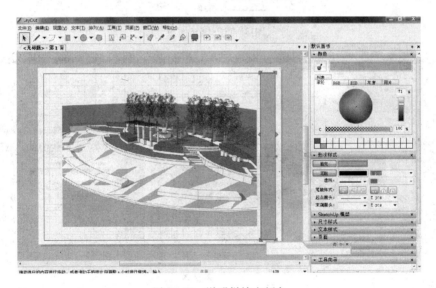

图 31-35　说明栏填充颜色

吸取颜色。

　　(7)添加文字,点击屏幕上方工具条中的"文字"工具按钮,然后再打开与之对应的"文本样式"标签栏,如图 31-37 所示。

　　(8)先窗选需要打字的区域,然后打出文字,文本样式面板调节格式。也可以插入图片,执行"文件"菜单中的"插入"命令,在文件夹中找出需要的图片单击"打开"按钮,这样便可以将图片插入到 LayOut 中,如图 31-38、图 31-39 所示。

　　注意:在插入的图片进行比例缩放的过程中,按住"Ctrl"键等同于复制并缩放命

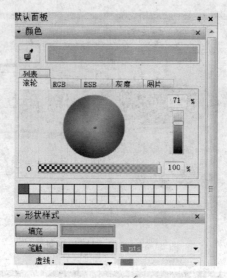

图 31-36　填充面板

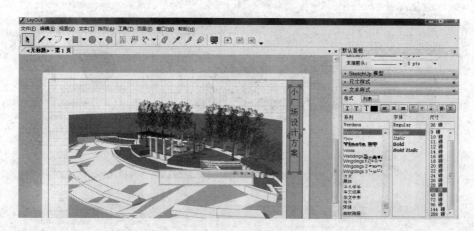

图 31-37　输入文字

令;按住"Shift"键是等比例缩放命令;按住"Alt"键是以图片中心点开始缩放。也可以直接在当前场景的右下角文本框中输入相应的数值来直接完成需要的显示效果。

(9)打开 LayOut 中的图层面板,单击其中的"＋"图标,新建一个图层,如图31-40 所示。

(10)将所有与图框相关的内容全部选中(其中不包括视图),右击鼠标在弹出的菜单中选择"组"命令,将绘制完成的散件组装起来,如图 31-41 所示。

(11)图层面板中以蓝色显示的图层为当前层,如果这个图层一直在被选择状态的话,则接下来所绘制的所有图形都会被储存在这个当前图层中。

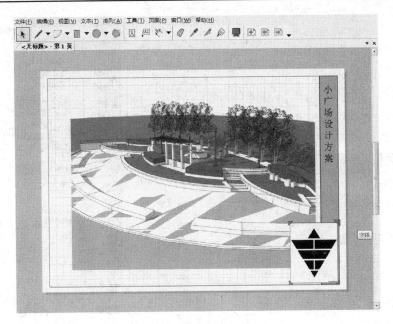

图 31-38　插入图片

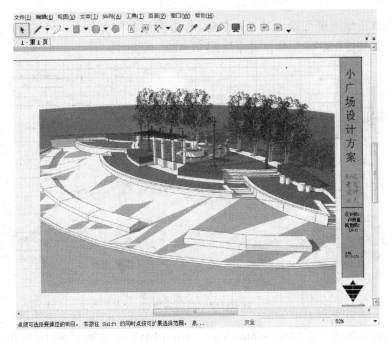

图 31-39　加入其他文字和线条

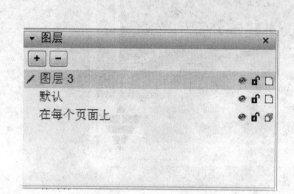
图 31-40　建立新的图层

图 31-41　项目成组

（12）双击该图层可以为其更改名称，每个图层都有相同的 3 个属性，它们分别是："隐藏""锁定"及"图层信息共享"（图 31-42）。

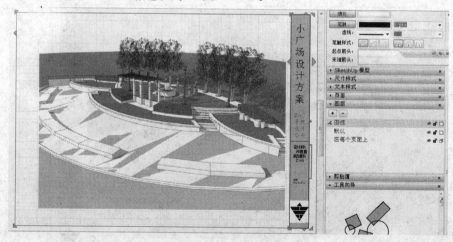
图 31-42　图层的属性

（13）图层名称改完后我们要将绘制完成的图框移至图框层中，首先在图框上右击鼠标，在弹出的菜单中选择"移动至当前图层"命令（图 31-41）。在鼠标选择图框时,在当前图层蓝色状态条前面会出现一个深色的小方点,可以确认此时所选择的对象在哪个图层。

(14)将图框层锁定,避免进行其他操作时不小心将制作完的改变或丢失。注意:在 LayOut 中,当前图层是不能被隐藏和锁定的,所以在执行此类命令前应先将此图层变为普通图层才可以进行相应的操作,点击一下其他图层即可将此图层的当前层属性去掉。

(15)"共享图层"功能。功能面板"页面"功能打开后的效果如图 31-43 所示,单击"＋"按钮便可以新建一个页面,一个完全空白的页面。

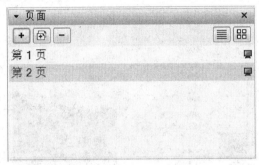

图 31-43　页面面板

(16)单击"－"按钮删除新建的场景,然后回到图层面板中,单击图框层的"共享图层"按钮,图框自动出现在新建的页面中(图 31-44)。

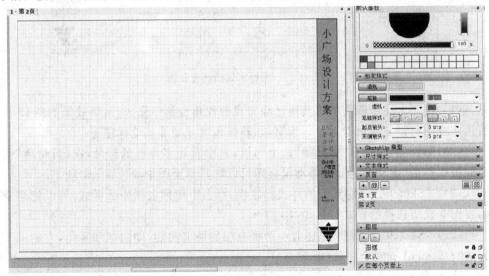

图 31-44　图层出现在每个页面上实现图层的复制

(17)将每个图层名称更改,再单击"缩略图"显示按钮,使用缩略图显示方式观察场景效果。注意:当想取消"图层信息共享"功能时,会弹出一个对话框,其中的第一个选项是"将此图层的内容只保留在当前场景中",第二个选项是"将此图层的内容复制到所有的场景中",本案操作步骤中共享的是图框层,因为我们需要将图框放置到每一个场景中,所以要选择第二个选项。

(18)选择新建的页面,在"菜单→导入"中选择 SketchUp 文件导入,页面中已经显示出了模型的视图,在场景被选中后,在绘图区域右击鼠标,在弹出的菜单中选择要表现的"场景"(在 SketchUp 中设置好的场景),完成效果如图 31-45 所示。

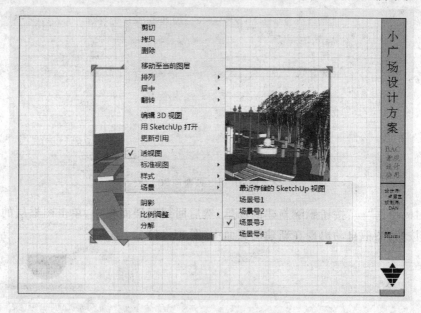

图 31-45　布置不同的透视画面

(19)按照上述步骤继续将其他已经完成的视角也制作完成,最终效果如图31-46所示。视图可以复制后双击进行编辑,如转换角度或增加其他标注等。

(20)回到场景,打开"剪贴簿"命令面板,其中有许多专业的符号,在"剪贴簿"命令面板中点击"虚显框"图形,移动鼠标即可以将其移至图中的位置(图 31-47)。

(21)"SketchUp 模型"下的样式标签栏,点击下接列表框中的样式,可以把当前的视图变成所选择的样式(图 31-48)。

(22)"SketchUp 模型"里还有一个很有用的调节功能,即阴影和雾化,它的调节方法与 SketchUp 完全一致(图 31-49)。

注意:如果对现在的"SketchUp 模型"的效果还是不满意或者忘了设置而必须要回到 SketchUp 中加载,可以在视图上面右击鼠标,在弹出右键菜单中选择"用

图 31-46 布置 4 个不同的页面效果

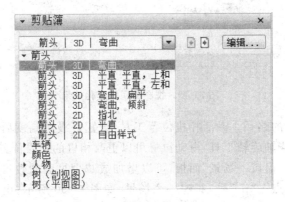

图 31-47 剪贴簿中的不同图形

SketchUp 打开"命令进入 SketchUp 软件,继续调整和保存。

31.3 输出漫游动画

SketchUp 漫游动画的基本原理是将"场景"通过软件串联成一组动画,记录不同的场景内容,场景的多个页面快速切换形成动画。主要用到的工具有:定位视图 、正面观察工具 和漫游工具 。主要步骤如下:

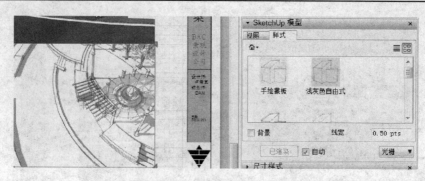

图 31-48　选择不同的显示样式

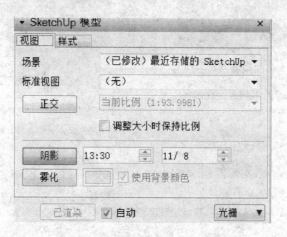

图 31-49　视图的阴影雾化效果

　　(1)确定漫游的路径。激活相机位置工具,设置好漫游高度后在起始点点击,这时系统自动激活绕轴旋转工具,滑动鼠标可以更改相机的拍摄位置,找到满意的角度后,在菜单中打开"窗口→场景"面板,可以增加或减少页面的数量和顺序,以及一些保存属性的选择,点击"＋"号,新建一个场景,如图 31-50 所示;也可以通过"视图→动画"进行场景的控制(图 31-51)。

　　(2)激活漫游工具,可以往前走,这时可以按下鼠标中键结合绕轴旋转工具一起使用。再一次得到理想的角度后,在上一页面标签上点右键选添加,就可以新建页面。在这一过程中,一定要保证漫游高度是一致的,保证相机行走的距离相差不大,才可以得到相对匀速的动画。同时尽量不要出现视角偏差太大的情况。

　　(3)页面完成后,可以点击预览动画效果;或者在查看中"动画→播放"也可以一次播放页面,且是一个循环播放的过程;也可以在场景信息面板中设置动画预览。

　　(4)要更改某个页面,可以进入该页面,然后调整好视角,右键更新即可;也可以进入页面面板中更新。同时还可以"右键→添加"在页面间增加一个新的页面。

图 31-50　场景面板　　　　　　图 31-51　动画场景的控制菜单

(5)完成后,点击"文件→导出→动画"选用 AVI 格式,在选项面板中设置好参数,即可保存。一般要勾选抗锯齿选项,以获得较好的动画质量。

(6)设定场景时间长度与场景之间停顿时间。点击"文件→输出→动画",在"选项"面板中设定动画的帧速率,一般电影为每秒 30 帧,PAL 制式为每秒 24 帧。动画尺寸,以 DVD 格式为 640×480(或 720×480),插入 PPT 多以 640×480 为主,但尺寸越大,文件越大。场景转换的时间设定为动画的时间长度(图 31-52、图 31-53)。

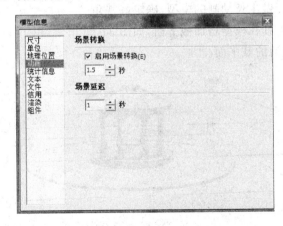

图 31-52　动画场景切换时间面板

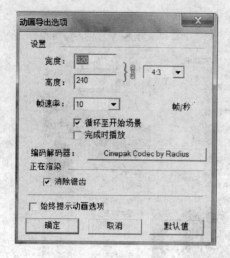

图 31-53　设定动画导出　　　　　　　图 31-54　动画导出过程中

（7）设定 OK，即可开始输出（图 31-54）。

31.4　建筑生长动画

建筑生长动画主要原理是通过记录场景截平面工具对建筑产生的变化来完成的。截平面在文件中一般只能有一个是激活状态，但是通过组的设定可以使多个截面工具同时激活，从而实现多个截面同时发生变化，通过它们形成生长的效果。一般操作流程为：

（1）选择好需要做生长动画的模型，确定好视角。

（2）用截平面工具在模型增加截平面，如图 31-55 所示，用了 4 个截平面图，其中显示为黄色的为激活的截平面。

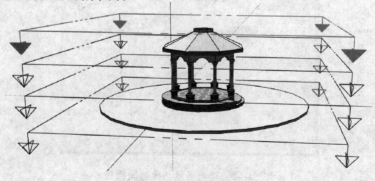

图 31-55　设定截平面

(3)建立 4 个场景,从下至上依次用右键菜单激活截平面,并相应地把场景中其他截平面符号关闭,这样动画中就不会出现截平面符号,注意要更新场景(图 31-56、图 31-57)。

(4)输出动画。点击"文件→输出→动画"(图 31-58)。

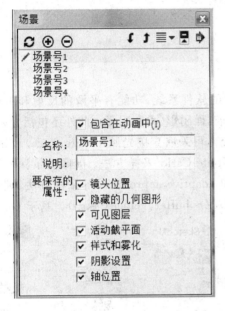

图 31-56　场景设定

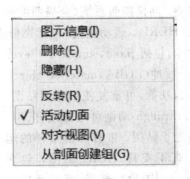

图 31-57　右键激活截平面

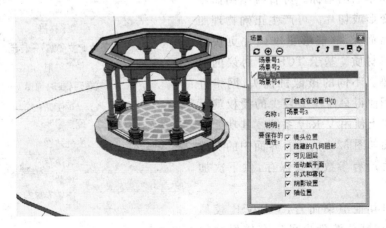

图 31-58　动画中的一个截图

第 32 章　V-Ray for SketchUp 渲染器简介

32.1　V-Ray 的特征

　　V-Ray 是真正的光影追踪反射和折射的软件系统,功能有平滑的反射和折射,半透明材质用于创建石蜡、大理石、磨砂玻璃,面阴影(柔和阴影),此外还包括方体和球体发射器。间接照明系统(全局照明系统),可采取直接光照（brute force）和光照贴图方式(HDRI)。运动模糊,包括类似 Monte Carlo 采样方法。摄像机景深效果。抗锯齿功能,包括 fixed,simple 2－level 和 adaptive approaches 等采样方法。散焦功能。G－缓冲(RGBA,material/object ID,Z－buffer,velocity etc.)。基于 G－缓冲的抗锯齿功能,可重复使用光照贴图。对于 fly－through 动画可增加采样。可重复使用光子贴图。带有分析采样的运动模糊。真正支持 HDRI 贴图,包含 *.hdr, *.rad图片装载器,可处理立方体贴图和角贴图坐标。可直接贴图而不会产生变形或切片。可产生正确物理照明的自然面光源,能够更准确并更快计算的自然材质。基于 TCP/IP 协议的分布式渲染。不同的摄像机镜头,网络许可证管理使得只需购买较少的授权就可以在网络上使用 V-Ray 系统。其功能集成的界面如图 32-1 所示。界面中的文件保存可将所有参数设置保存,供下次加载使用。

　　相对其他渲染而言,V-Ray 比较易学,即使用默认渲染也可以有较好的效果,因此能弥补 SketchUp 的出图效果较差的特点,为模型获得更好的效果,有必

图 32-1　V-Ray 渲染器界面

要学习 V-Ray 渲染器。

32.2　全局开关 (图 32-2)

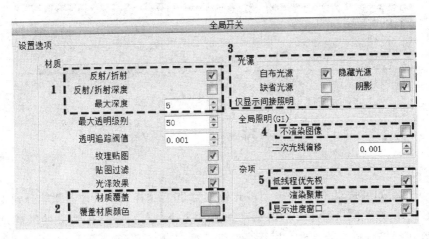

图 32-2　全局开关面板

　　图中 1:控制渲染中是否使用反射和折射效果;最大深度是对反射、折射效果最大反弹数,不勾选时,反射、折射的最大反弹数由材质的数值决定;勾选时,将作为全局设置取代材质设置。数值越大,效果越好,速度也越慢。

　　图中 2:覆盖材质,指用同一种单色材质来覆盖场景中的所有材质。这主要用于前期测光,该单色材质不宜为纯白色,最好采用略偏灰一点的颜色。

　　图中 3:光源一般默认即可。需要注意的是,默认灯光,如果要全手动打光,需要关闭这里。

　　图中 4:勾选此项,V-Ray 在跑完光后就会自动停下来。此功能主要用在跑光子图的时候。

　　图中 5:勾选此项可以一定程度上较少 V-Ray 占用过高的系统资源,这样在渲染图的同时可以不完全占用电脑资源。

　　图中 6:V-Ray 显示进程信息窗口的开关。

32.3　系统 (图 32-3)

　　图中 1:深度,较大的深度会占用较多的内存但渲染较快。如晚上出图的时候,就可以把树深设为 90,让 V-Ray 多占用内存,提高渲染速度。但不能提得太高,否则可能导致死机。

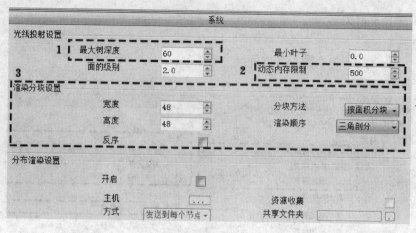

图 32-3　系统面板

图中 2：如果是双核处理器，请将此处改为 800，这样一个处理器就能分到 400。

图中 3：修改渲染时小方框的运动轨迹和大小。可以设定先渲染的区域来选择运动方式；另外，较小的方框可以提高渲染速度，一般改为 16×16，其他默认。

32.4　相机（图 32-4）

V-Ray 的物理相机应该按照相机方法设置。

图中 1：快门速度。快门速度越快，曝光量越少，场景越黑；反之也成立。但是要注意，快门速度栏的值是实际快门速度的倒数，所以值越小，快门越慢，场景也亮。

图中 2：光圈，相当于相机的光孔，值越小，光孔越大，场景越亮。

图中 3：ISO，相机的感光度，即相机对光线的敏感程度。值越小，场景越亮。但是感光度越高，场景的噪点会越多，尤其是白天的室内效果。

图中 4：白平衡，是指定场景中的一种颜色为白色，如果渲染出的白色部分总是不白，就可以用白平衡来解决，可以指定不白的模型的颜色，然后指定给白平衡就行了。

图中 5：周边暗角，勾选此项后，渲染图片四角会出现偏暗渐晕的效果，这是模拟真实相机的功能来设置的，一般开启，可得到较真实的效果。合理利用物理相机的快门、光圈、ISO 三个参数（表 32-1），可以使场景快速变亮，而不用去提高灯光的倍增值，甚至是补光，这也是提高渲染速度的一个方法。

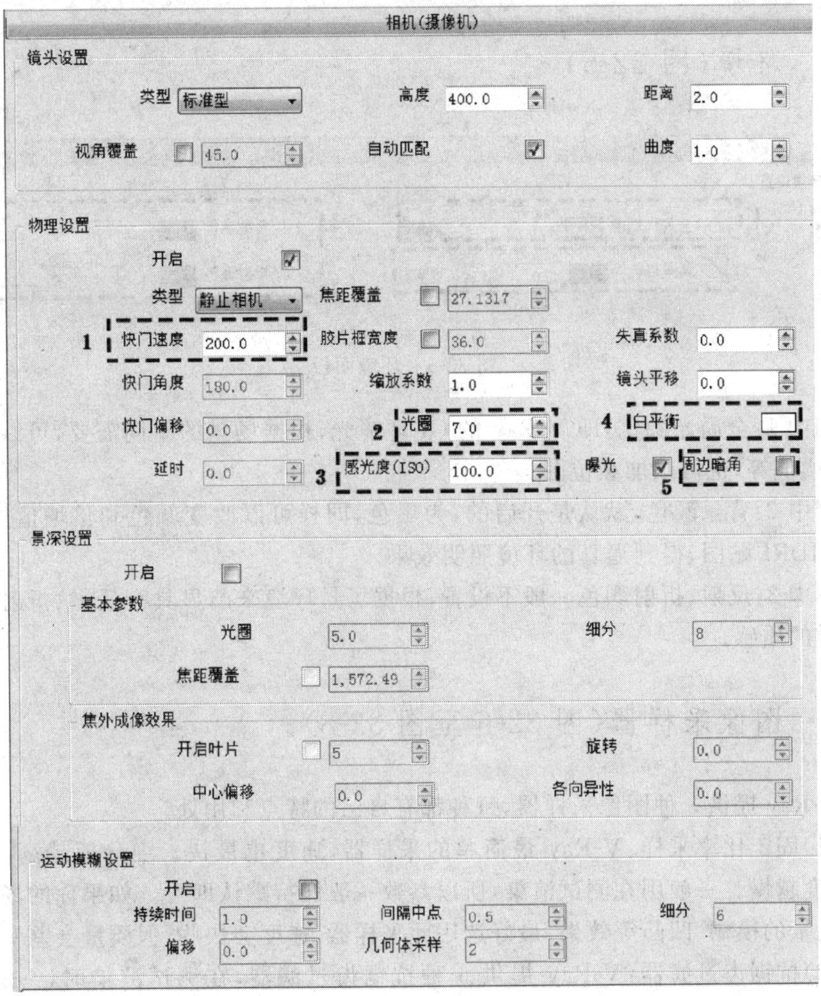

图 32-4　相机面板

表 32-1　相机常用参数

	快门速度	光圈	感光度 ISO
白天	30～60	默认	默认
夜晚	15～30	4～6	125～300

物理相机的其他参数,以及景深、模糊等功能用得较少。

32.5 环境(图 32-5)

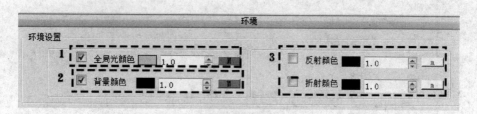

图 32-5 环境面板

图中 1:全局光颜色,即 V-Ray 的 GI 环境光,根据场景的不同需要,可以改变颜色、倍增值等,也可以加载位图。

图中 2:背景颜色,默认是开启的,为黑色,同样可以改变颜色和倍增值,且可以加载 HDRI 贴图,得到逼真的环境照明效果。

图中 3:反射、折射颜色一般不设置,根据场景环境来凸显具有反射、折射等属性的材质的质感。

32.6 图像采样器(图 32-6 至图 32-8)

V-Ray 提供 3 种图像采样器,每种都有自己的特点和用处。

(1)固定比率采样:V-Ray 最简单的采样器,速度也最快。细分值越高,质量越好,速度越慢。一般用在测试渲染,所以参数一般保持默认即可。如果你的场景里充斥着大量的模糊、凹凸等效果,最好选用此采样器,速度会快些,但质量会差一些。

(2)抗锯齿过滤器:V-Ray 提供 6 种抗锯齿过滤器,在测试渲染时,一般关闭。出图时建议用 Catmull Rom 过滤器,可以得到较为清晰、锐利的图像。

(3)自适应蒙特卡洛:用于有较多细节的场景,出图常用到。最大、最小细分的值越大,效果越好,速度越慢。加大最小细分可渲染出线条状物体(图 32-7)。

自适应细分,用于普通场景,以及只有较少模糊、凹凸等特效的场景(图 32-8)。

图 32-8 中 1:最小采样率,值越大,效果越好,但速度越慢。

图 32-8 中 2:阈值,控制采样时的敏感性,值越小,效果越好,速度越慢。

图 32-8 中 3:法线,控制法线方向的采样,一般默认关闭即可。

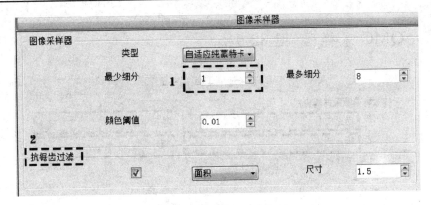

图 32-6　图像采样器面板

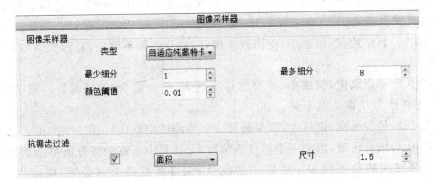

图 32-7　图像采样器(1)

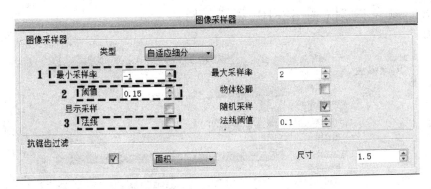

图 32-8　图像采样器(2)

32.7　QMC 采样器（图 32-9）

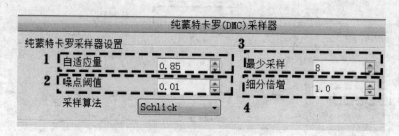

图 32-9　QMC 采样器面板

QMC 采样器是一个总管全局的参数，更改这里的任何一个设置都会使场景的整体效果发生变化。

图中 1：自适应量，值越小，出图效果越好，提升效果不明显，时间成倍增加，一般都用默认的。

图中 2：噪点阈值，值越小，使用的样本越多，噪波越少，效果越好。测试时候默认，出图时改为 0.005，甚至是 0.001。

图中 3：最少采样，值越大，效果越好。一般测试用默认，出图时用 16、20、25。

图中 4：细分倍增，增加一个单位的倍增，全场景中所有的细分值都随着增加，同时也带来时间的急剧增加。所以一般默认，如果要提高个别效果，修改局部参数即可。

32.8　颜色映射（图 32-10、图 32-11）

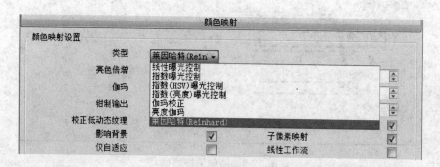

图 32-10　颜色映射面板（1）

色彩映射，即曝光方式，V-Ray 提供 7 种曝光方式供我们选择。常用的 3 种：

（1）线性倍增：光线过渡最明显的一种曝光方式，比较适合用在深度很小的场景里，得到较真实，且视觉效果很突出的效果。

（2）指数、HSV 指数：两者大致相同，共同的特点就是光线过渡柔和，但 HSV 指数更容易保护场景的颜色信息，更真实，同时，也更容易出现色溢现象。

（3）莱轩哈特：是线性倍增与指数曝光方式的混合，兼具两种方式的特点。参数里可以调整混合比例。

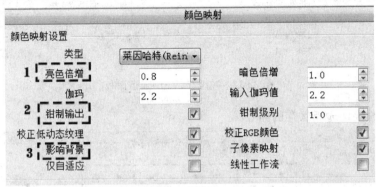

图 32-11　颜色映射面板（2）

图 32-11 中 1：亮色倍增，表示与线性曝光相同，0 表示与指数相同，一般用默认的 0.8 即可。

图 32-11 中 2：钳制输出，开启这个功能可以解决金属、玻璃等物体边缘的很多不良问题。

图 32-11 中 3：影响背景，在做有开窗的室内场景的时候，窗外天空有灰蒙蒙的感觉，那是 GI 也作用了背景，所以应关闭这项。

32.9　帧缓存 VFB 通道（图 32-12）

通道渲染，方便后期处理。根据各自的需要将左边的通道添加到右边，出图后，会有相应的通道图层。

32.10　输出（图 32-13）

图中 1：选择渲染出图的大小，可以自定义，也可以用预设值。

图中 2：为纵横比的锁定功能，按下此按钮后，预设的或自定义图像纵横比将固定，输出图像的高度与宽度相互关联。

图 32-12　帧缓存(VFB)通道面板

下面的就是选择保存的路径。

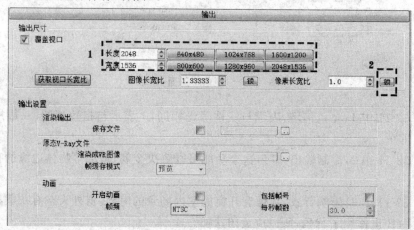

图 32-13　输出面板

32.11　间接照明(图 32-14)

图中 1:GI 开关,开启全局照明。

图中 2:控制 GI 的折射、反射效果。注意,反射焦散对出图效果的影响很小,但却要花费大量的时间,所以一般关闭;而折射却相反,一般保持开启。

图中 3:饱和度,控制整个场景颜色的饱和度。图面色溢现象就是色彩的饱和度太高造成的,所以只需要降低此处的饱和度,色溢现象就解除了。一般将饱和度降低到 0.4~0.6,基本就能消除色溢现象。但注意降低饱和度后,图面颜色可能偏淡,可

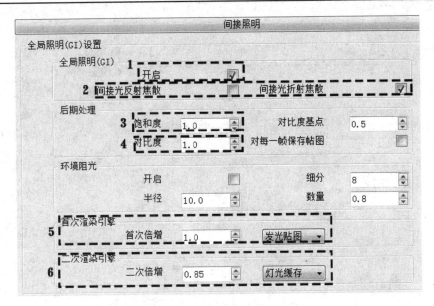

图 32-14　间接照明面板

稍稍提高图中 4 对比度的数值,一般为 1.2 就可以了。

图中 4:控制场景渲染后的对比度,常结合饱和度一起调整。常常需要调到大于 1。

图中 5:首次渲染引擎:用来计算物体表面上的点扩散进入到摄像机的光线,这会影响渲染图像每个像素的品质。V-Ray 提供 4 种引擎供选择,每种都有自己不同的控制方式,最常用的是"发光贴图"。

图中 6:二次渲染引擎,用来计算整个场景的光线分布,也就是计算所有场景物体受到直接光源与反射光源的影响,也提供 4 种引擎,最常用的是"灯光缓冲"。要增强明暗对比,应调整曝光参数。

32.12　发光贴图(图 32-15)

图中 1:最大、最小比率,值越大,效果越好,速度越慢。一般测试是用−6、−4,甚至是−6、−5,跑光子图时用−3、−1,效果好一点的就用−2、0,这与出图像素有关,所以这个参数仅供参考。注意不要把最大、最小比率的值设为一样的,因为 V-Ray 在使用一样的比率计算时会将光子平均分给场景中的所有物体;而使用不一样的比率时,V-Ray 则会"按需分配",如墙角、物体接触面等地方会受到有更多的光子,这样更为省时。

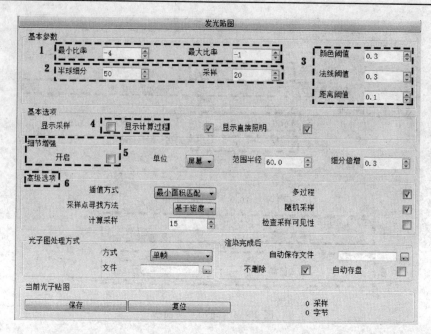

图 32-15　发光贴图面板

图中 2:半球细分,半球细分决定单个 GI 光子样本的质量,间接影响出图效果。值越大,效果越好,速度越慢;值越小,越容易出现黑斑。测试时可用 15、20,出图时用 60、80、100 。"采样"是用于控制漏光的参数,测试可用 10,出图时用 20、30,对速度影响不是很大。

图中 3:颜色阈值,确定发光贴图对间接光照的敏感程度,值越小,效果越好。法线阈值,确定发光贴图对物体表面法线的敏感程度,值越小,效果越好。距离阈值,确定发光贴图对物体表面距离变化的敏感程度,值越大,效果越好。

图中 4:显示计算过程,勾选此项可以在 V-Ray 缓冲栏器中看到发光贴图的计算过程,建议勾选,对速度影响很小,好处是若发现效果不对,可以马上终止计算重新调试。

图中 5:细节增强,用得较少,它将时间成倍增加,需要调低它的参数,只要模型建得够严谨,一般用不到此项功能。

图中 6:高级选项,其参数都有分等级的,可以选择使用。

32.13　灯光缓存(图 32-16)

图中 1:细分,是灯光缓冲最重要的参数。值越大,场景中的光子样本越多,效果

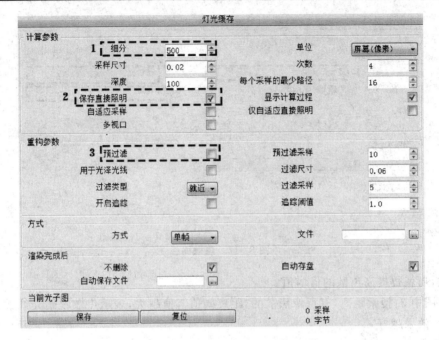

图 32-16　灯光缓存面板

越好,速度越慢。一般测试时用 200、350,出图时用 800、1000、1200 。应当注意的是,灯光缓冲的细分与出图的大小没有关系,也就是说,出 800×600 的时候用 800 细分效果很好,那么出 1024×768 的时候用 800 的细分也没有问题。判断一个场景到底需要多高的细分可以先设一个较高的值,如 1200 渲染,V-Ray 会建立灯光缓冲,当画面里的黑色点基本消失的时候,看信息栏的灯光缓冲的进度,例如,到了 1/3 的地方,则 1200×(1/3)=400,400 就是这个场景所需要的细分数量。

图中 2:保存直接照明,与灯光选项里的"保存直接照明"一样,勾选上后会使渲染速度加快,但会丢失一部分阴影细节。所以在做白天效果时,最好关闭此项,以提高速度。夜景和测试的时候可以打开。

图中 3:预过滤,勾选此项的时候,首次反弹所计算的发光贴图将会被提前过滤。数值一般默认 10 即可。

32.14　焦散(图 32-17)

图中 1:最大光子数,可以增加焦散光线,并且使焦散变得更加柔和。如果要表现好的焦散效果,应该将默认的值提高到 200、300,甚至更高。

图中 2:倍增,在较暗的场景中,焦散效果很容易凸显,若想在较亮的场景里表现

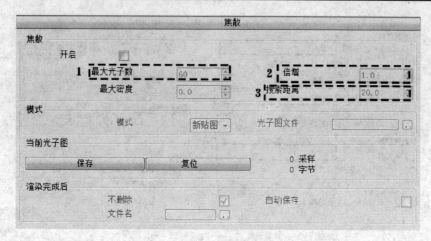

图 32-17　焦散面板

焦散,那就得提高焦散的倍增值。

　　图中 3:搜索距离,有点像焦散的"距离阈值",值越大,表示焦散收集光线的范围越大,效果越好。

32.15　置换(图 32-18)

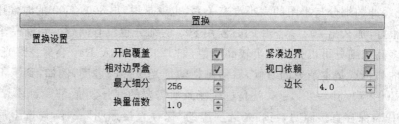

图 32-18　转换面板

　　这里是全局控制置换的效果。建议根据物体距镜头的距离来分别控制材质的置换强度和精度,可以得到效果与时间平衡。

第四部分

园林图纸实例制作

练习 1   定制自己的园林图纸模板

目的:每一个公司都有自己特定的图纸框或图签,而且在不同的设计阶段也有所不同。本练习是新建一个文件并定制自己的绘图文件图纸模板,将其中一些需要修改的文字设成可编辑的块文字,并将图框文件保存为模板文件,如图 1-1 所示。

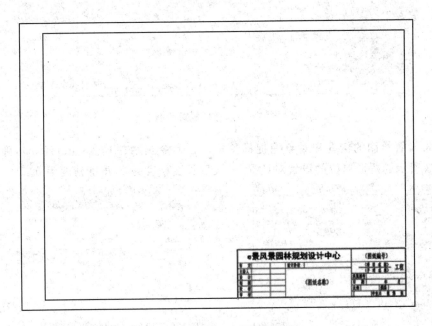

图 1-1   定制一个图纸模板

步骤:

1. 在 Windows 桌面双击 AutoCAD 2013 图标 ,启动 AutoCAD 2013,在屏幕中央弹出如图 1-2 所示的"选择样板"对话框。直接按打开按钮,选用默认模板 acad. dwt。

图 1-2　选择样板对话框

2.设置绘图的精度和对象捕捉标签栏。在命令提示栏输入：units(un)，弹出如图 1-3 所示的图形单位的设置对话框，并设置长度精度为 0，角度精度为 0。

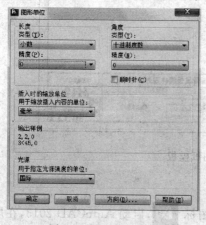

图 1-3　图形单位的设置

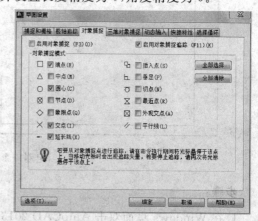

图 1-4　对象捕捉的设置

（1）点取确认按钮，结束"图形单位"设置对话框。

（2）用鼠标在状态行的栅格或其他按钮上右击，在弹出的快捷菜单上选取"设置"，或用命令 OP，弹出如图 1-4 所示的对话框，并设置其中的对象捕捉标签栏，对常用的捕捉方式进行设置。

3.设置绘图界限。由于所绘图形的大小会超过模板默认图形界限的大小,所以应先设好,以免所绘图形不能显示在屏幕区域。

重新设置模型空间界限:

指定左下角点或 [开(ON)/关(OFF)] <0.0000,0.0000>:

指定右上角点 <420.0000,297.0000>:500,500

命令:z

指定窗口的角点,输入比例因子 (nX 或 nXP),或者

[全部(A)/中心(C)/动态(D)/范围(E)/上一个(P)/比例(S)/窗口(W)/对象(O)] <实时>:a

这样所设的 500×500 的范围大于 A3 图幅,肯定就能够显示所绘内容。

4.绘制图框及图签

(1)设置图层。输入 Layer 确定,弹出"图层特性管理器"对话框,按新建图层 ,建立新层,并分别改层名为图框、乔灌木、地被、一级路、二级路、三级路、填充、文字标注、尺寸标注、建筑、水体等,并分别设线宽和颜色,如图 1-5 所示的图层对话框。

图 1-5 图层对话框

(2)绘制图框。在图层对话框内选择"图框"层,并按"当前"钮 ,离开图层特性管理器,开始画图纸的图幅线框。

方法1:用直线命令画长方形。直线绘制时,光标指定方向,直接输入长度即可画直线。

命令:l

指定第一个点:(一般靠近坐标原点点第一个角点)

指定下一点或 [放弃(U)]:420

指定下一点或 [放弃(U)]:297

指定下一点或［闭合（C）/放弃（U）］:420

指定下一点或［闭合（C）/放弃（U）］:c

方法 2:用长方形命令画长方形。

命令:rec

指定第一个角点或［倒角（C）/标高（E）/圆角（F）/厚度（T）/宽度（W）］ （一般靠近坐标原点点第一个角点）

指定另一个角点或［面积（A）/尺寸（D）/旋转（R）］:@420,297

这样就画出了一个 420×297 的图幅框,这个图框比例是 1:1。

接着在"图框"层绘制图纸内框。

方法 1:用长方形直接画内框

①画辅助用的直线

命令:l

指定第一个点:(用对象捕捉到左下角点)

指定下一点或［放弃（U）］:@25,5

这样一条辅助直线完成了。

②画内框

命令:rec

指定第一个角点或［倒角（C）/标高（E）/圆角（F）/厚度（T）/宽度（W）］ （对象捕捉到辅助线的右上角）

指定另一个角点或［面积（A）/尺寸（D）/旋转（R）］:@390,287 （这是内长方形的大小）

方法 2:用偏移命令偏移直线,再编辑直线。步骤:若是由 rec 命令画的长方形,则应先分解外框,使之成为普通的直线。然后用 tr 命令修剪多余的线条或者用夹点编辑,结合对象捕捉完成。

(3)绘制图签。打开极轴追踪及对象捕捉,绘制标题框,用直线命令画出标题框(180×50),并画出标题栏内的线条,其中用到的主要命令有直线、偏移、修剪,如图 1-6 所示。

运行 t 命令按文字工具,进行文字输入(图 1-7)。由于没有设定文字样式,可以直接通过如图 1-8 所示的对话框设置字体、大小等。

(4)在图层面板里,把图框层设为锁定。然后文件另存为样板文件:在"文件"菜单中按"另存为",在弹出的对话框中把文件存为"A3 图纸.dwt",按确认,在弹出的对话框里,如图 1-9 所示,可以输入这个模板文件的有关描述,方便以后通过有关信息来选择模板。

(5)也可以把图框和文字做成块,这样在插入图框时根据提示输入相应的文字。

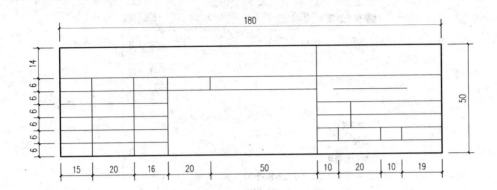

图 1-6　标题栏的图框

图 1-7　图签栏的文字标注

图 1-8　设定文字格式

输入 att 命令,出现如图 1-10 所示的对话框,输入属性,标记为"审定",提示为"请输入审定人",先默认"王芳",确定之后把属性文字插入相应的位置;同理,定义"主持人"的属性值,如图 1-11 所示,然后将属性文字插入相应的位置,如图 1-12 所示。

　　(6)属性文字的大小根据需要进行设定,如"图纸名称"和"图纸编号"为 7 号字大小,如图 1-13 至图 1-15 所示。所有属性定义完成后,效果如图 1-16 所示。接下来,进行图签的块定义,输入 B 命令,弹出如图 1-17 所示的对话框,选择图框、文字和属性文字,块名为"图签"。用 I 命令插入"图签"块,确定后弹出如图 1-19 所示的对话

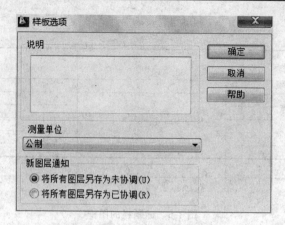

图 1-9　输入模板文件描述

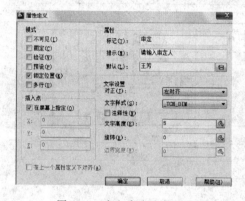

图 1-10　定义审定人的属性

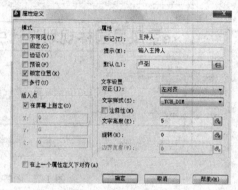

图 1-11　定义主持人的属性

e景风景园林规划设计中心			（图纸编号）	
审　定	审定	设计阶段	（项目名称）	工程
主持人	主持人		（子项名称）	
设　计		（图纸名称）	所属图号	
制　图			日　期	年　月
较　核			比例	规格
审　核			专业共 张 第 张	

图 1-12　属性文字插入相应的位置

框,然后根据需要设定图签内容,如图 1-19 所示。确定后插入的图签,如图 1-20
所示。

　　(7)若在插入后,仍需要修改图签中的内容,可以双击图签对应的位置,将弹出如
图 1-21 所示的"增强属性编辑器",选择相应的内容进行修改。

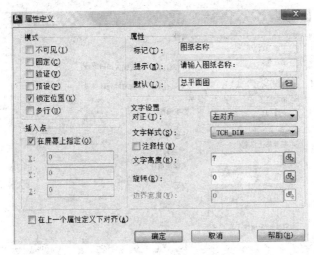

图 1-13 定义图纸名称属性

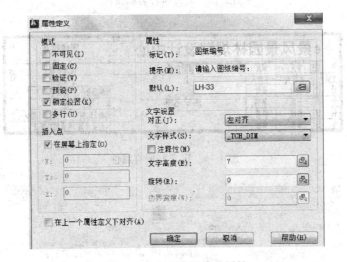

图 1-14 定义图纸编号属性

提示:

(1)在绘制图框时,分层是为了各层分开,方便线宽的管理。常要打开正交和极轴进行准确绘制,可以提高工作效率。

(2)同样可以建立其他图幅的图纸,如 A2,A1,A0 等,并保存为模板文件,以备以后使用同样图幅的图纸。

(3)在标注文字时,如果文字出现错误,可以用 Ddedit 命令进行编辑、修改。要使文字位置排列整齐,可以依靠捕捉的帮助,捕捉到输入框的对角,然后对文字进行

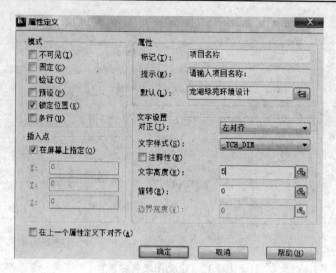

图 1-15　定义项目名称属性

e景风景园林规划设计中心					图纸编号	
审　定	审定	审定	设计阶段	设计阶段	项目名称	工程
主持人	主持人	主持人			子项名称	
设　计	设计	设计		图纸名称	所属图号　所属图号	
制　图	制图	制图			日　期　年月	
较　核	较核	较核			比例　比例　规格　图纸大小	
审　核	审核	审核			专业名称　专业图纸长称	

图 1-16　定义好所有属性

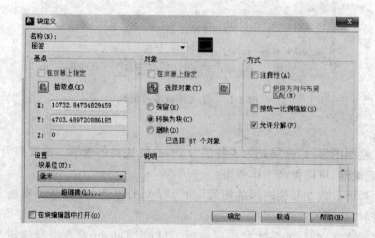

图 1-17　定义图签块

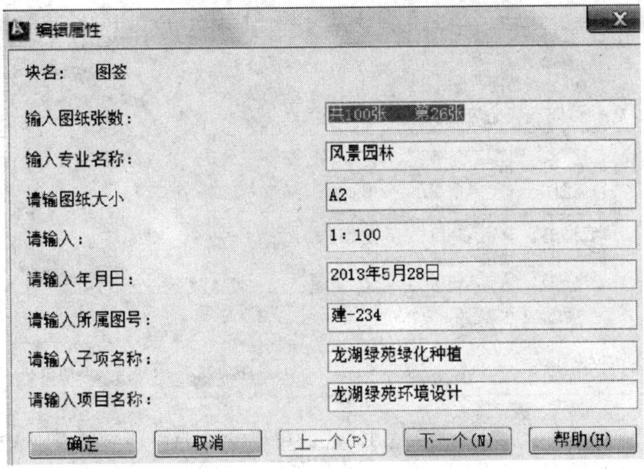

图1-18　插入块时可编辑属性

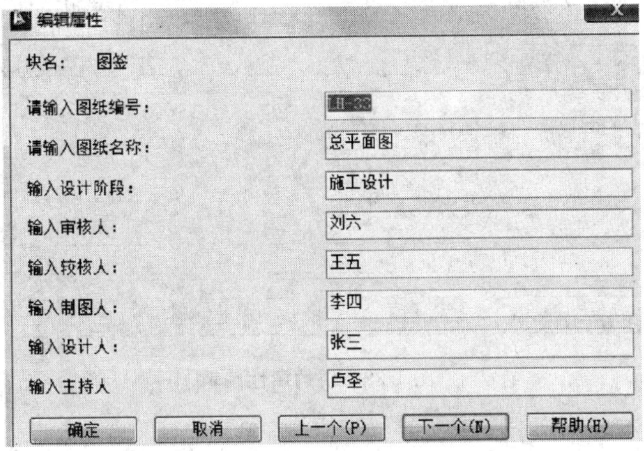

图1-19　插入块时可编辑属性

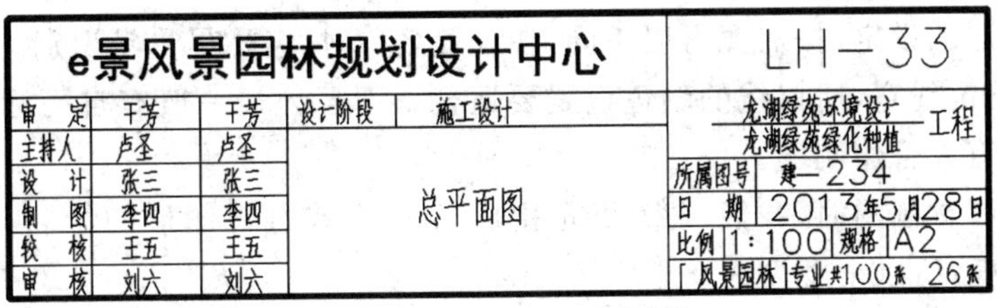

图1-20　插入后的图签

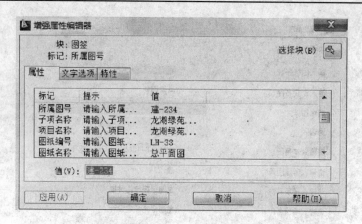

图 1-21　块的属性编辑

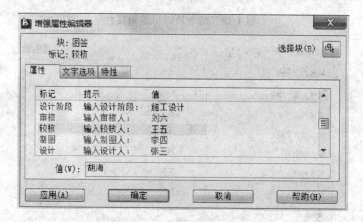

图 1-22　块的属性编辑

居中对齐就行。

（4）熟练应用放大、缩小、平移工具来观察视图。其中尽量使用鼠标滚轮进行平移、放大和缩小视图。最好使用 zoom 命令来提高速度。

（5）图层的设定，按需要可以不同，在设置名称时，名称尽量易识别。打印常以线的颜色来分配线宽，所以线的颜色设置要适合。而且公司一般有自己标准的图层文件，方便所有人合作制图。

（6）在园林制图时，我们一般习惯用 1：1 的方式进行图形的绘制，即用 1 表示1 mm 的长度，所以精度设为 0。

（7）图框的样式常常会不同，不同的公司一般有自己独特的图框样式，如图 1-23、图 1-24 所示。

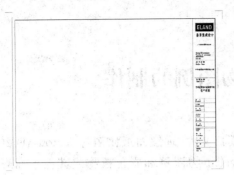

图 1-23　图纸模板的其他样式

		建设单位		设计号	
		工程名称		日　期	2002.11
审　定		项目负责人		比　例	见图
审　核		设　计		图　别	绿施
校　对		制　图		第 A3 张共 23 张	

（中间大格：**详图和结构图**）

图 1-24　不同的图框图签

练习 2　植物图例的制作

目的: 学习制作常用植物图例,利用模板文件,理解图纸比例与 AutoCAD 2013 中绘图区的比例关系,制作如图 2-1 所示的植物图例和彩色植物或其他平面彩色图例。

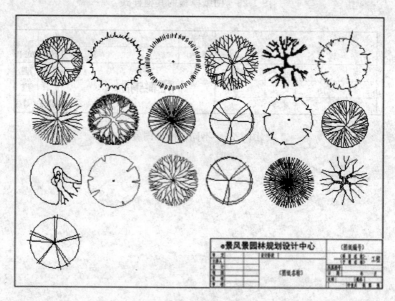

图 2-1　植物平面图例

步骤:

1. 打开自己的模板文件

(1)打开 AutoCAD 2013,新建一个文件。

(2)在下拉列表里,找到存储的 A3. dwt 文件,按确认,打开上次做的模板文件。

(3)打开的文件和我们上次制作的是完全一样的。文件我们设定的是 A3 图幅,为 420 mm×297 mm,我们可以认为"1"表示 1 mm,如果图形比例是 1:100,则 1 个单位表示 1 m;1:200 的比例绘图,则 1 个单位表示 2 m,以此类推。一定要把有关的比例理解清楚,因为计算机里是没有实例的长短大小,只有一个相对的值,"1"可以表示 1000 km,也可以表示 1 mm。

2.绘制一个植物图例

(1)在图层对话框里,建立一个名叫"树图例"的图层,选择绿颜色(62 号颜色),线宽为 0.15,并单击"当前"设定为当前图层,并按"确定"。

(2)按"c",在图纸左上角用鼠标取一点作为圆心,然后在命令行输入半径 25,画直径为 50 的圆。

命令:c

指定圆的圆心或[三点(3P)/两点(2P)/切点、切点、半径(T)]:

指定圆的半径或[直径(D)]:25

(3)把刚才画的圆进行阵列,形成 3 行 6 列同样的圆,作为画植物平面图例的参考圆(排列整齐是为了让图例在以后便于选择)。

运行 array(ar)命令,在弹出的面板中,选择圆,选择矩形阵列方式,3 行 6 列,行偏移为−6000,列偏移为 6000,即可得到如图 2-2 所示的结果。

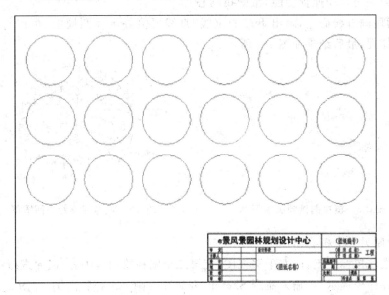

图 2-2　阵列生成的圆

命令:AR

ARRAY 找到 1 个

输入阵列类型[矩形(R)/路径(PA)/极轴(PO)]<矩形>:r

类型 = 矩形　关联 = 是

选择夹点以编辑阵列或[关联(AS)/基点(B)/计数(COU)/间距(S)/列数(COL)/行数(R)/层数(L)/退出(X)]<退出>:cou

输入列数数或［表达式（E）］＜4＞:6

输入行数数或［表达式（E）］＜3＞:3

选择夹点以编辑阵列或［关联（AS）/基点（B）/计数（COU）/间距（S）/列数（COL）/行数（R）/层数（L）/退出（X）］＜退出＞:s

指定列之间的距离或［单位单元（U）］＜75＞:60

指定行之间的距离 ＜75＞:−60（负值表示方向向下方）

选择夹点以编辑阵列或［关联（AS）/基点（B）/计数（COU）/间距（S）/列数（COL）/行数（R）/层数（L）/退出（X）］＜退出＞:

(4)在工具栏点选 ▣ ，然后框选左上角第一个圆，放大到充满绘图区。点选画线工具，打开自动捕捉，把光标放在圆上，会自动找到圆心，画出第一条直线，然后按空格键重复直线命令，连续画出直线，如图 2-3 所示（在捕捉圆心时，可以随时按 F3 键，打开或关闭自动捕捉功能，帮助找圆心）。

继续用画直线命令，画出更多的直线，直线要恰好画在圆周上，可以打开"最近点"对象捕捉，最后结果如图 2-4 所示。

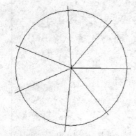 

图 2-3　植物图例画法顺序　　　　图 2-4　绘制完成的平面图例

3.绘制另一个植物图例

(1)按住鼠标中键，向左平移视图，使第二个圆在绘图区中心，以便进行绘图。

(2)在命令提示行，输入命令 Sketch，开始徒手画一个植物图例，如图 2-5 所示。

命令:sketch

类型 ＝ 直线　增量 ＝ 1　公差 ＝ 1

指定草图或［类型（T）/增量（I）/公差（L）］:t

输入草图类型［直线（L）/多段线（P）/样条曲线（S）］＜直线＞:p

指定草图或［类型（T）/增量（I）/公差（L）］:

指定草图:(点击一下光标并松开，这时光标的移动轨迹会出现高亮的线)

已记录 5 条多段线和 365 个边。

注意了解笔的增量，增量越大，线段越长，相对线段的数量要少。

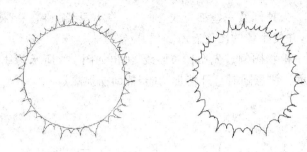

图 2-5　徒手画植物图例

4.绘制第三个植物图例(主要使用旋转阵列来制作)

(1)先在圆周外画三根直线,如图 2-6 所示。

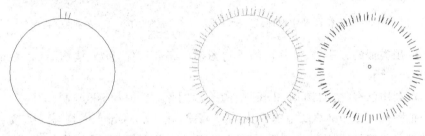

图 2-6　圆及最初的三根直线　　　　　图 2-7　圆形阵列的最后结果

(2)运行 array(ar)命令,选择圆,选择极轴阵列方式,数目为 40,填充角度为
360°,旋转阵列的对象,即可得到如图 2-7 所示的结果。

命令:ar

ARRAY 找到 3 个

输入阵列类型［矩形(R)/路径(PA)/极轴(PO)］<矩形>:po

类型 = 极轴　关联 = 是

指定阵列的中心点或［基点(B)/旋转轴(A)］:

选择夹点以编辑阵列或［关联(AS)/基点(B)/项目(I)/项目间角度(A)/填充角
度(F)/行(ROW)/层(L)/旋转项目(ROT)/退出(X)］<退出>:f

指定填充角度(＋＝逆时针、－＝顺时针)或［表达式(EX)］<360>:↙　(回车
表示用默认值)

选择夹点以编辑阵列或［关联(AS)/基点(B)/项目(I)/项目间角度(A)/填充角
度(F)/行(ROW)/层(L)/旋转项目(ROT)/退出(X)］<退出>:i

输入阵列中的项目数或［表达式(E)］<6>:40

选择夹点以编辑阵列或［关联(AS)/基点(B)/项目(I)/项目间角度(A)/填充角
度(F)/行(ROW)/层(L)/旋转项目(ROT)/退出(X)］<退出>:↙

（3）适当加工：去掉圆及一些细短线，加上一些小短线、圆心等，使阵列形成的完全对称有些变化，并使生硬的图形有所变化，更富有人情味。

5.绘制第四个植物图例。先用样条曲线，画出如图 2-8 所示的线条，然后加工完成，如图 2-10 所示。注意随时打开捕捉功能，帮助捕捉端点。

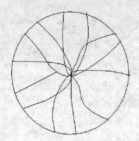

图 2-8　先绘圆及主要曲线

图 2-10　完成后的植物图例

6.用类似的方法，绘制其他的植物图例。完成后保存为"植物图例.dwg"文件，如图 2-1 所示。

7.利用已有"植物图例.dwg"中的平面图例，用 Photoshop 制作成彩色平面图例。把图例在 AutoCAD 中输出成.eps 格式，在 Photoshop 中打开.eps 文件，这时文件是透明的（彩图 1），为了便于观察，新建一白色图层，并置于最下层；新建一层底色层，给图例加上一种底色，如绿色（彩图 2）；再新建一层明暗层，用笔刷选择同色系，把大致的明暗画出（彩图 3），进一步用刷子或其他工具及用不同的色彩进行加工（彩图 4），最后去除图例外多余的色彩，进行滤镜处理，如模糊处理（彩图 5）。

提示：

（1）本练习主要练习各种植物图例的画法，从而熟悉各种命令的基本用法。

（2）图例制作是为了以后更为方便的使用，即一劳永逸，所以尽量一次做到精心、美观、大方，而且有自己的风格特征为好，以获得较好的图面效果。

（3）本练习中把树的平面图例画得很大，充满了整个图幅，实际上我们不会用如此大的平面图例，如在 1∶100 的图纸里，3 m 的树画在 CAD 图里直径为 3000 单位，打印出来应该是 30 mm，注意这种比例关系。

（4）在 Photoshop 中处理平面图例时，可以应用不同的工具进行上色，同时，最好每一调整或绘制都设定不同的图层，以便调整或绘制，并应用图层的特性，将同一图例处理成不同的色彩和效果。

练习 3 块与苗木表的生成

目的:学习块属性的定义、修改和块属性的提取;学习块的制作和插入方法;学习利用块属性来自动生成苗木表;能够灵活运用块来提高工作效率。

步骤:

1.给各个块定义属性

(1)打开文件"植物图例.dwg",选中所有的块,用 scale(sc)命令,把它们缩小为原来的 1/100,即把块按 1∶100 缩放,图中应用图例的大小为 10 mm。把要定义块属性的植物图例放大,以便观察,用 style(st)定义块属性标注的文字样式,并按应用按钮,如图 3-1 所示。用 attdef(att)定义块的属性,分别定义植物名称、拉丁名、胸径、高度、蓬径、备注等,如图 3-2 所示为植物名称定义,全部定义完后如图 3-3 所示。

如果属性模式一致,属性定义可以复制后再进行修改,这样减少重复使用 att 命令,可以提高速度。

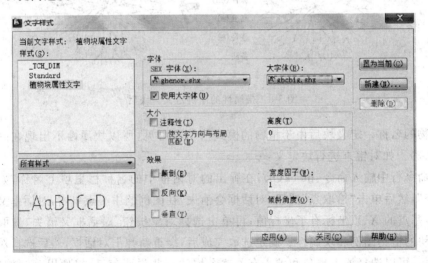

图 3-1 文字样式的定义

(2)同理,对其他植物图例进行块属性定义,如对油松、木槿、合欢等植物进行定义。

(3)分别对植物图例及其属性进行选择,用 block 命令进行块定义。定义时块名

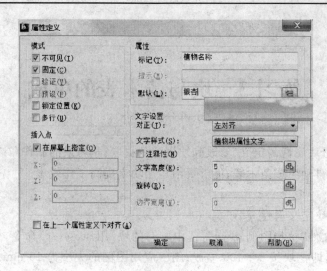

图 3-2　块属性的定义

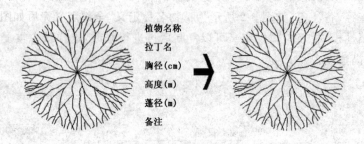

图 3-3　带属性的图例定义为块后

用植物的名称。定义块后由于植物的模式值均不可见,所以块属性不出现在图面上(图 3-3)。如对银杏进行块定义:

命令行中输入命令:block(b),在弹出的对话框中的名称栏里填上名称,如填上"银杏",然后单击"拾取点"按钮,对话框会消失,在图例的中心点单击,对话框又重新弹出,基点的 X、Y 坐标有了坐标值;再单击选择对象按钮,对话框又消失,选取要制作成块的植物图例和块属性。确定选取完成后,会重新弹出对话框,然后选择对象转换为块,可以选择插入单位和填入有关这个块的一些说明信息,以便以后制作用,如图 3-4 所示,按确认,块制作完成,然后保存文件,这样文件里就有了一个块。

(4)同样地制作定义其他的块,并保存文件。

2.插入块

我们要在植物种植平面里进行块插入。如有文件 A. dwg,如图 3-5 所示,要求利用定义好的块在"×"处种植"银杏",在"o"处种植"油松"。

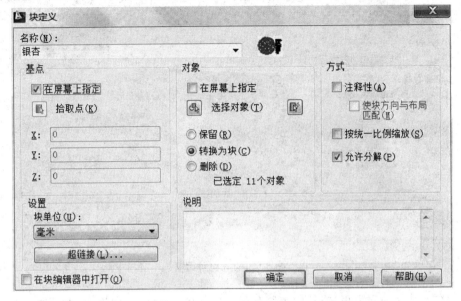

图 3-4 块定义对话框

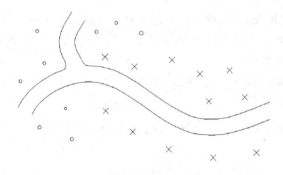

图 3-5 要求种植的文件

(1)打开我们保存的 A. dwg 文件和"图例文件. dwt"文件。

(2)在 AutoCAD 2013 的窗口菜单中选择"图例文件",使其显示在屏幕的最前面。

(3)在"图例文件"中选择"银杏"图例,击右键,在弹出的快捷菜单中选择"复制",然后在 AutoCAD 2013 的窗口菜单中选择"A. dwg"文件,切换到 A 文件的界面。单击"粘贴"按钮,出现一个银杏的图例在"A. dwg"文件上,放在一个合适的"×"位置,单击可粘贴上一个银杏的图例。这时,"银杏"块由于复制,也随着银杏图例复制到文件"A"中,由于种植很多银杏,这时我们可以用插入块的方式插入其他的银杏图例。

(4)在命令行输入 Insert 命令(I),弹出如图 3-6 所示的对话框。

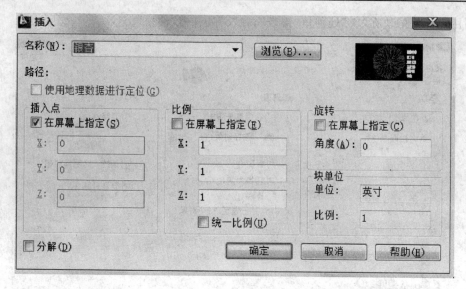

图 3-6　插入块对话框

在名称栏的列表里选择"银杏",其他设定如图 3-6 所示,按确定,对话框消失,出现一个银杏图例,在有"×"的位置单击即插入块。

(5)插入其他银杏图例:按"回车"键重复上一次插入块命令,弹出插入块对话框,按"回车"键并选择一个插入点即可插入另一个图例,如此重复"回车"插入工作。最后完成图例的插入工作。

注意:如果要改变插入块的比例,可在插入对话框的比例中进行设置。">1"表示放大,"<1"表示缩小,可以对 X、Y、Z 分别进行比例缩放。

(6)重复(2)~(5)的步骤,完成"油松"的插入,结果如图 3-7 所示。

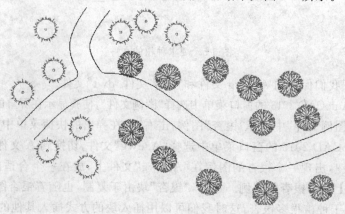

图 3-7　用块插入完成后的平面图

提示：也可以不先制作块，通过"拷贝"和"粘贴为块"来形成一个块。块名尽量与相应的图例形象一致，以方便以后选择使用。

并不是所有植物的规格都需要有胸径、高度、蓬径、备注，一般只有一种规格就行了，为了在获得苗木表时，各项值齐全，所以这些内容都设。

3.生成苗木表

在全部块插入完毕后，可以进行块属性的提取，以得到苗木的统计信息。

用 eattext 或菜单"工具→数据提取"打开信息提取对话框。选择"创建新数据提取"选项，如图 3-8 至图 3-14 所示。

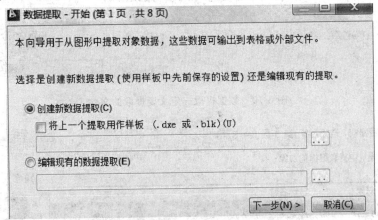

图 3-8　数据提取—选择创建新数据提取

图 3-9　数据提取—数据提取另存为文件

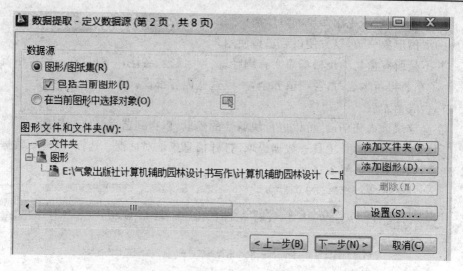

图 3-10　数据提取－定义要提取的文件

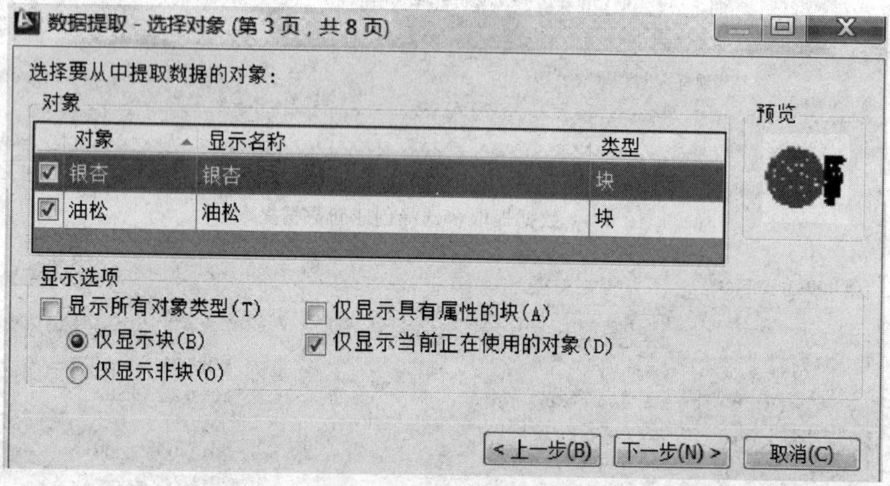

图 3-11　数据提取－选择对象时选择仅显示块

在"数据提取－选择特性"面板中，块的特性有很多，但对于苗木表来说只有必要的特性才有意义，所以其他选项关闭；在"数据提取－优化数据"面板中可以用电子表格进行简单编辑，如更换列的顺序等。"数据提取－选择输出"可以选择输出到文件或者直接插入图形中，如保存为 Microsoft Excel 的 xls 文件。这样我们可以在 Microsoft Excel 里打开 xls 文件，进行进一步的编辑，如行列的去除、数量的统计、内容的修改等（图 3-15、图 3-16）。

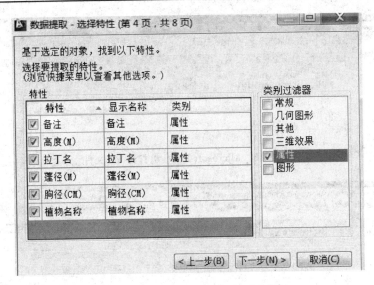

图 3-12　数据提取－选择要统计的特性

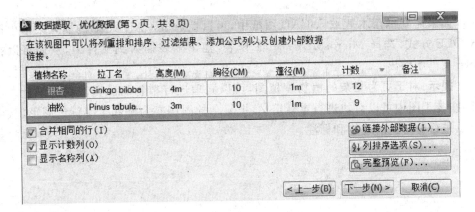

图 3-13　数据提取－优化数据

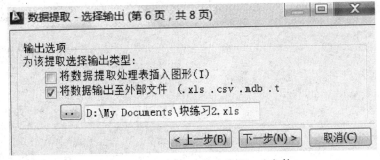

图 3-14　数据提取－输出为 Excel 文件

图 3-15　Microsoft Excel 里打开 xls 文件

图 3-16　Microsoft Excel 对苗木表进行编辑

　　如果需要把苗木表放入 CAD 图纸中,可以在 AutoCAD 2013 的插入菜单中插入 OLE 方式,选择 Microsoft Excel 工作表,把苗木表插入到文件中,从而可以在 dwg 文件中输出。

　　提示:对于更为复杂的植物种植图,可以同理进行植物的配置和块的统计。当然,在施工图中可以对块进行重新定义,把复杂的图例变为圆和十字标记图形,从而可以进行种植点的连线和标注。

练习 4   图例的写块和插入

目的:学习写块命令 Wblock,分清与 block 的区别,学习插入块的操作过程,并制作各种图库。熟悉常用的拷贝命令,学习批量复制和阵列命令。

步骤:

1.图例的写块

(1)打开有植物图例的文件。

(2)输入 Wblock(w)命令,弹出如图 4-1 所示的界面。

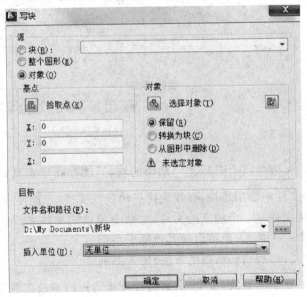

图 4-1   写块对话框

(3)按 ![按钮],对话框消失,用鼠标选择植物图例的中心位置,作为插入块的插入点,确定。对话框又出现,再按 ![按钮],定义块的对象,对话框消失,用鼠标选择某个植物图例的全部对象,确定后对话框又重新出现,然后在对话框的目标区"文件名和路径"里填入块的文件名和路径,这里我们假定为"侧柏","路径"是块文件放置的位置,可以自己建立一个易于寻找、识别的路径和名称。完成以后,按确定,写块对话框消失,写块成功。

(4)重复以上操作,可以把大量的块保存在一个专用路径里的文件夹中,以备将来使用。

2.块的插入

在命令行输入 Insert(i),弹出插入块对话框,如图 4-2 所示。在名称栏里寻找块文件,可以按 浏览(B)... 查找所在的文件夹,寻找出文件并打开。这时将回到块插入对话框,按"确定",对话框消失,图例以虚线的形式跟随着光标,点击块插入位置,就可完成对块的插入。

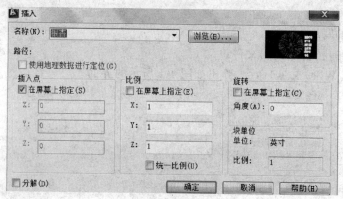

图 4-2 插入对话框

提示:用 Block 命令或用图标 制作的块,只能存在于定义该块的图形中,如要在其他的图形文件中使用该块,必须先拷贝块到该文件,才能使用插入块命令。而 Wblock 建立的块文件是一个独立的文件,并命令单独的文件名,可以更为方便地进行识别,可以用 Insert 插入,也可以被其他图形引用。

3.用复制方式(即剪切和粘贴的方法)插入图例

(1)选择所要复制的对象,按 ,这时计算机会把内容放在剪切板上,然后在目标地按 ,粘贴即可,这是最为基础的方法。但是对于内容量多的大图来说,利用这个方法工作量较大。当然用"Ctrl+C"与"Ctrl+V"的快捷键方法来工作,可以稍微减少点击的次数,提高速度。但是仍然是一项烦琐的工作,而且这样的拷贝,会很快增大数据量。

(2)可以用 进行连续复制同一个块或对象。单击 后,提示选择物体,选择完毕,按"回车"键确定。所选对象复制出一个副本与光标一直移动,与原对象之间有一橡皮拉索相连,如图 4-3 所示。

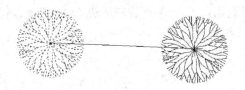

图 4-3 复制时与原对象的拉索

复制过程如下:

命令:CO

选择对象:找到 1 个

当前设置:复制模式 = 多个

指定基点或［位移(D)/模式(O)］＜位移＞:

指定第二个点或［阵列(A)］＜使用第一个点作为位移＞:

以上为执行命令后的提示及选择,其中 O 可以调整复制模式,默认复制模式是"多个",最后结果如图 4-4 所示。但是这样复制的物体都是一样的,且在拷贝时不能进行比例缩放。

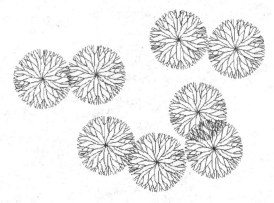

图 4-4 多次复制后的结果

4.用阵列命令进行圆形阵列和队形阵列,产生有规律的图例排列。

(1)队列形阵列

图 4-5 圆形阵列示意图

我们以图 4-5 为例,图例要绕 A 点旋转生成 15 个图例,结果如图 4-6 所示。

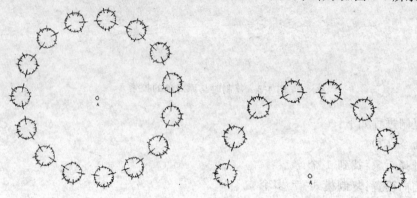

图 4-6　360°旋转生成 15 个图例　　　图 4-7　−180°旋转生成 8 个图例

命令:_array(ar)

在弹出的对话框(图 4-8)中选择环形阵列、数目 15、填充角度 360°,即可生成如图 4-6 所示的图形。

在弹出的对话框(图 4-9)中选择环形阵列、数目 8、填充角度 180°,即可生成如图 4-7 所示的图形。

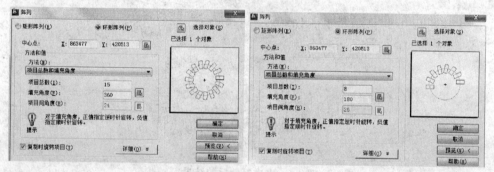

图 4-8　360°旋转生成 15 个图例的参数面板　　图 4-9　−180°旋转生成 8 个图例的参数面板

5.矩形阵列

图 4-10 是一个规律的方形排列(100×100),我们要在每个交点上种植上一个植物。

(1)选择要进行的树图例,并精确移动到左上角第一个种植位的中心点,如图 4-11所示。

(2)进行阵列:键入 array(ar)命令,在弹出的对话框(图 4-12)中选择矩形阵列,3 行 5 列,行偏移−200,列偏移 200,得到如图 4-13 所示的最终结果。

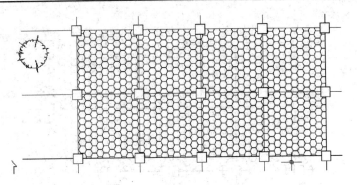

图 4-10　一个规律的方形网格

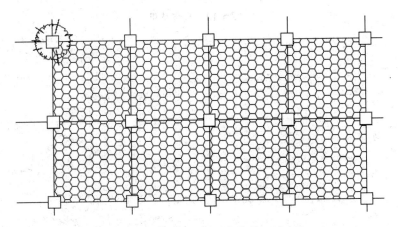

图 4-11　把图列放在左上角的第一填充点

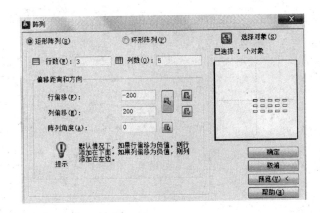

图 4-12　阵列对话框

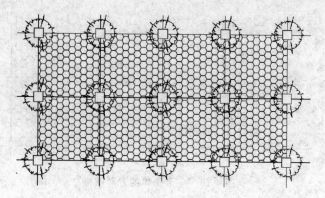

图 4-13　最终结果

练习 5 描图练习

目的:学习描草图的一般方法。在制图过程中,有时需要把精确的图纸或徒手画的方案草图,描绘为精确的 dwg 图,以便进一步进行设计或应用,这是一个必需的过程。

步骤:

1.有某别墅的平面图,如图 5-1 所示,需要画出 dwg 图。

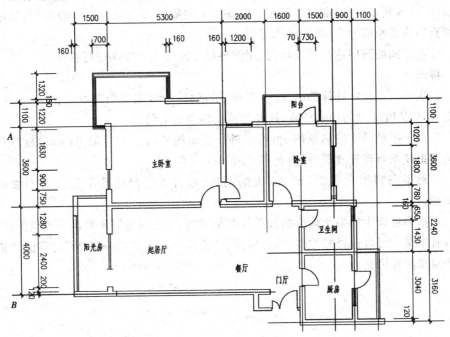

图 5-1 某建筑局部室内平面图

2.把已有的图纸用扫描仪进行扫描,得到一个图像文件。扫描用灰度模式,150 dpi 即可,这样速度会快一些,太高的分辨率也没有意义,文件只是作为参考的底图,只要能够看清楚尺寸及线条即可。保存文件为 jpg 格式即可。如果图本身比较乱,可以用 Photoshop 等软件对图进行必要的修饰,如去除脏、对比度调整、变形处理等。

3. 打开 AutoCAD 程序,设置好图层(自己定义好相关图层),并把"放图层"设为当前图层。

在插入菜单中选择"光栅图像参照",在弹出的对话框内找到所保存的 jpg 扫描图,点"确定",在弹出的对象对话框内也点"确定",然后在 AutoCAD 的命令提示行内按"回车",即默认插入点为(0,0),然后在"指定缩放比例因子或〔单位(U)〕<1>:"后随意输入一个值,如"100"或"确定"。程序将插入位图于当前视图中。要注意此时位图文件显示为很大或很小,可以用 Z↙ E↙ 进行缩放,使位图全部显示在屏幕中。

4. 为了方便描图,我们首先要对所插入图形的比例进行调整,这样才能使描出的线条图形与底图基本一致。应用 SC 命令,选择位图,选择基点后,选择参数 R。指定"参照长度",参照长度是要改变的长度,在位图上点"已知距离的两点",然后在"新的长度"填入新长度值,即真实长度。如图 5-1 左侧的 A 和 B 两点,即为"已知距离的两点";真实距离为 7600,即新长度值。

5. 在不同的图层进行描图练习,用颜色反差比较大的线条进行描图。

提示:

1. 底图的缩放所选择的 A 和 B 两点,尽量长一些,测量距离时点击的 A、B 点,尽量在 A 点和 B 点的中心位置,这样缩放比例会更为精确。

2. 对于手绘的非精确草图,也可以进行类似的缩放。然后用 AutoCAD 软件通过描图把线条处理直或圆滑,得到正式的 dwg 文件。

3. 对于图幅很大的图,如 A0 大的图像,也可以选择用数字化仪的方法得到 dwg 图。

4. 描图过程中如果所描绘的线条等对象消失了,是因为对象移动到了位图底下,所以看不见。可以选择好位图,然后用菜单"工具→绘图次序→后置"的方法使描绘好的对象能够可见。

练习 6　沿线复制平面图例

目的:学习样条曲线的画法;学习平移命令的应用;学习应用 Measure 或 Divide 命令进行块的插入。

步骤:

图 6-1 中有小路通过,要求通过虚线 A、B 画出如图 6-2 所示的效果。每一棵树都是等距离种植的行道树。

图 6-1　原　图

1.首先在路的两旁画出 A、B 两线条

我们可以利用原有路的线条 1、2,进行偏移得到。在 AutoCAD 2013 工具条里,选择偏移工具 ,系统将提示输入偏移距离,输入距离 30,按"回车",然后按提示选择要偏移的对象"1",然后在"1"的上方随便点一点,表示偏移的方向,A 线条将出现,这时系统又提示选择下一条要偏移的对象,我们选择"2",然后在其下方点一点,表示偏移方向,这样得到 B 线条。过程如下:

命令:o

当前设置:删除源=否　图层=源　OFFSETGAPTYPE=0

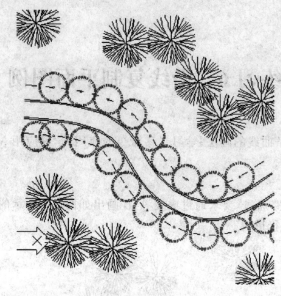

图 6-2　完成后的图

指定偏移距离或［通过(T)/删除(E)/图层(L)］＜通过＞：30

选择要偏移的对象，或［退出(E)/放弃(U)］＜退出＞：(选择 1)

指定要偏移的那一侧上的点，或［退出(E)/多个(M)/放弃(U)］＜退出＞：(选择 A 侧)

选择要偏移的对象，或［退出(E)/放弃(U)］＜退出＞：

指定要偏移的那一侧上的点，或［退出(E)/多个(M)/放弃(U)］＜退出＞：(选择 B 侧)

选择要偏移的对象，或［退出(E)/放弃(U)］＜退出＞：

2. 在文件里制作一个块

如名叫"国槐"的块，作为沿线复制的对象。

3. 进行沿线复制

在 AutoCAD 2013 命令行里输入：measure(me)，按提示选择 A 线条作为 measure 的对象，然后选择插入块的方式 b，在提示里再输入块的名字"国槐"，按"回车"后，会提示是否块与对象对齐，按"回车"确认为是，然后填入两个块之间的距离，填入"60"按"回车"，在 A 线上自动以 60 的距离复制了若干个块。

命令： measure （me）

选择要定距等分的对象 （选择 A 线条）

指定线段长度或［块(B)］：b

输入要插入的块名：国槐

是否对齐块和对象？［是(Y)/否(N)］＜Y＞：

指定线段长度：60

按"回车"，重复上一个命令：

命令：measure （me）

选择要定距等分的对象：(选择 B 线条)

指定线段长度或［块(B)］：b

输入要插入的块名：国槐

是否对齐块和对象？［是(Y)/否(N)］＜Y＞：

指定线段长度：60

4. measure 与 divide 命令的差别

图 6-3 中,C 和 D 线段均为 500 长,measure 主要是通过指定的距离放置标记,且以相同间隔放置标记,不考虑最后部分是否是相同距离,而 divide 是用来不实际打断对象而将一个对象分割成均等的几部分,最后的间隔与前面间隔相等。

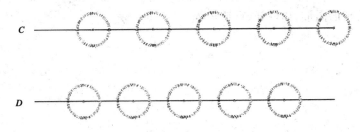

图 6-3　C 和 D 线段分别用 measure 和 divide 命令处理

(1)试比较：

命令：measure （me）

选择要定距等分的对象：(选择测量对象 C 线条)

指定线段长度或［块(B)］：b

输入要插入的块名：国槐

是否对齐块和对象？［是(Y)/否(N)］＜Y＞：

指定线段长度：10

命令：divide （div）

选择要定数等分的对象：

输入线段数目或［块(B)］：b

输入要插入的块名：国槐

是否对齐块和对象？［是(Y)/否(N)］＜Y＞：

输入线段数目:6

(2)对象与块的对齐与不对齐的区别如图 6-4 和图 6-5 所示。

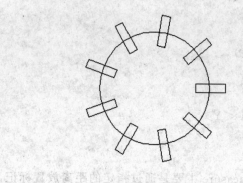 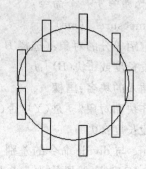

图 6-4　块与对象对齐　　　　　图 6-5　块与对象不对齐

提示:measure 和 divide 命令都可以等分物体,并插入块,所以常用来插入图形,且有距离要求的图形,如栏杆、行道树等。

练习 7　苗木表的制作

目的:学习利用 AutoCAD 2013 的基础编辑工具偏移(Offset)进行表格的制作方法;学习文字的输入、编辑、对齐方法;学习文字的编辑方法;熟悉各种表格的做法。

步骤:

1.在 AutoCAD 2013 绘制的平面图里,寻找一个放置植物名录(苗木表)的合适位置。

2.绘制植物名录的表格,分为序号、植物名称、拉丁学名、规格、数量、备注等项。选择在合适的位置打开,在状态栏先打开正交开关,使下一步绘制水平、垂直直线更为方便,输入 line (l)回车,进行直线绘制,长度为 400(可根据需要进行长度的调节,本尺寸只作为参考,下同)。

3.用 offset (o)命令,根据提示输入偏移尺寸 10,然后选择直线,选择向下的方向,重复选择最下面一条直线和它的下方,连续进行,直到得到所需直线数目,本例为16,即表格中行数为 15。

命令:O

当前设置:删除源=否　图层=源　OFFSETGAPTYPE=0

指定偏移距离或[通过(T)/删除(E)/图层(L)]<30.0000>:10

指定要偏移的那一侧上的点,或[退出(E)/多个(M)/放弃(U)]<退出>:

选择要偏移的对象,或[退出(E)/放弃(U)]<退出>:

指定点以确定偏移所在一侧,生成如图 7-1 所示的横线。如果分栏很多,重复偏移命令很麻烦,可以用阵列方法得到同样的结果。

4.在状态栏打开对象捕捉,输入画直线命令,鼠标在最上面一条直线的左端输入第一点,在最下面一条直线的左端输入第二点。这样完成表格左端封闭线的绘制,如图 7-2 所示。

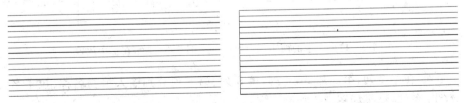

图 7-1　画出水平横线　　　　图 7-2　画出表格端线

5.同步骤 3,应用偏移命令,分别偏移垂直线,偏移量分别为 30、70、100、100、50、50,结果如图 7-3 所示。

图 7-3　完成表格的列布置

6.输入 Style 命令,打开字型设置对话框,新输入一个字型名"苗木表",宋体,宽度因子 0.7,高度 5,如图 7-4 所示。

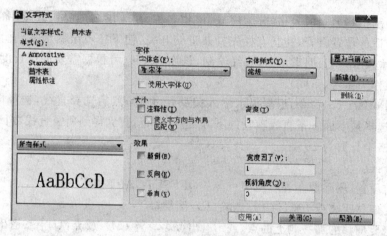

图 7-4　字型设置

7.打开对象捕捉,运行 mtext（t),如图 7-5 所示,选择表格的左上角 A 和右下角 B。在弹出的文字输入框中输入"序号",把文字放在表格正中间,如图 7-6 所示。

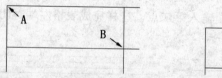

图 7-5　拉出文字的两个端点

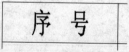

图 7-6　文字在正中放置

同理,在第 2 列、第 3 列、第 4 列、第 5 列、第 6 列分别输入植物名称、拉丁名、规格、数量、备注,结果如图 7-7 所示。

序　号	植物名称	拉丁名	规　格	数　量	备　注

图 7-7　完成后的表头

8. 运行 array（ar），选择"序号、植物名称、拉丁名、规格、数量、备注"。键入 array（ar）命令，在弹出的对话框中选择矩阵列，15 行 6 列，行偏移 6，列偏移－10，得到如图 7-8 所示的最终结果。

序号	植物名称	拉丁名	规格	数量	备注
序号	植物名称	拉丁名	规格	数量	备注
序号	植物名称	拉丁名	规格	数量	备注
序号	植物名称	拉丁名	规格	数量	备注
序号	植物名称	拉丁名	规格	数量	备注
序号	植物名称	拉丁名	规格	数量	备注
序号	植物名称	拉丁名	规格	数量	备注
序号	植物名称	拉丁名	规格	数量	备注
序号	植物名称	拉丁名	规格	数量	备注
序号	植物名称	拉丁名	规格	数量	备注
序号	植物名称	拉丁名	规格	数量	备注
序号	植物名称	拉丁名	规格	数量	备注
序号	植物名称	拉丁名	规格	数量	备注
序号	植物名称	拉丁名	规格	数量	备注
序号	植物名称	拉丁名	规格	数量	备注

图 7-8　阵列文字的结果

序　号	植物名称	拉丁名	规　格	数　量	备　注
1	雪松	Cedrus deodara	高 6 m	12 株	北方生
2					

图 7-9　阵列文字修改的结果

9. 在命令行输入 ddedit（ed）命令，对文字进行修改。单击第二行的"序号"，在弹出的修改框里输入"1"，依次修改，单击第二行的"植物名称"为"雪松"，"拉丁名"为"Cedrus deodara"，"规格"改为"高 6 m"，"数量"改为"12 珠"，"备注"改为"北方生"，结果如图 7-9 所示。依次改变各行名称等,完成表格内容的修改。

10.加上表头名称,如"植物种植名录"。

提示:ddedit 命令也可以在"修改Ⅱ"工具条中输入。创建表格时,ar 命令能更快地画出水平的直线。

练习 8　尺寸样式设定

目的:设置尺寸样式,理解尺寸样式的各项意义。

步骤:

进行尺寸标注前我们一般要进行尺寸样式的设定,以满足我们的工程规范。对于园林尺寸样式,基本与建筑样式是一样的,如图 8-1 所示。

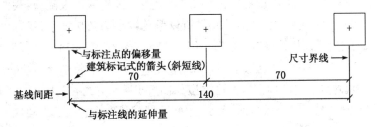

图 8-1　设定项的具体意义

1.在命令行输入命令 Dimstyle,或执行菜单"格式→标注样式",弹出如图 8-2 所示的对话框。在弹出的对话框内单击 新建(N)... ,弹出如图 8-3 所示的对话框。在对话框里,可输入新的标注样式的名称,如"园林标注","基础样式"指的是以某种已有的标注样式作为参考,"所有标注"指运行于所有的标注类型中。

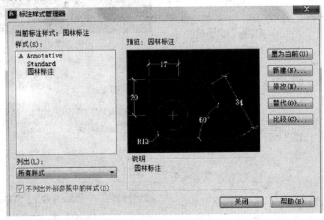

图 8-2　标注样式管理器对话框

图 8-3　创建新标注样式对话框

2.按继续,弹出具体设置对话框(图 8-4),选择"线"选项卡,其中"尺寸线"区中,"颜色"指尺寸线的颜色,可以设定一种特定的颜色,也可以随层或随块,我们设定为随层,一般情况下我们会专门设定标注图层,所以颜色设定为随层即可;线宽可以指定为0.18,也可以设定为随层,并设置"基线间距"及与尺寸界线中"超出尺寸线"、与"起点偏移量"的值。在"符号和箭头"选项卡中,设定如图 8-5 所示,箭头选择"建筑标记",箭头大小为 2.5,圆心标记选择"标记",标注类型如图 8-6 所示,"类型"为标记,"大小"指标记的长度大小;若"类型"为直线,则"大小"中间的标记长度为直线超出圆或圆弧轮廓的长度。

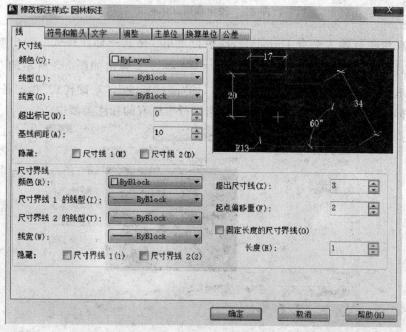

图 8-4　线设定选项卡

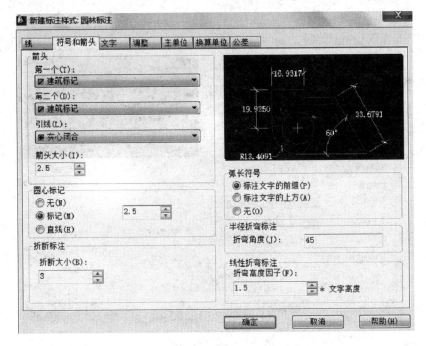

图 8-5　符号和箭头设定对话框

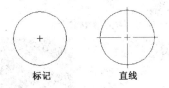

图 8-6　圆心标注的类型

3.文字选项卡主要设定文字的外观、位置及对齐,如图 8-7 所示,其中文字样式可以按 [...],在弹出的对话框内进行文字样式的设置,这和文字样式的设置是一样的。文字位置我们设定为上侧、对中,与尺寸线的偏移距离为 0.625,文本对齐方式为对齐标注线。

4."调整"选项卡,主要设定在尺寸界线间距较小时,对文字、尺寸数字、箭头、尺寸线的注写方式,其中还有"标注特征比例"的设定。主要内容参见图 8-8,本例使用默认方式。

5."主单位"选项卡:标注尺寸时,可以选择不同的单位格式,设置不同的精度,控制前缀、后缀、角度单位格式等,其中比例因子可以设定为一个绘图单位,表示具体的数值,如图 8-9 所示。

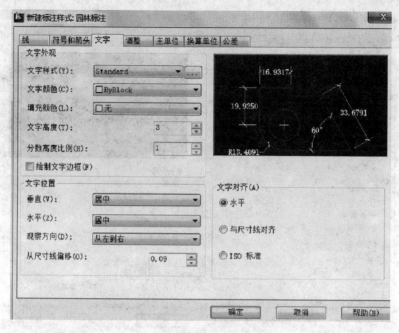

图 8-7 文字设定对话框

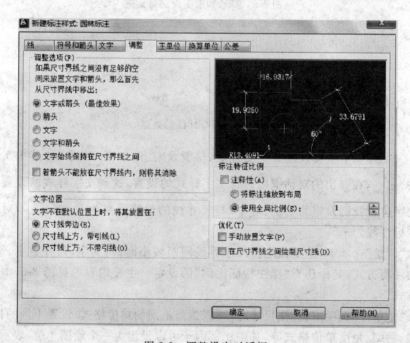

图 8-8 调整设定对话框

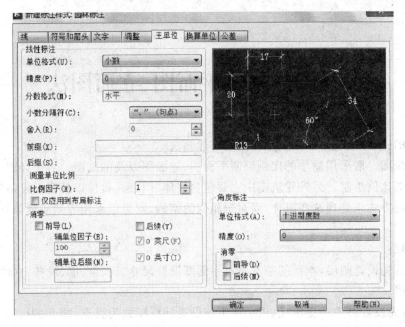

图 8-9　主单位设定对话框

6."换算单位"选项卡设定,主要是对有不同单位要求的图纸,在原标注后自动添加不同单位的值。"公差"设定选项卡,主要用在机械图,园林制图很少用到。

练习9 茶室平面图、立面图法

目的:学习建筑平面图及立面图的一般画法。

建筑图一般采用缩小的比例绘制平面图、立面图以及剖面图。对于详图,可以采用更大的比例绘制。另外建筑图中主要包含墙体、门、窗、楼梯以及橱卫设备等,通常采用块的方式来处理这些附件,而对于相似的结构,则可以采用阵列或镜像复制的方式来绘制。

步骤:

1.首先设置图层,本例的茶室建筑平面图设置尺寸、门、窗、墙、设备、立柱、轴线、注释等层。

(1)先设置对象捕捉模式,该示例中预设置捕捉模式为交点、端点、中点。

(2)先做墙体的中心稿线,再做墙体的中心线。在轴线层上绘制轴线,采用1:1的比例绘制,本例竖向轴线间距离为3600 mm,横向轴线间距离为3000 mm,如图9-1所示。

(3)绘制墙体:采用多线命令沿稿线为基础,做出墙的内外侧线,如图9-2所示。

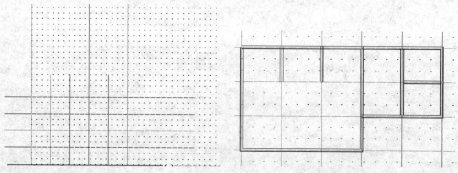

图 9-1 墙体的中心线   图 9-2 绘制墙体

命令:_mline (ml)

当前设置:对正 = 上,比例 = 20.00,样式 = STANDARD

指定起点或[对正(J)/比例(S)/样式(ST)]: j

输入对正类型[上(T)/无(Z)/下(B)]<上>: z

当前设置:对正 = 无,比例 = 20.00,样式 = STANDARD

指定起点或［对正(J)/比例(S)/样式(ST)］：　s

输入多线比例 <20.00>：　240　　　（240 指的是二四墙的厚度）

指定下一点：

（4）编辑墙体：在菜单上点取"修改→对象→多线"，也可以用 mledit 命令打开多线编辑面板，在弹出的多线编辑工具对话框（图 9-3）中，采用不同的工具，编辑修改如图 9-2 所示的墙体。也可以用分解命令分散所有的多线，再用修剪等命令进行编辑修改，结果如图 9-4 所示。

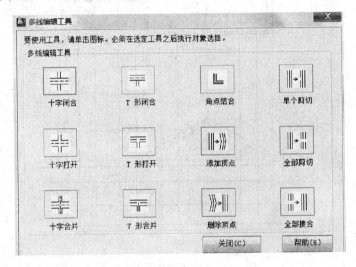

图 9-3　多线编辑工具对话框

（5）分别在门、窗图层定出门窗和台阶的位置，并采用绘圆、直线命令和修剪命令绘制门、窗，并分别做成门窗的块。绘制块的宽度，往往选择利用计算机的值，如门宽设计为 1000 mm，在块插入时，可以输入比例系数，如 0.7，0.9，分别插入 700 m 和 900 m 的窗。同样，插入时通过比例系数来确定门的大小。完成后如图 9-5 所示。

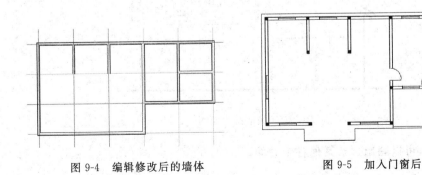

图 9-4　编辑修改后的墙体　　　　图 9-5　加入门窗后

2.绘制立面图。立面图以平面图为基础绘制,充分利用已有的平面线条作为参考线,如图 9-6 所示,作图步骤如下:

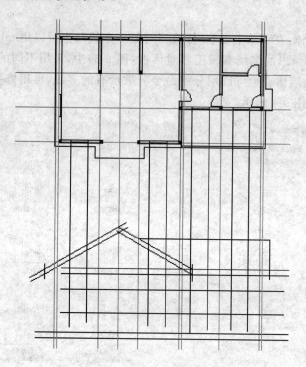

图 9-6　立面图与平面图的关系

(1)根据平面图做墙的外侧线定出门窗位置,量出屋顶高度和出檐尺寸。

(2)除去多余的线条,并进行线条粗细设定,结果如图 9-7 所示。

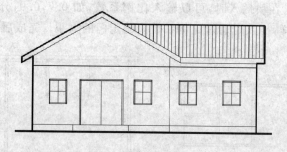

图 9-7　完成的立面图

(3)同理,可以画出建筑其他各个立面。

练习 10　在模型和图纸空间里打印图形

目的:学习和理解在模型和图纸空间打印的步骤及其异同。理解图纸空间的作用。

图纸空间主要用来出图,在模型空间绘制的图,通过图纸空间进行调整、排版,又称为"布局"。图纸空间类似覆盖在模型空间上的一层不透明的纸,要从图纸空间看到模型空间的内容,必须进行开"视口"操作,"视口"则是在图纸空间这张"纸"上开的一个"窗口"。这个"窗口"的大小、形状可以随意使用。在"视口"里面对模型空间的图形进行缩放(ZOOM)、平移(PAN)、坐标系(UCS)等的操作,也可以在图纸空间进行操作,但是对模型空间的对象是没有影响。如果不再希望改变布局,就需要"锁定视口"。图纸空间是一个二维空间,在图纸空间绘制的对象虽然也有 Z 坐标,但是三维操作的一些相关命令在图纸空间不能使用,所显示的特性跟二维空间相似。有时为了使单张图纸的布局更加紧凑、美观,就需要从图纸空间进入模型空间,进行适当的编辑操作。

1.在模型空间打印图形

(1)在模型空间里以 1∶1 的方式进行图形的绘制,即 1 个图形单位等于 1 mm 的方式进行绘图。并对图形进行尺寸标注。

(2)例如,模型空间里有如图 10-1 所示的两个图形,进行了标注。左图为广场放线图,出图时比例为 1∶100,而右图铺装大样出图时比例为 1∶20。

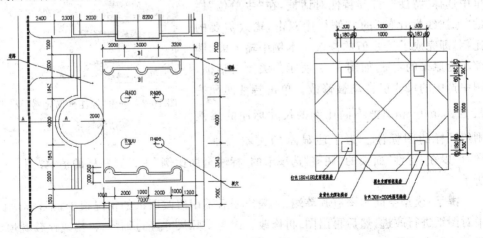

图 10-1　广场放线(左)及铺装大样图(右)

由于广场和铺装局部大样的尺寸差别太大，因此如果在一张图纸上的模型空间打印，必须对图形的比例进行调整，然后再标注文字和修改尺寸标注。

先确定左图出图比例为 1∶100，并选用 A3 图幅，所以绘图区域为 42000×29700，插入 A3 图框(420×297)，图框用 scale(sc)放大 100 倍即可。而右图铺装大样出图时比例为 1∶20，所以也要用 scale(sc)放大 5 倍，放大后的图形移动至合适位置。

(3)修改标注尺寸。由于图形尺寸发生了实际变化，因此图形的标注自动关联改变。如右图的大样图放大 5 倍后，标注的尺寸也相应进行了变动，尺寸值相应变为原来的 5 倍，所以要进行修改，以便与实际值相符合。修改标注尺寸内容常用的方法有两种。

方法一：直接替换原有的标注尺寸值。点击右图的尺寸标注，然后右击鼠标，在弹出的快捷菜单中选择"特性"，打开特性对话框，在"文字"栏的"文字替代"的右侧栏中双击，输入需要的尺寸值，即完成了尺寸值的修改，如图 10-2 所示。这种方法适合需要单独修改、相互间没有关联变化的数据，工作量较大。

方法二：根据关联性批量修改数据。即在图形整体进行了缩入的情况下，根据其缩入的倍数来改变尺寸标注的线性比例。如右侧图形中，单击原有的尺寸标注，再右击鼠标，在弹出的快捷菜单中选择"特性"，打开特性对话框，在"主单位"栏的"标注线性比例"的右侧栏中双击，输入需要的比例，即完成了尺寸值的修改。本例中输入0.2即缩小为原来的1/5，如图 10-2 所示。关闭对话框，图中选中的尺寸值自动被修改。单击特性匹配按钮 ，matchpro 把不同比例的尺寸标注的属性刷给同样的图标注。为了使显示的文本大小一

图 10-2　调整"标注全局比例"及
"标注线性比例"

样，可以在"特性"面板的"调整"选项卡的"标注全局比例"中设置一样的值，如图10-2所示。

提示：模型空间出图有其弊端，一般出图后不用修改图纸的情况很少，都在 CAD 中对图纸进行改进，然后再出图，再修改。因为实际尺寸经过缩放，再修改比较麻烦，所以这种方法使用较少。

2.不同比例图在模型空间标注及图纸空间里进行布图和打印的步骤

(1)制作各种图幅的图框,并保存在 template\ 目录下,图幅的大小是实际大小,如 A2 为 594×420。

(2)以 1:1 的比例在模型空间进行图形绘制。

(3)进行相应比例的标注样式和文字样式的设定(图 10-3、图 10-4)。如 1:100、1:50、1:20等相应比例的设定(可设定好一个,其余标注样式以此为基础样式,只需改变全局比例值即可)。

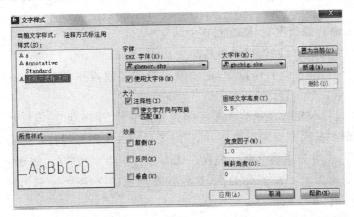

图 10-3　文字样式设为"注释性"

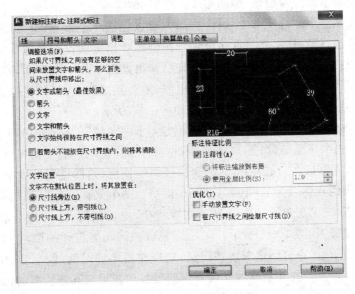

图 10-4　标注样式设为"注释性"

（4）用相应比例的样式进行尺寸标注和文字标注。如 A 图要出 1∶100 打印，则用上面设定的 1∶100 样式进行尺寸和文字标注。

（5）在图层中建立一个图层作为视口插入布局时用，并设为当前图层，这是要关闭视口的图层。

（6）用菜单中的插入布局向导进行布局的插入：打印机为相应的打印机，设定图幅大小，指定自己所要应用的图框，视口设为无。

（7）打开视口控制工具条，插入新视口，并调整比例和放图位置。设定其他比例的视口。

（8）用 X 命令修改图框，修改图签中的文字。

（9）关闭当前图层，以让视口边界消失。

（10）打开打印，进行打印设置，把图纸可打印区域重新设定为 0，打印比例设为 1∶1，打印布局。

提示：也可以设定标注样式和文字样式面板中的"注释性"选项打开，这样只需设一种样式。然后在模型空间里标注，标注时要根据每个图形的打印比例设好"注释比例"，如 1∶20，则设为 人1:20▼（位置在状态栏右下角），相应的，图形在布局视图里的视口比例也设为 1∶20，以此类推，这样在布局里的文字大小、尺寸样式等就都保持一致，文字高度也一样。

3.不同比例的图在图纸空间里进行布图、标注和打印的步骤

（1）在模型空间绘制图纸，绘图按 1∶1 的比例完成。

（2）在绘图区下方选项卡中选择"布局"，可以任选一个布局，也可以自己新建一个布局，然后运行菜单"文件→页面设置管理器"，弹出页面设置管理器对话框，如图 10-5 所示，里面默认为当前布局。选择修改，弹出界面如图 10-6 所示，对当前页面设置进行配置。该配置方法与打印命令很相似，需要注意两点：打印范围选择布局；打印比例设置为 1∶1。设置完成后的信息如图 10-7 所示。

这时在布局界面中显示的白纸就与真实大小的一样了，默认情况下布局里会自动有个视口，选中该视口，如图 10-8 所示，在特性窗口里"其他"中选择"标准比例"里选择 1∶100，也可以在"视口"工具条调整视口的比例，这样设置的这个视口在打印出来的图纸上的比例就为 1∶100，如图 10-9、图 10-10 所示。然后可以点击夹点并移动视口的夹点，把需要显示的图形显示在视口中，也可以用 move 命令移动视口，调整到理想的位置，如图 10-11 所示。最后把视口放到不能打印的层，如 Defpoints 层或自己设定的图层，在打印前关闭该图层，这样在打印的时候，就不会把视口范围的这个方框打出来了。要注意有时在模型空间设置的线型为其他线型，如虚线，在图纸空间显示的却为实线，这是线型比例问题，选择要修改的线型的属性，右键后选择属性项，在其中调整它的"线型比例"，也可用 ltscale 命令调整。

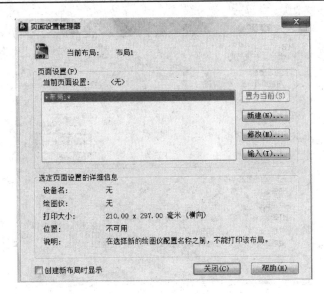

图 10-5　页面设置管理器

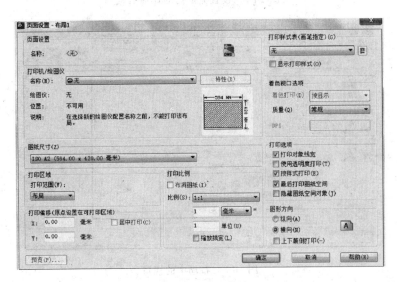

图 10-6　设置布局

(3)运行菜单命令"视图→视口→一个视口",在该布局上新建另一个视口,同样方法,把需要的另一个图形也调入到布局中的合适位置,如图 10-12 所示。

(4)由于默认的图纸背景颜色是白色,对于浅色的显示在视觉上不如黑色明显,所以可以调整为黑色背景,这样符合一般的习惯,但同时要注意做图时是在"模型"还是"图纸"部分。在菜单"工具→选项"中选择显示选项卡,如图 10-13 所示,点击"显

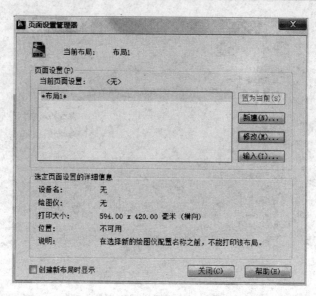

图 10-7　设置完成后的详细信息

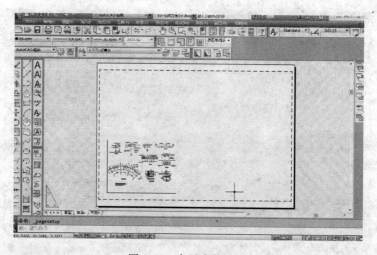

图 10-8　布局中的视口

示",弹出对话框,把其中"图纸/布局"的"界面元素"颜色修改为"黑",如图 10-14 所示,这时布局界面变成黑色背景,如图 10-15 所示。

(5)在布局中对图纸进行标注和图框的绘制(或插入图框)。标注尺寸的时候,标注样式里尺寸的比例值为 1 就可以,那么在标注的时候软件会自动根据视口的比例来换算标注比例,如图 10-16 所示。需要注意,所有布局内的图形都不要超出图纸上的虚线,虚线表示打印机实际可打印的范围,一旦超出将无法打印出超出的部分。

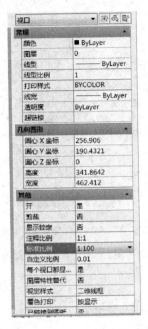

图 10-9　设置布局比例

图 10-10　"视口"工具条中设置视口比例

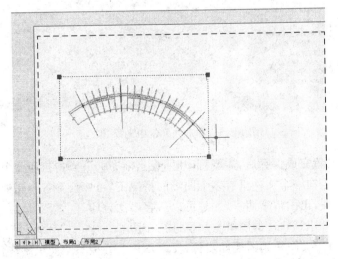

图 10-11　调整好视口显示及比例

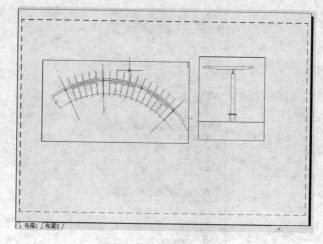

图 10-12　增加新视口并调整

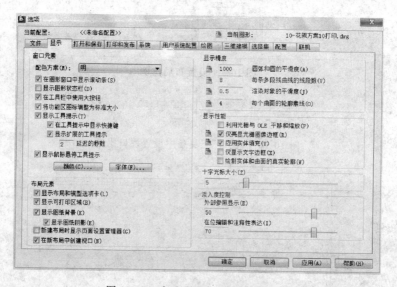

图 10-13　在选项面板中选择"颜色"

　　(6)图纸设置完成保存后,需要打印时,在当前布局下点击打印命令,直接确认出图就可以了。当在一个文件里有多个图纸的情况下,可以设置各个图纸对应的布局,一个布局一张图,出图清晰明了,并且可以适合多次打印。

　　4.在"天正"建筑软件的图纸空间里进行布图

　　(1)如果自定义图框则需要此步骤,反之不用。在模型空间里制作各种图幅的图框文件(按实际大小,如 420 mm×297 mm),保存在 template\目录下,并保存为 dwg 文件。快速找到存放目录:文件另存为中,选择文件类型为 DWT,再切换为 dwg 格式。

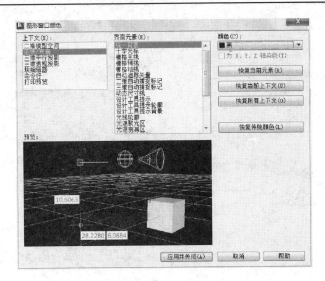

图 10-14　设置布局显示背景色为黑色

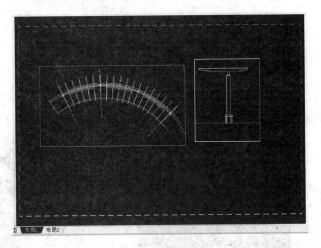

图 10-15　黑色背景的布局

　　(2)在模型空间,图形都按 1：1 的比例,以 mm 尺寸绘制完成图纸。在"天正"软件中用相应比例的样式进行尺寸标注和文字标注(不需设定自己的尺寸标注和文字标注,这一点是其方便之处),如图 10-17 所示。然后在布局内新建 N 个视口,分别调整视口内要显示的图形,设定相应的视口比例,如 1：20、1：100 等不同视口,并锁定视口,排列好视图,然后打印出图。

　　(3)以需要按 1：100 和 1：30 两种比例出在一张图纸上的图为例,你可以在模型空间分别按实际尺寸绘制这两副图,但标注文字及尺寸时,1：100 的那副图按

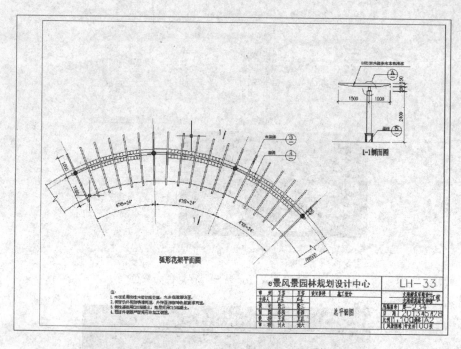

图 10-16　布局中标注完成

1∶100比例标注,1∶30的按 1∶30 标注,切换如图 10-17 所示。然后到布局空间,选择页面大小后,用"布图"命令中的"定义视口"命令便可完成,如图 10-18 所示。

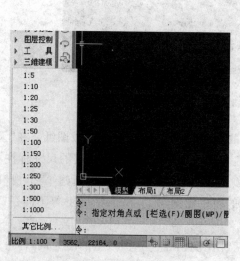

图 10-17　设定标注比例

图 10-18　定义视口

（4）在图层中建立一个图层（作为视口插入布局时用），并设为当前图层。

（5）用菜单中的插入布局向导进行布局的插入：打印机为相应的打印机，设定图幅大小，指定自己所要应用的图框，视口设为无。

（6）打开"视口"控制工具条，插入新视口，并调整比例和放图位置。设定其他比例的视口。

（7）用 X 命令分解图框修改文字。

（8）关闭当前图层，以让视口边界消失。进行打印设置，对图纸可打印区域进行设定，打印比例设为 1∶1，打印布局。

练习 11　彩色平面图的绘制

目的:学习彩色平面图绘制的一般流程,熟悉常用的工具用法。

步骤:

1.把要做彩色平面图的 dwg 文件进行输出,输出方法参见 92 页。

2.在 Photoshop 中打开输出的文件。选择合适的大小与分辨率(一般 1∶1 尺寸下为 200 dpi 左右,印刷用一般为 300 dpi),并选择 RGB 模式,确定打开文件后,文件为透明状态,这样要在图层调板中"拼合图层",得到如图 11-1 所示的黑色线条、白色底的平面图。

图 11-1　白底黑色线条的平面图

3.给平面图加上彩色水面。选择所有的水面区域,并单独设为一层,在区域内填充蓝色,表示水面,可以在水岸边的水面稍加深蓝色,表现水底部的深浅,见彩图 6。

4.给平面图加上草地。选择所有的铺草区域,并单独设为一层,在区域内填充绿色,表示草。在地形部分,根据等高线的不同,由深至浅变化,表现地形的变化,见彩图 7。

5.绘制亭、墙、桥、门的顶平面图。根据设计的样式,先用 AutoCAD 画出线条图,然后转入到 Photoshop 中,进行颜色填充、明暗变化等工作,亭顶平面最终结合,见彩图 8。然后加入到平面图中亭的位置处。直接在 Photoshop 中画出墙、桥、门，见彩图 9。

6.加入小路铺装。新建图层为小路专用图层。选择图上所有路的区域，进行图案填充，结果见彩图 10。有关填充图案可见相关章节。如果图案大小要求可以调整，可以在图层调板上右键单击小路图层，在弹出的菜单中选择"混合选项"，在弹出的样式面板中选择加入"图案叠加"，然后选择所需要的图案，即可调整地面铺装的大小，见彩图 10。

7.对大路、建筑顶部、亭基础平面、亲水平台进行填充，其中亲水平台建一图层，并对图层进行"混合选项"设置，加入投影，结果如彩图 11 所示。

8.加入植物。打开准备好的彩色平面植物图例，拷贝粘贴到文件中，文件自动添加图层。对于同一种树，可以在同一图层中复制，再加上图层投影，这样可以自动给每一棵树加上阴影。同一层中复制的方法是：用套索工具先选择所要复制的植物平面图例，在按住 Ctrl 和 Alt 按钮的同时，用鼠标移动图例，可复制出同样的图例。当然可以对复制出的图例进行比例缩放，以产生大小不一致的图例，这可以通过快捷方式进行，对选择的变比例图例，按 Ctrl＋T，即可以修改。同样也可以加上其他配景，最好也是单独的图层，以便施加图层效果，结果如彩图 12 所示。

9.给围墙、建筑、亭、桥等加上阴影。阴影专门设置图层，这样可调整整体阴影的浓度和透明度，阴影可以用手工的方法进行，也可以用图层加效果的方式或者用滤镜制作，如彩图 13 所示。

10.加上必要的文字。最后结果如彩图 14 所示。

提示：

1.要注意图层不能分得太多，特别是对于大文件。当图形文件作完后，最好能够保留 psd 文件，以备以后使用和修改，不要轻易合并图层且只存为 jpg 文件，jpg 文件主要在最后展示成果时用。

2.充分应用图层的效果来制作，并注意图层的上下位置。同时图完成前最好要有一个整体的调整过程，从整体的角度调整色彩、明亮、光线和效果等。

3.彩色平面图的顺序无所谓先后，重要的是最后的结果。

4.尽量在图中应用一些不规则的图例，或手工修改，或手工绘制内容，富有变化可以使平面图效果更为自然生动。

5.每个人对色彩都有自己的理解，所以每个人最后的效果可能各不相同，总体上色彩协调就可以。

6.注意保存文件，在制作过程中要有经常保存的习惯，以免文件丢失。

练习 12　石桌凳建模

目的:练习基本的 SketchUp 操作方法及操作命令,理解推拉工具的作用。练习参照图 12-1 的尺寸。

步骤:

1. 桌柱墩的制作

(1) 打开 SketchUp,单击 [图] 鼠标点击窗口,在键盘输入 300、300(默认单位为 mm),点"确定"后生成一个面。也可先点击第二点后,随即输入"300、300",这样也可以生成。单击 [图],用鼠标拉出厚度,然后输入高度值 50,结果如图 12-2 所示。

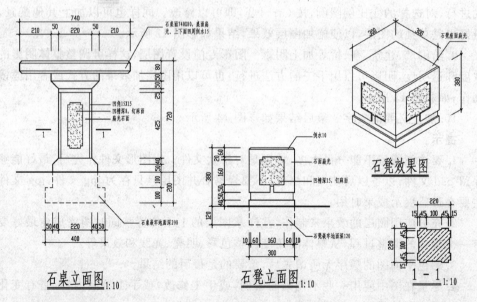

图 12-1　石桌凳主要尺寸

(2)单击 [图],选方块的顶面,偏移出顶面边的线,输入偏移值 50,如图 12-3 所示。单击 [图],用鼠标拉出厚度,然后输入高度值 30,结果如图 12-4 所示。单击，连接两个方块的顶点，自动形成斜面，如图 12-5 所示。框选所有对象，按鼠标右键，在弹出的快捷菜单中选择"创建组"，结果如图 12-6 所示。

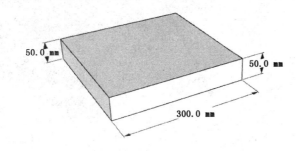

图 12-2　拉出方块

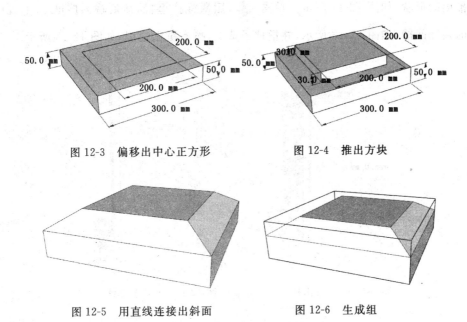

图 12-3　偏移出中心正方形　　　　　　　　图 12-4　推出方块

图 12-5　用直线连接出斜面　　　　　　　　图 12-6　生成组

（3）单击　，在顶平面的边线上画出边的平行线的辅助线，距离为 15 mm，如图 12-7 所示。然后用　画出要推出的形状，如图 12-8 所示。单击　，用鼠标推出柱子高度，然后输入高度值 425，结果如图 12-9 所示。

（4）在柱子上做下凹槽。单击　，在顶平面的边线上画出边的平行线的辅助线，距离上下端为 60，左右端为 30，转角为 15 宽，如图 12-10 所示。然后用　画出

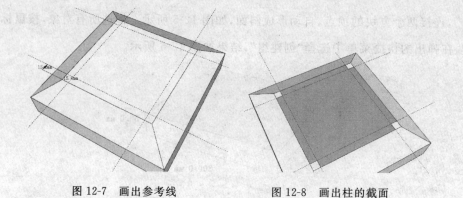

图 12-7　画出参考线　　　　　　图 12-8　画出柱的截面

要推出的形状,如图 12-11 所示。单击 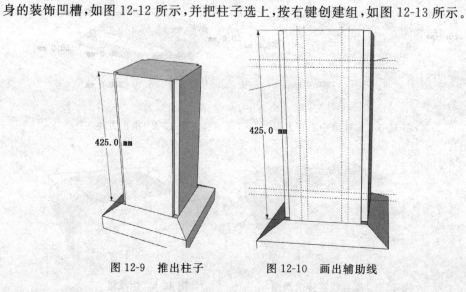,用鼠标往里推,然后输入厚度 8,生成柱身的装饰凹槽,如图 12-12 所示,并把柱子选上,按右键创建组,如图 12-13 所示。

图 12-9　推出柱子　　　　　　图 12-10　画出辅助线

　　(5)制作柱头顶方块。点击 ✐,画出如图 12-14 所示的正形。注意在画直线的时候要利用软件的自动捕捉和追踪功能,自动找到正方形的角点。单击 ⬇,用鼠标往上推正方形,然后输入 25,生成柱头顶方块,如图 12-15 所示。

　　(6)复制并镜像柱子基座,使其成为柱头。柱头和基座是镜像的关系,因此复制并镜像柱子基座并移动顶部即完成。单击 ✺,点击基座组,按住 Ctrl 键,同时移动,这时自动复制了基座组,如图 12-16 所示。点击 🖼 选择复制出的柱头,这时出

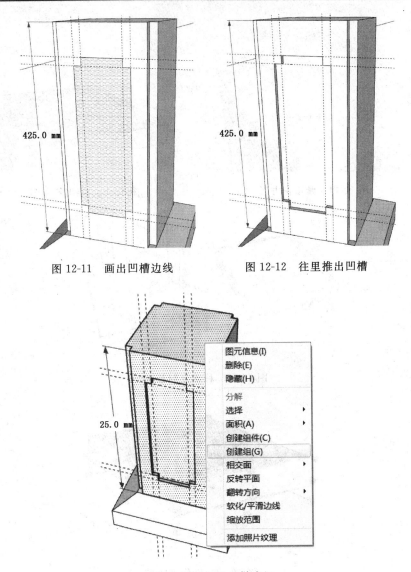

图 12-11　画出凹槽边线　　　　　　图 12-12　往里推出凹槽

图 12-13　把柱子做成组

现选择编辑点，选择顶上的角点，并按住 Ctrl 键，这时有提示"统一调整比例，在中心点附近"，随意拉动，这时基座缩小，立即输入 −1，这时基座发生了镜像，但大小并没有缩放，如图 12-17 所示。接着单击 ，移动柱头到柱顶点，利用自动捕捉和追踪功能，可以很方便地移动到正确的位置，如图 12-18、图 12-19 所示。

（7）完成桌面。桌面尺寸是 740 mm×740 mm，厚 80 mm，倒角 15 mm。先推出

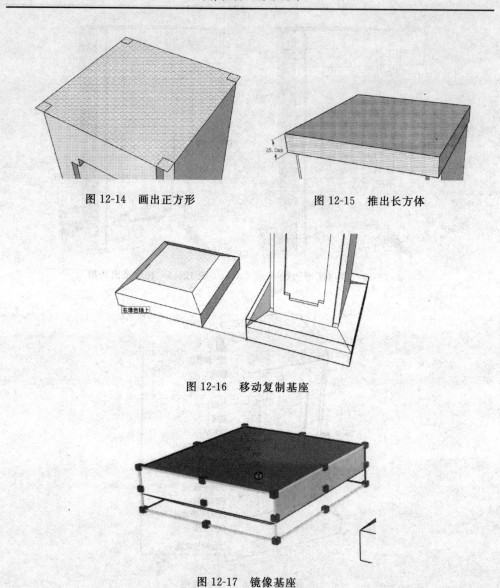

图 12-14　画出正方形　　　　　　　图 12-15　推出长方体

图 12-16　移动复制基座

图 12-17　镜像基座

桌面,如图 12-20 所示。为了准确地倒角,先用 在桌面的侧面上做辅助点,以精确画切角面,如图 12-21 所示,用 ✏ 画出切角线,如图 12-22 所示。然后单击 🖱,选择一全切角的小三角形,如图 12-23 所示,用 🔧 推动三角形并按住 Alt 键,同时点击顶面,这时顶面自动完成切角。同样步骤完成下平面的切角,如图 12-24 所示,再把桌面制作成组。利用 工具,把桌面移动到顶面上,如图 12-25 所示,再输入精确的移动值 80,完成,如图 12-25 的示。

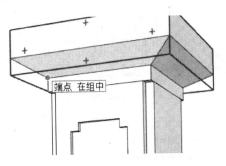

图 12-18　移动柱头到正确的位置

图 12-19　完成的柱子

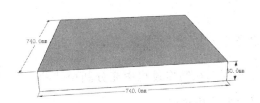

图 12-20　推出桌面

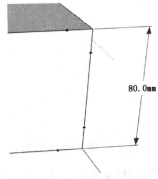

图 12-21　画出辅助点

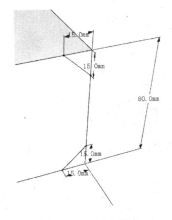

图 12-22　画出切角面

图 12-23　选择要切角的小三角形

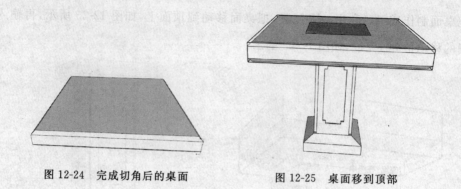

图 12-24　完成切角后的桌面　　　　　图 12-25　桌面移到顶部

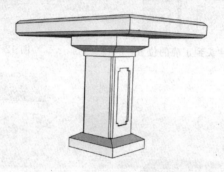

图 12-26　移动桌面到正确的位置

（8）完成坐凳。坐凳的做法与桌面类似。在制作过程中充分利用辅助点和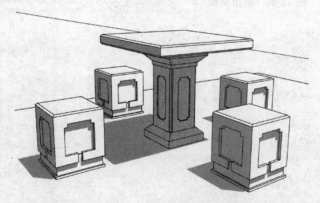
画辅助线，精确定位。图 12-27 为完成的桌子和凳子。

图 12-27　完成的桌子和凳子

练习 13　小亭子的建模

目的:理解建模的一般顺序及 dwg 文件的应用,特别要理解组和组件的区别。

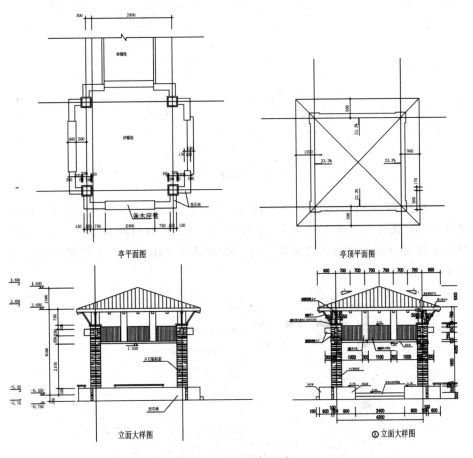

图 13-1　亭的主要尺寸

步骤:

亭的主要尺寸参见图 13-1。

1.制作亭的底座。单体亭建模一般是从平面图底部向上建模。首先在 Auto-CAD 中整理亭的平面图。去除尺寸标注、文字标注等多余的线,并用 pu 命令清理所有的对象,使文件最简单干净。另外,用 M 命令移动整个平面图到(0,0)坐标附近,以方便在 SketchUp 中建模,这样模型会在世界坐标的中心附近。注意在保存 dwg 文件时,文件的版本应是 SketchUp 能支持的版本,如本例存为 2007 版就不会有问题,但是如果存为 2013 版本则会出错,如图 13-2 所示。

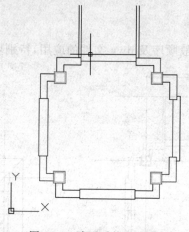

图 13-2 清理后的平面图

2. 打开 SketchUp,在菜单中选择"导入",在弹出的窗口中选择保存 AutoCAD 文件,单击"选项",如图 13-3 所示,选择"导入 AutoCAD DWG/DXF 选项",确定后弹出如图 13-4 所示的导入结果面板,在 SketchUp 中出现亭的平面图,亭为一组,如图 13-5 所示。

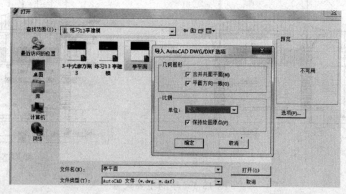

图 13-3 导入及选项面板

3. 双击导入的平面,发现只有线条,没有成面。退出平面组,用 ✏ 描画出墙,使其成面,如图 13-6 所示,发现面为深色,是反面,因而选择面后,按右键选择"反转平面",使面反转,如图 13-7 所示。亭的地面,利用 移动复制一份,如图 13-8 所示,然后编辑成亭的地面,并推出其高度 300,如图 13-9 所示。应用 ,推出墙的高度为 600,台阶高度为 150。注意,推的时候若高度一样,可以双击要推出的面即可生成一样高度的墙体,如图 13-10、图 13-11 所示。再用 把亭地面移动到墙中的正确位置,如图 13-12 所示。

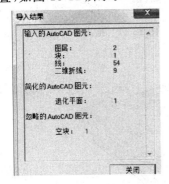

图 13-4 导入结果面板

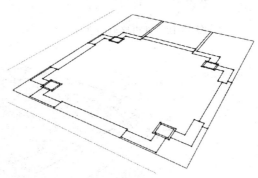

图 13-5 导入的平面图

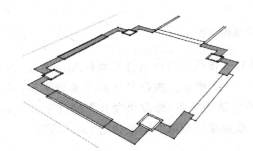

图 13-6 墙线成面

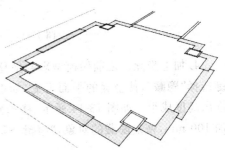

图 13-7 反转面

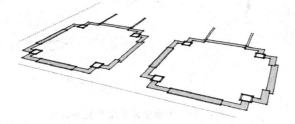

图 13-8 复制亭地面用模型

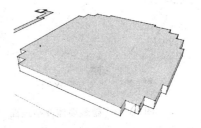

图 13-9 编辑地面线并推出亭地面

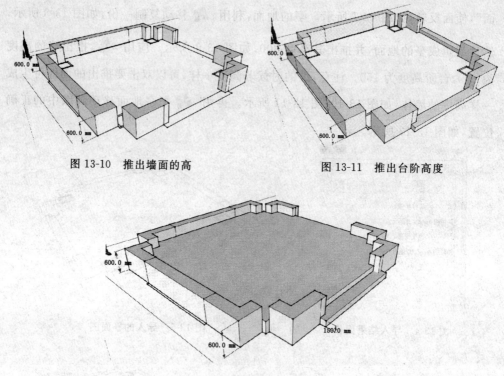

图 13-10　推出墙面的高　　　　　　　图 13-11　推出台阶高度

图 13-12　亭地面与亭墙结合

4.加上坐凳。之前做模型影响坐凳的可视性。可以选择好墙体和亭地面,按右键选择"隐藏",使坐凳的平面可见,如图 13-13 所示。根据平面画出坐凳平面,并用推出高度成组。如图 13-14 所示,移动到合适的位置,修改坐凳底下墙体的高度,增加 100 mm,恢复隐藏的对象,"编辑→隐藏对象→全部",结果如图 13-15 所示。

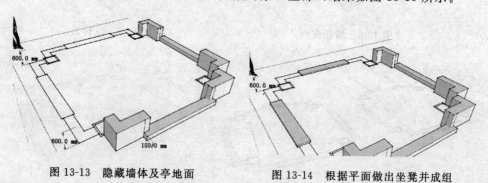

图 13-13　隐藏墙体及亭地面　　　　　图 13-14　根据平面做出坐凳并成组

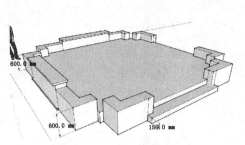

图 13-15　移动坐凳到正确高度并修改墙体

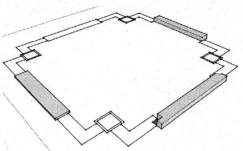

图 13-16　隐藏墙体和亭地面

5. 制作柱子。把墙体和亭地面进行隐藏,以方便做柱子,如图 13-16 所示。用 画出正方形柱子,边长为 500(下均略去单位 mm),并选择该方形,按右键选择"创建组件",如图 13-17 所示。单击组件进入,并用 推出柱高 3550,如图 13-18 所示。用 ,按住"Ctrl"键移动,结合自动捕捉复制出 3 个柱子组件,如图 13-9 所示。单击柱子进行组件,在柱头上用 ,按住"Ctrl"键复制出柱顶石宽为 600×600,见图 13-20。并提出柱顶石的厚度为 500,如图 13-21 所示。用 画出支柱的辅助线,距边缘线 100,如图 13-22 所示。用 画出边长为 175 的 4 个正方形支柱的平面,如图 13-23 所示。用 推出柱高 600,由于组件的特性,另外 4 个柱子上的支柱也同时生成,如图 13-24 所示。

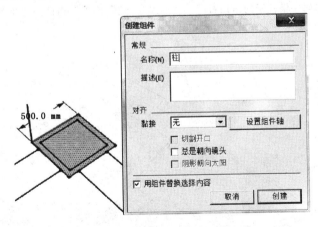

图 13-17　画出柱的平面并生成组件

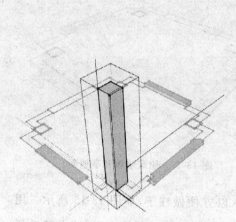

图 13-18　在组件内推出柱子

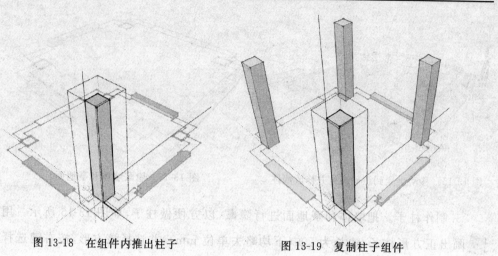

图 13-19　复制柱子组件

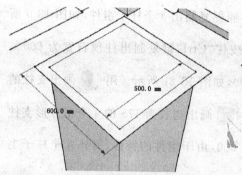

图 13-20　编辑一根柱子的压顶石

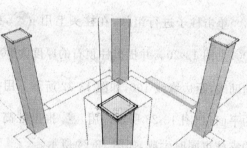

图 13-21　组件的关联作用

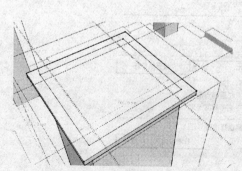

图 13-22　为支柱画出辅助线

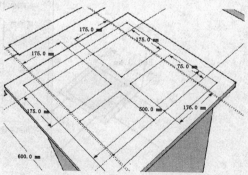

图 13-23　画出支柱的平面

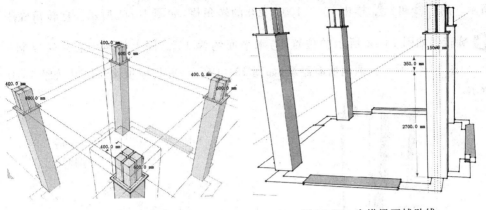

图 13-24　推出柱子　　　　　　　　图 13-25　为横梁画辅助线

6.画出横梁。用 画出横梁的位置辅助线,如图 13-25 所示。用 画出梁
的截面,如图 13-26 所示。用 推出上面横梁的长度为 5300,下面小横梁的长度
为 4200,如图 13-27 所示。画出横梁的辅助线,然后做出横梁上的柱子,柱子高为
1400,宽为 300,间距为 1100,离柱子 1000,如图 13-28 所示。用 画出直径 50 的
圆木,并用直线连接其中线,去除另外半圆,以减少图形面数。选择半圆面,用
推出圆木高度为 700,选择已推出的半柱,用 按住"Ctrl"键,移动,这时出现一个
复制出的半圆柱,输入数据 50,按"回车"键输入 74X,这时阵列出如图 13-29 所示的
装饰半柱墙,选择这些半柱,右键生成组,如图 13-28 所示。把半柱墙移动到合适的
位置,将支柱位置的半柱删除,并把两根梁、梁中间支柱及半圆装饰生成组,如图
13-30、图 13-31 所示。用 在地面画出中心辅助线,如图 13-32 所示。选择上一步
的组件,单击 ,对齐中心位置,在按下"Ctrl"键的同时,旋转 90°,并输入值 3X,生
成另外三个组,如图 13-33、图 13-34 所示。

7.做屋顶。用 和 推出屋檐,边长为 6000,厚和高均为 150,如图 13-35
所示。用 和 画出方檐椽截面为 100×100,如图 13-36 所示,并用 推出
长度为 6000 的檐椽,如图 13-37 所示。以 700 的间距移动阵列出另外 6 根,如图
13-38 所示。以中心为轴旋转复制横向檐椽,如图 13-39 所示。在屋檐的正中心位置
用 向上画一条线,高度为 1000,然后用 连接 4 个顶点即形成屋顶,如图 13-40

所示。用 ■ 和 ⬆ 推出 100×100×900 的转角椽，如图 13-41 所示。把转角椽用 🔄 旋转到如图 13-42 所示的位置，与水平面约为 15°。同上旋转中心旋转复制 3 个，如图 13-43 所示。取消所有隐藏，如图 13-44 所示，并把屋顶移到柱顶，如图13-45 所示。

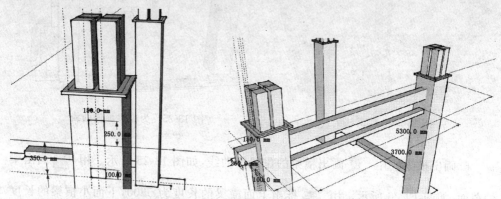

图 13-26　画出梁的截面　　　　　　　　图 13-27　推出横梁的长度

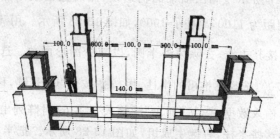

图 13-28　画出中间支柱

图 13-29　圆柱阵列

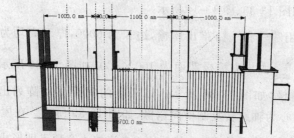

图 13-30　移动阵列圆柱到正确位置

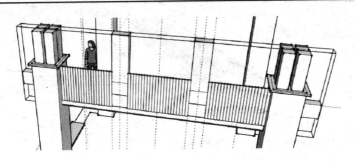

图 13-31　生成组

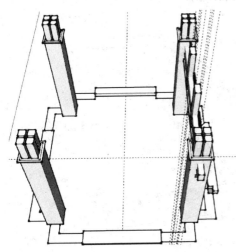

图 13-32　画出旋转中心辅助线

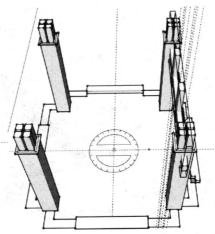

图 13-33　旋转阵列并复制对象

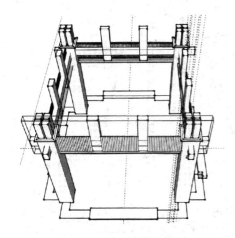

图 13-34　旋转复制

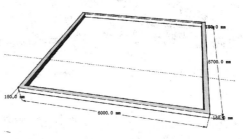

图 13-35　层顶屋檐

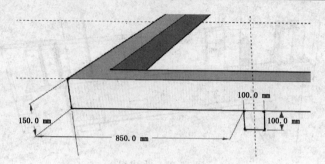

图 13-36　画出方檐椽截面

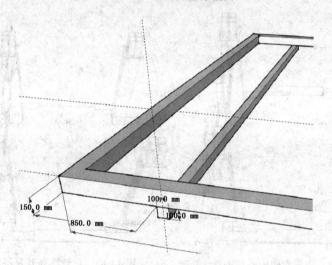

图 13-37　推出檐椽

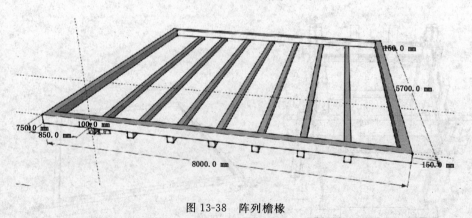

图 13-38　阵列檐椽

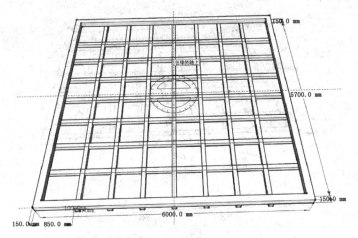

图 13-39 旋转复制檐椽

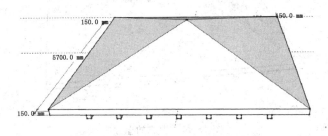

图 13-40 显示出屋顶

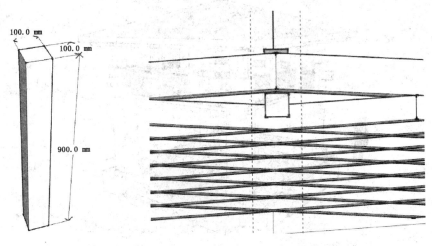

图 13-41 生成转角椽   图 13-42 转换到合适位置

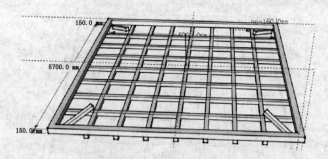

图 13-43　旋转复制转角椽

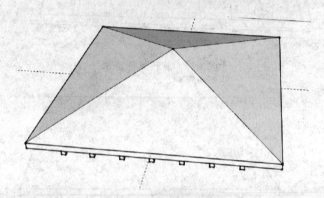

图 13-44　生成的屋顶

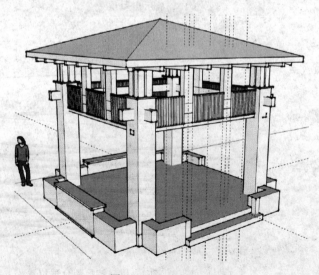

图 13-45　生成的亭

8.做斜支柱。用 ![pencil icon] 画出斜支柱单线,可以用辅助线定点到上端点,如图 13-46 所示。接着在直线的下端用 ![circle icon] 画一个半径 25 的圆,如图 13-47 所示。用 ![push/pull icon] 点击圆,并按住左键移动到直线上,生成斜向的圆支柱,如图 13-48 所示。同样以屋顶的中心为轴旋转复制另外 3 根圆支柱,如图 13-49 所示。最终结果如图 13-50 所示。

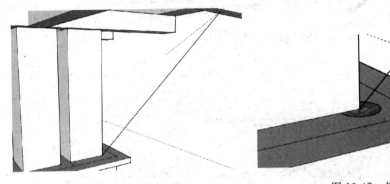

图 13-46　支柱放样路径　　　　　　　　　图 13-47　放样的面

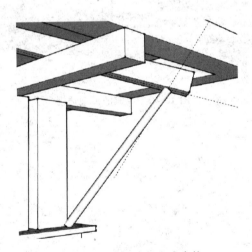

图 13-48　跟随路径生成支柱

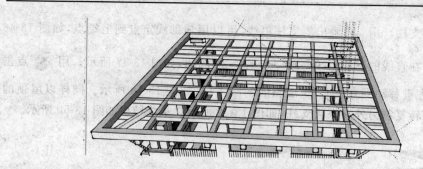

图 13-49 旋转阵列支柱

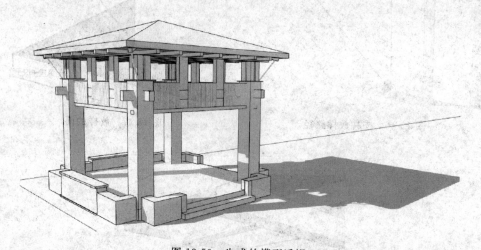

图 13-50 生成的模型透视

练习 14　等高线生成地形

目的:学习 dwg 等高线文件导入 SketchUp 建模的基本方法。

步骤:

1. 地形设计中的等高线常常是在 AutoCAD 中用 spl 工具画好以后,导入到 SketchUp 中加工完成,这是一种基本的方法。注意用 spl 画地形时,尽量减少夹点,以减小文件线段的数量。在 AutoCAD 画如图 14-1 所示的地形等高线。

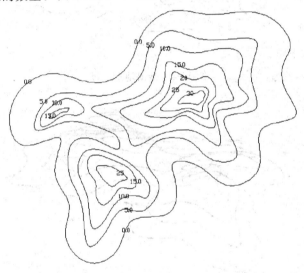

图 14-1　设计等高线

2. 打开 SketchUp,在菜单中选择"导入",在弹出的窗口中选择 AutoCAD 的地形文件,单击"选项","导入 AutoCAD DWG/DXF 选项"中全部选择勾选,单位为"mm"。确定后导入文件,如图 14-2 所示。由于在 dwg 文件中的等高线是在一个平面内的,所以用　　　工具依次在垂直方向移动等高线到相应的高度,如图 14-3 所示,即朝蓝轴(乙轴)方向向上移动,输入相应的值。完成以后如图 14-4 所示。等高线的高度也可以在 AutoCAD 中调整,类似地,移动每一条等高线到相应的位置。如移动高程为 30 的等高线,在输入 M 命令,输入基点位置后,输入移动的位移,一定要用相对坐标,如@0,0,30000,即往上移动了 30 m, @0,0,20000,即往上移动了

20 m。

图 14-2　导入到 SketchUp 中

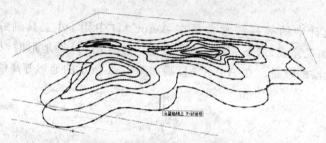

图 14-3　推出地形高度

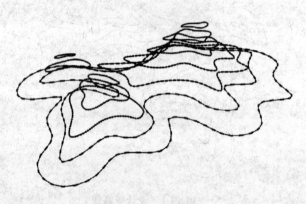

图 14-4　地表轮廓线

3.选择所有等高线,在 SketchUp 中点击 ,经过短暂的计算,三维地形图生成,这时的三维面是一个组,如图 14-5、图 14-6 所示。把组分解后,删除多余的线,如图 14-7、图 14-8 所示。选择所有面,按右键选择"软化/平滑连线",然后对地形进行平滑操作,如图 14-9 所示。加上材质贴图后如图 14-10 所示。如果把连线等均关闭,就如图 14-11 所示。最终结果如图 14-12 所示。打开阴影,效果如图 14-13 所示。

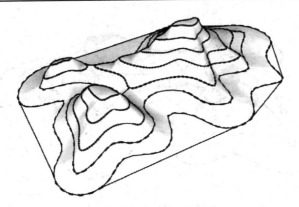

图 14-5　生成地形三维面

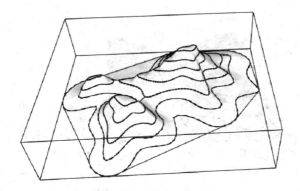

图 14-6　生成的地形是一个组

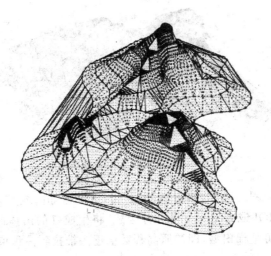

图 14-7　分解组后去除多余线

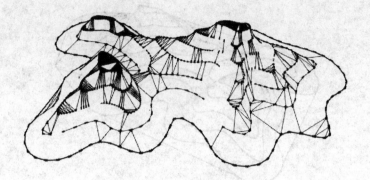

图 14-8　地形多余线去除后

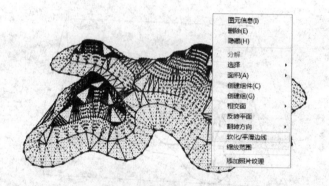

图 14-9　对地形进行柔化

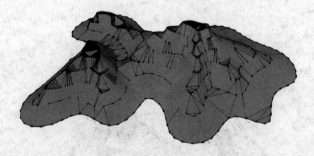

图 14-10　加上材质

　　提示:对于大面积的地形,如山体、风景区,可以将等高线导入 3ds Max、"湘源"控规 CAD 系统、MOI 或者 Rhnio 等软件生成,将生成好的山体曲面导入 SU。地形除了曲面形式,也可是梯田型,即按照高程数值逐一推拉到高程值,从而形成地形。

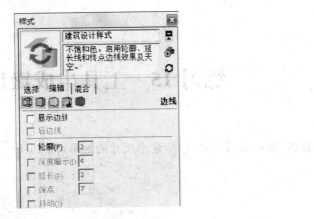

图 14-11　样式中关闭边线

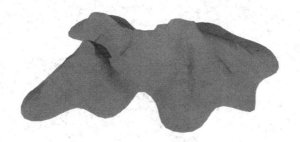

图 14-12　没有连线的显示

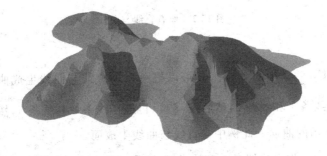

图 14-13　开启阴影后效果

练习 15 工具生成微地形

目的：学习灵活应用 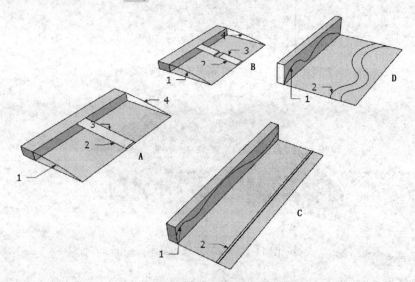 建小尺寸的地形（图 15-1）。

图 15-1 原有直线与曲线

步骤：

1. SketchUp 沙盒中的 ![工具] 工具可以把一系列直线与曲线生成曲面，如图 15-2 所示。先选择线条 1 和线条 2，然后按 ![按钮]，再选择线条 3 和线条 4，然后按 ![按钮]，生成如图 15-3 所示的曲面。此例中是直线与曲线生成面。

2. 见图 15-4。先选择线条 1 和线条 2，如图 15-5 所示，然后按 ![按钮]，再选择线条 3 和线条 4，如图 15-6 所示，然后按 ![按钮]，生成如图 15-7、图 15-8 所示的曲面。此例中是直线与曲线生成面，但直线不是一条，且有转折。

3. 见图 15-9。先选择线条 1 和线条 2，如图 15-10 所示，然后按 ![按钮]，生成如图 15-11 所示的曲面。此例中是直线与多条曲线生成面。

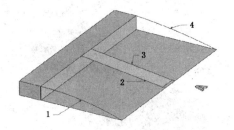

图 15-2　图 15-1A 中的线条

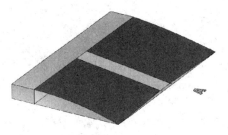

图 15-3　生成如图 15-1A 的曲面

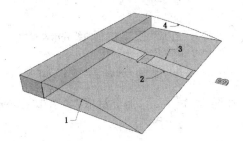

图 15-4　图 15-1B 中的线条

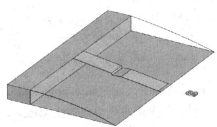

图 15-5　选择要连接的线条 1 和线条 2

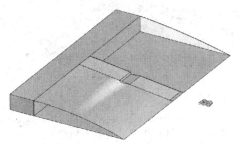

图 15-6　选择要连接的线条 3 和线条 4

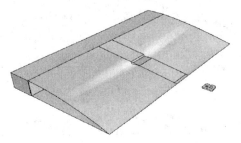

图 15-7　生成如图 15-1B 的曲面

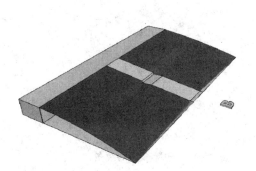

图 15-8　对 B 图上色并简单处理

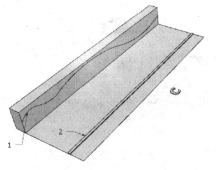

图 15-9　图 15-1C 中的线条

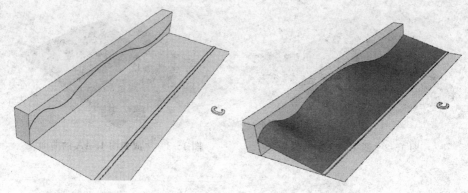

图 15-10　选择线条 1 和线条 2　　　　图 15-11　生成如图 15-1C 的曲线并增加材质

4.见图 15-12。先选择线条 1 和线条 2，如图 15-13 所示，然后按 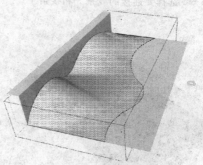，生成如图 15-14 所示的曲面。这时删除多余的线条，如图 15-15 所示，加上材质，如图 15-16 所示。此例中是多条曲线与曲线生成面。

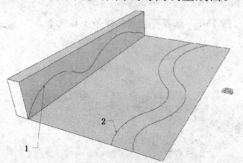

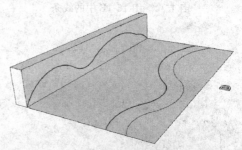

图 15-12　图 15-1D 中的线条　　　　图 15-13　选择生成的线条 1 和线条 2

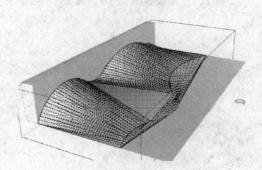

图 15-14　生成如图 15-1D 的曲面　　　　图 15-15　删除多余的线条

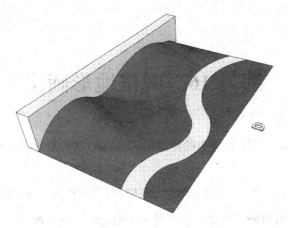

图 15-16　添加材质后

练习 16　网格地形画法

目的：学习 SketchUp 软件中的沙盒工具网格的制作及编辑地形的基本方法。

步骤：

1.用 ![] 建立一个 50 m×30 m 的网格，网格间距为 1 m，如图 16-1 所示。点击该网格会发现，用网格工具做的网格是一个组，如图 16-2 所示。

图 16-1　新建一个网格　　　　图 16-2　网格是一个组

2.双击组进入组，点击 ![]，在组上会出现一个红色的圈，圈的大小在输入框内显示，圈的大小表示影响范围大小，如图 16-3 所示。点击组上一点，这时出现被选择的网格，提示的黄色点越大，表示影响力超强，边缘则逐渐减小，如图 16-4 所示。

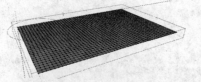

图 16-3　圈表示影响范围大小　　　　图 16-4　受影响的区域

3.点击鼠标左键，移动形成不同的地形高度，如图 16-5 所示。也可以调整圈的大小，以产生不同的影响范围，如图 16-6、图 16-7 所示。

图 16-5　移动鼠标产生地形变化　　　　图 16-6　影响区域可以调整

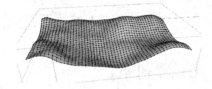 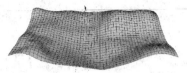

图 16-7　地形调整完成　　　　　　图 16-8　设置样式

4. 在菜单"窗口→样式"中,设置显示的样式,如图 16-8 所示。选择地形模型,右键选择"软化/平滑边线",如图 16-9 所示。最后用 赋予材质,如图 16-10 所示。

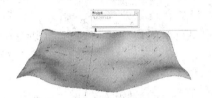 

图 16-9　柔化边缘　　　　　　图 16-10　地形赋予材质

练习17　植物种植

目的:学习组件的关联作用及植物种植流程。

在 SketchUp 中种植植物时,要结合植物的多寡来决定面片树或三维模型树。若在 SketchUp 文件里面放几十甚至上百棵树是非常影响速度的,建议不要放太多树,特别是不能放太多的 3D 植物,3D 植物可以放在近景处,远景最好用面片树。对于设计图中的大量植物种植,可以利用 AutoCAD 中的块导入 su 后会自动变成组件的特性来完成。

步骤:

1. AutoCAD 中的文件,如图 17-1 所示,标注的文字或其他一些不必要的对象可以选择清理掉。本例中植物不多,没有进行图例的替代。若有大量植物,则需进行图例的替代,即在 AutoCAD 里用简单图例代替复杂图例,如用一个圆来重新定义树的图例块,代替树块是原树的图例可能比较复杂。

2. 把 dwg 文件导入到 SketchUp 中,如图 17-2 所示,导入的文件是一个组,如图 17-3 所示。如果对象较多,可以对图层进行隐藏,如图 17-4、图 17-5 所示,这样就不会影响继续画图的速度。先隐藏植物图层,如图 17-6 所示;只剩下道路,如图 17-7 所示;对道路进行建模并贴图,如图 17-8 所示。一般会设多个图层,分别隐藏不同的植物,就能提高速度。

3. 显示隐藏的植物,如图 17-9 所示。双击准备编辑的植物组件,如图 17-10 所示。通过菜单导入需要的植物图例,如图 17-11、图 17-12 所示。导入的植物是一个组,如图 17-13、图 17-14 所示。双击待编辑的植物,如图 17-15 所示,把导入的植物图粘贴到组件中,如图 17-16 所示,一样的植物全部出现树的立面图,把原来的平面图例删除后,所有相同的植物都没有平面图例了,这是利用组件关联性的特点,即一个组件的修改会反映到同样的组件中。图 17-17 是替代完成后的效果。

4. 同理,可以把其他植物替换,如图 17-18 所示。导入的植物图例,如果尺寸不符合要求,可以进行修改,如图 17-19、图 17-20 所示,也可以在粘贴后进行修改,如图 17-21 所示。最后可以完成如图 17-22 所示的效果。很显然,植物图片的优劣会导致效果图的优劣,所以要选择合适的树图片,且风格尽量一致。

提示:利用组件的关联作用及 dwg 中块的特性,可以由平面快速生成三维模型。

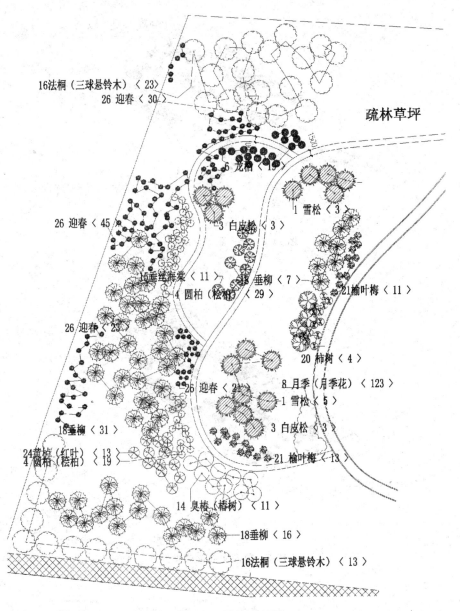

16法桐（三球悬铃木）〈23〉
26 迎春〈30〉

疏林草坪

6 龙柏〈19〉

1 雪松〈3〉

26 迎春〈45〉

3 白皮松〈3〉

15垂丝海棠〈11〉
4 圆柏（桧柏）〈29〉
18 垂柳〈7〉
21榆叶梅〈11〉

26 迎春〈23〉

20 柿树〈4〉

26 迎春〈21〉
8 月季（月季花）〈123〉
1 雪松〈5〉

3 白皮松〈3〉

18垂柳〈31〉
21 榆叶梅〈13〉

24黄栌（红叶）〈13〉
4 圆柏（桧柏）〈19〉

14 臭椿（椿树）〈11〉

18垂柳〈16〉

16法桐（三球悬铃木）〈13〉

图 17-1　种植平面图

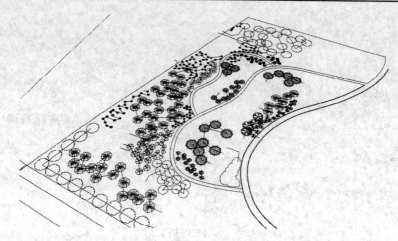

图 17-2　导入到 SketchUp 中

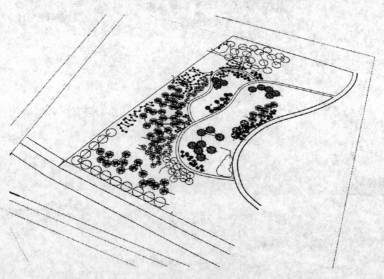

图 17-3　导入文件自动成为组

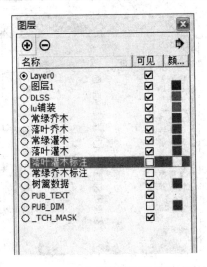

图 17-4　应用图层隐藏对象

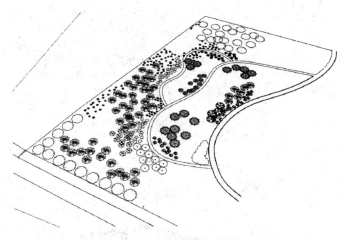

图 17-5　隐藏了标注线

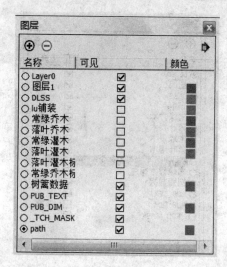

图 17-6　隐藏植物

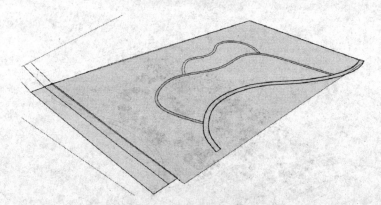

图 17-7　隐藏植物后的场景

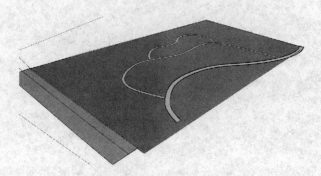

图 17-8　道路建模并贴图

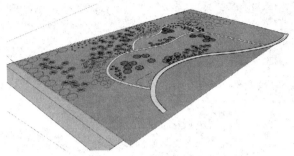

图 17-9　显示植物图层

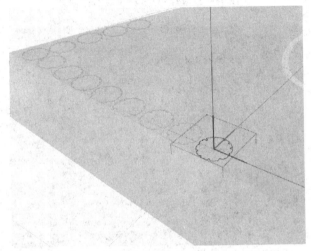

图 17-10　双击植物组件

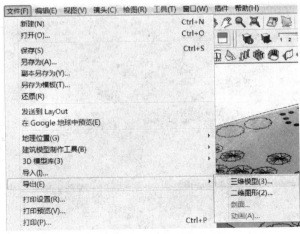

图 17-11　导入相应的植物菜单

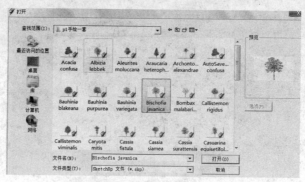

图 17-12　选择与植物对应的植物

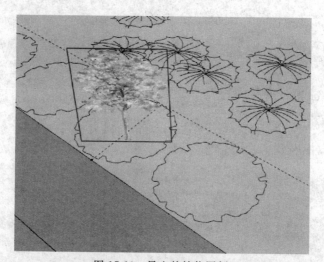

图 17-13　导入的植物图例

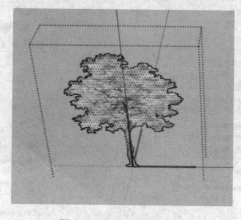

图 17-14　导入植物为组

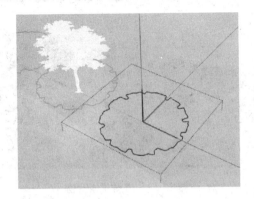

图 17-15 双击编辑组件

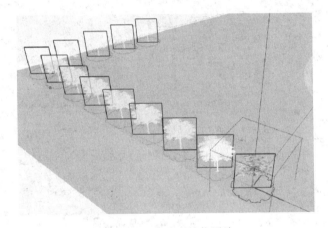

图 17-16 粘贴入植物图片

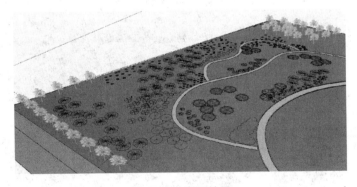

图 17-17 实际效果

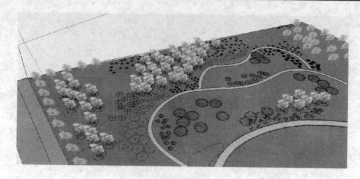

图 17-18　增加其他植物

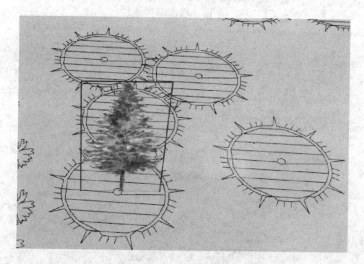

图 17-19　导入植物的大小

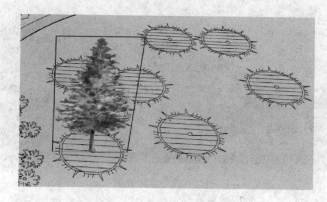

图 17-20　缩放导入植物大小

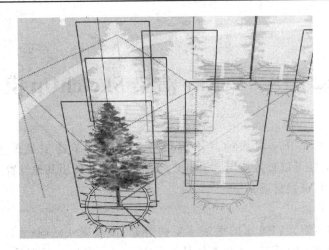

图 17-21　粘贴植物

图 17-22　最终效果

练习 18　V-Ray 渲染 SketchUp 模型

目的:了解 V-Ray 材质的基本应用方法及最简单的渲染设置。V-Ray for SketchUp 渲染器可以直接使用 SketchUp 的材质,直接调用其他设置好的 V-Ray 材质或自己调整和设置材质。

步骤:

1. 制作水材质。VFS 水的做法主要内容是:漫反射—贴图—凹凸贴图—噪波,并调整参数和波纹的效果,主要参数是振幅与尺寸。可增加反射层,也可加菲涅尔层,控制透明及折射率,还可以调整漫反射的透明度以增加透明。详见如下:

(1)在 V-Ray for SketchUp 面板中点击 Ⓜ,打开材质渲染器面板(图 18-1)。在左侧的面板中找到在 SketchUp 中设定的水材质(图 18-2),目的是简单制作一个带波纹和反射的水面。

(2)在材质面板中的"贴图"中勾选"凹凸贴图"(图 18-3),并点击 ⬜,打开"V-Ray 纹理贴图编辑器"(图 18-4),并选择"噪波"贴图,调整其主要参数(图 18-5)。

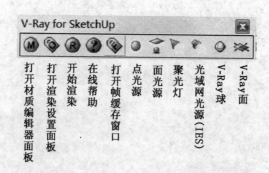

图 18-1　V-Ray for SketchUp 工具条

(3)为水面增加反射。回到开始的水材质的名称处,右击打开快捷菜单,选择"创建材质层"并选择"反射"(图 18-6)。在"反射"面板中主要调整水的颜色,此例选择蓝色作为水的颜色(图 18-7)。这样一个简单的水面材质就设好了,材质就自动附着在原来的水材质上了。

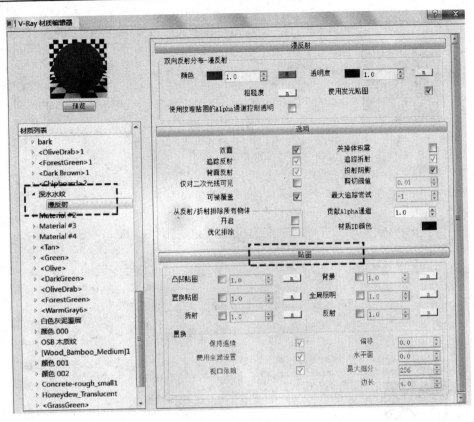

图 18-2　找到在 SketchUp 中设定的水材质

图 18-3　打开凹凸贴图

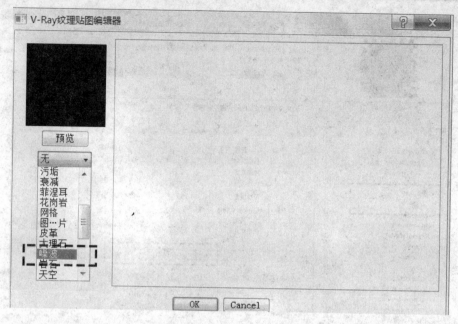

图 18-4　给贴图增加噪波贴图

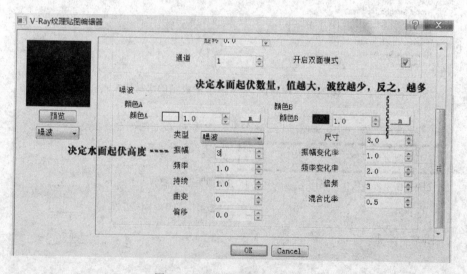

图 18-5　设定噪波的主要参数

2.用 ASGvis 材质替换 SketchUp 中的材质。ASGvis 材质是用类似上一步的方法调整好的材质,调整参数等保存为 vismat 格式,可以直接引用。

(1)找到要替换的材质。本例中为"白色灰泥覆层",右击出现快捷菜单,选择"引入材质"(图 18-8)。图 18-9 是要用来替换的材质"示例球",主要用来给使用者展示

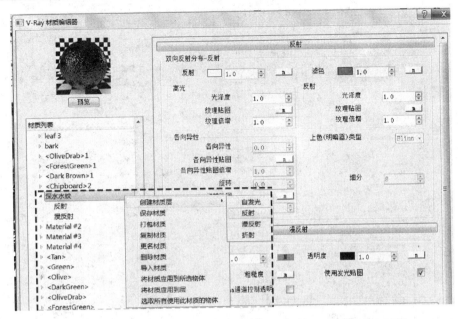

图 18-6　增加反射材质层

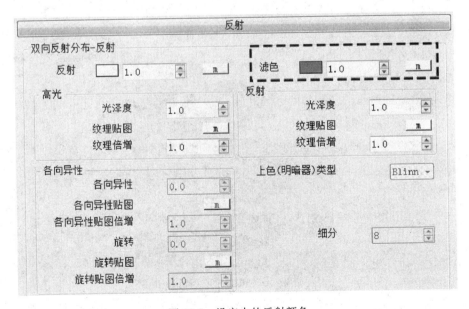

图 18-7　设定水的反射颜色

材质在不同面上的材质质感、纹理、尺寸。

（2）在打开的对话框中选择要引入的材质的名称。本例为"Sculpture_Gray_

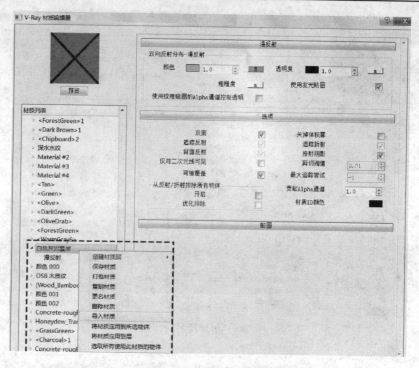

图 18-8　引入替换材质

图 18-9

Dot",按"打开"后即完成材质的替换(图 18-10)。

　　3.应用默认参数的 V-Ray 渲染场景。按 ,打开"输出"面板,修改"输出尺

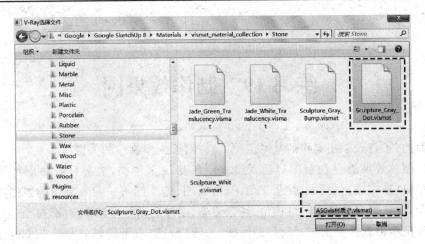

图 18-10　选拔引入的 ASGvis 材质

寸",其中尺寸除了可以用默认的常见尺寸外,也可以直接输入应用更大尺寸来渲染 (图 18-11)。按 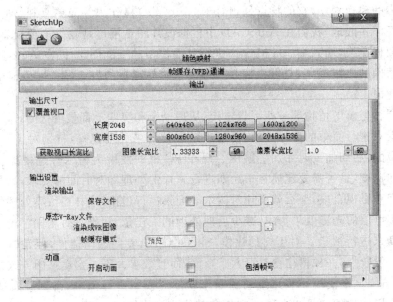,渲染自动开始。彩图 15 中的水面是 SketchUp 中的材质,彩图 16 中的水面是按上面步骤调整后的效果。

图 18-11　设定输出尺寸大小

练习 19 制作效果图

目的:了解效果图制作的基本流程,加深对于模型制作的认识。

1.园林效果图一般制作过程。园林图包括很多种类,大部分线条图都可以用AutoCAD 来完成,包括平面图、立面图、剖面图、施工图等。而效果图的制作相对比较复杂,大致可分为建立三维模型、场景渲染、图像后期处理三个步骤,整个过程中要组合使用多种软件。出于对软件的性能、来源、价格、参考资料的获得及兼容性等方面考虑,对于 PC 机园林设计用户,最为优化的组合是:用 AutoCAD 做平面,Sketch-Up 建模和指定材质贴图、渲染,Photoshop 进行图像后期处理。这种组合与建筑业的设计者应用的软件是一样的。

(1)建模。建模最为常用的软件是 AutoCAD 和 SketchUp。AutoCAD 是以精确著名,其精度可以满足航天飞机的制造,可用于建造复杂的结构;SketchUp 也是一个强有力的建模程序,它的特点是相对于 AutoCAD 操作更为简单直观,创建和修改功能方便。一般地,我们在 AutoCAD 中根据设计图纸准确地建立主要模型的平面,再通过数据交换,输入到 3ds Max 中进行其他模型的三维创建,即在 AutoCAD 中快速建立精确的二维线条,充分发挥其二维线条容易编辑的特点,用 SketchUp 拉伸进行三维建模。

在园林建模中植物等一些配景建模,从理论上和实践上都是可行的;但实际应用中对配景只进行简单的型体建模,再通过贴图技巧来处理完善,特别对于树木,常常是不建模的,后期加工时才加上贴图。现在 PC 机的发展为树木等建模提供了更大的空间和速度,是否需要建模在于后期进行怎样的处理和对时间的要求,如果要进行动画处理和影视合成,那么就必须对树木等配景进行建模,这样在渲染处理中可取得非常真实可信的光影效果,并且减少后期处理的工作量,特别是对于同一场景从不同透视角度来进行渲染。对于树的建模,SketchUp 有专门的树插件,但是树木的模型数据量一般较大,一棵树往往是五六千个面,而且效果并不一定比贴图方式好。

(2)渲染。常使用一些三维动画制作软件对模型进行渲染,得到静态图像或动画。最常用的软件即是 3ds Max 软件或其他渲染软件(如 V-Ray)。3ds Max 提供了强大的材质制作和编辑功能,它不仅可以创建现实生活中各种真实的材质,也可以创建虚幻的材质,经过精心的创建设计可真实再现设计模型的各种质感和特性。准确创建材质的一个关键技术就是准确地将位图和模型的编辑修改器对齐,并有合适的比例及相应的材质特性。当对模型设置好灯光、设定透视角度并赋予材质后,就可以让计算机来渲染场景。手工效果图的图幅从一开始就必须确定,计算机效果图的图幅在渲染前确定,由渲染时所设定的像素尺寸决定。

(3)后期处理。后期处理过程与手绘效果图的最后调整润色过程是一样的,它是把由渲染处理阶段所得的影像文件进行润色加工、调整。对园林效果图来说主要是进行配景和背景的必要添加、修改,是所有工作中最重要的一步,耗时相对比较长。应用的软件主要是 Photoshop 软件,它是最为优秀的平面图像处理软件。配景的透视角度(如植物的透视效果)是相对于渲染所得的影像中的透视角度,依其透视规律和经验将决定插入的配景,进行大小、方向、位置和色彩的调整而得到,需要精心地工作。

在生成效果图时需要大量配景素材,与其他类型的效果图一样,园林效果图中的配景文件通过 4 种途径获得:①图库文件,市面上有许多含各种配景的软件商品,可供选购;②通过扫描仪扫描获得书刊图片中相关配景的图片资料,然后在 Photoshop 中加工得到;③通过数码相机直接从现实中拍摄获得;④自己制作,可用一些专用绘图软件,自己制作或建造。也可以从互联网上获得一些共享资源。

进行后期处理时要充分利用 Photoshop 的分层功能,把不同配景图像分别放置在不同层上,由于对一个层上的图像进行操作不影响其他层,因此当设计者对效果图中某些局部不满意时,可以非常方便地进行修改。另外 Photoshop 强大的滤镜插件,能方便地为配景加上阴影、倒影,调节其饱和度、清晰度、色彩等,使整个画面更加优美,富有艺术的魅力。园林效果图还强调表现环境的真实性,设计者可以用数码相机拍摄下设计的实际环境,再与效果图进行合成,能直观真实地再现竣工后真实场景的效果。当然这一步也可以在 3ds Max 中的摄像机匹配中完成。

2.本练习通过做一个树荫广场的环境效果,来实践做一个效果图全部的过程,从而熟悉效果的制作流程和一些技巧。步骤如下:

(1)用 AutoCAD 或 3ds Max 建立广场上的铺装、围树椅、亭的模型,并加入灯光和摄像机,彩图 17 为建立好的模型。

(2)对各个对象进行贴图,进行进一步调整。用 3ds Max 渲染摄像机视窗,并保存为 tif 格式文件。渲染效果如彩图 18 所示。

(3)在 Photoshop 里打开上一步保存的文件,去除渲染效果图里的黑色背景,可以用魔棒选择,最好用通道调板中的工具转换成选区,再去除,这样比较准确。去除黑色背景后效果如彩图 19 所示。

(4)选择一张透视合适的背景图像,放在最底层作为背景。这时要注意相交的边缘是否很明显,若明显则要用绘图工具进行加工,一般背景比较模糊,可以是透明的,要符合透视,背景与前景相结合,结果如彩图 20 所示。

(5)选择合适的树木形式,如彩图21所示,进行"植树"活动,用粘贴的方法,使场景比较真实,这时要注意透视的变化,前大后小,近大远小,应该符合透视规律,由于是同一种树,所以在贴的时候要适当改变树的颜色、大小、形状,以避免太强的重复感,同时对树进行阴影的粘加,在做阴影时,一般要用专门图层,以便做出透明的效果。本例阴影很淡,透明度比较大,结果如彩图22所示。

(6)进一步进行较细致的加工,对草地等空白处进行粘贴,这时应有一定的目的性,加上前景花卉,在粘贴时要注意色彩的搭配、明暗的关系、阴影的关系,结果如彩图23所示。

(7)最后加上一些人物、鸽子等小配景来丰富构图,最后效果图如彩图24所示。

彩图25、彩图26也是同类的方法来处理彩色平面图和效果图,无论何种平面,还是效果图制作,流程基本是一样的,差异在色彩的应用、构图的处理及图面的艺术效果。

练习 20　图册练习

设计方案、施工图方案或者最终成果,往往会以图册的形式给甲方审阅,因此图册是园林设计过程中极为重要的媒介,好的图册形式会给人留下深刻的印象,彰显设计能力且有助于设计方案本身的表达。一般图册大小以 A3(420 mm×297 mm)图幅为多,一般包括图册封面、扉页、目录、内图图框。图册封面一般包括项目名称、设计单位、设计时间和一些关键表达的理念,可以用适当的图形来帮助表达;扉页一般包括单位及设计人的信息;目录是整个图册的构成内容,是了解设计构成的主要页面;内图图框是一个标准图框形式,一般可以包括页面的主题、设计项目名称、设计单位名称等,包括一些 LOGO 之类。总之,不拘泥于形式,但一定要表达出设计感和设计内容(图 20-1 至图 20-4)。

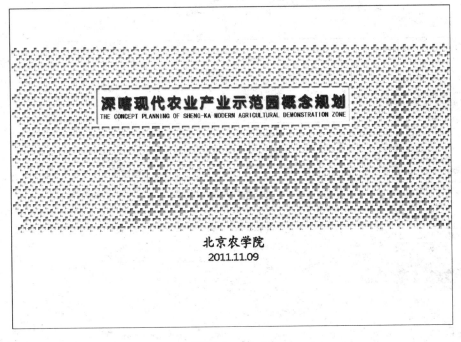

图 20-1　封　面

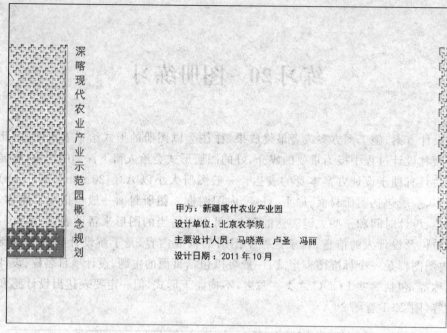

甲方：新疆喀什农业产业园
设计单位：北京农学院
主要设计人员：马晓燕　卢圣　冯丽
设计日期：2011 年 10 月

图 20-2　扉　页

图 20-3　目　录

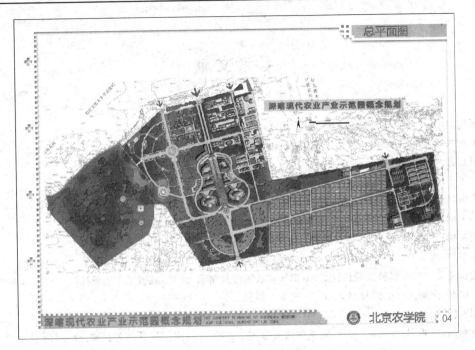

图 20-4　内　框

参考文献

郭伟. 1998. Photoshop 滤镜插件精粹. 北京：北京航空航天大学出版社.

韩振兴. 2010. SketchUp 与景观设计. 武汉：华中科技大学出版社.

胡仁喜. 2013. AutoCAD 2013 中文版从入门到精通. 北京：机械工业出版社.

胡卫军. 2013. 完全掌握——Photoshop CS 6 白金手册. 北京：清华大学出版社.

李波，师天锐. 2013. AutoCAD 2013 园林景观设计实战从入门到精通. 北京：人民邮电出版社.

李金明，李金荣. 2012. Photoshop 专业抠图技法. 北京：人民邮电出版社.

刘晓彬. 1998. Photoshop 特效滤镜大全图解. 北京：电子科技大学出版社.

鲁英灿，康玉芬. 2011. 设计大师 SketchUp 提高（第 2 版）. 北京：清华大学出版社.

麓山文化. 2010. 园林景观设计 SketchUp 8 从入门到精通. 北京：机械工业出版社.

马晓燕，卢圣. 1998. 园林制图. 北京：气象出版社.

谭俊鹏，边海. 2010. Lumion/SketchUp 印象三维可视化技术精粹. 北京：人民邮电出版社.

唐海玥，白峻宇，李海英. 2011. 建筑草图大师 SketchUp 7 效果图设计流程详解. 北京：清华大学出版社.

附录一 Photoshop 的常用快捷方式

默认快捷方式

F1	帮助
F2	剪切
F3	拷贝
F4	粘贴
F5	隐藏/显示画笔调板
F6	隐藏/显示颜色调板
F7	隐藏/显示图层调板
F8	隐藏/显示信息调板
F9	隐藏/显示动作调板
F12	恢复
Shift—F5	填充
Shift—F6	羽化
Shift—F7	选择＞反选

工具箱快捷方式

移动工具	V
矩形、椭圆选框工具	M
套索、多边形套索、磁性套索	L
快速选择工具、魔棒工具	W
裁剪、透视裁剪、切片、切片选择工具	C
吸管、颜色取样器、标尺、注释、123 计数工具	I
污点修复画笔、修复画笔、修补、内容感知移动、红眼工具	J
画笔、铅笔、颜色替换、混合器画笔工具	B
仿制图章、图案图章工具	S
历史记录画笔工具、历史记录艺术画笔工具	Y
橡皮擦、背景橡皮擦、魔术橡皮擦工具	E
渐变、油漆桶工具	G
减淡、加深、海绵工具	O

文件快捷方式

新建图形文件	Ctrl＋N
用默认设置创建新文件	Ctrl＋Alt＋N
打开已有的图像	Ctrl＋O
打开为…	Shift＋Ctrl＋Alt＋O
关闭当前图像	Ctrl＋W
保存当前图像	Ctrl＋S
另存为…	Ctrl＋Shift＋S
存储为 Web 所用格式	Ctrl＋Alt＋Shift＋S
打印	Ctrl＋P
打开"预置"对话框	Ctrl＋K

工具箱工具应用基本技巧：

（1）图标右下角上有小三角的按钮，表明还有其他工具在里面，可以在单击时按住 Alt 键或在按快捷键同时按住 Shift 键来切换里面的工具。

（2）Alt＋鼠标左击或 Shift＋按快捷键可循环选择隐藏的工具（裁剪工具、直接选择工具、添加/删除锚点工具除外）。

（3）连按工具图标或选择工具后按 Return 键显示其选项面板。

（4）双击显示关联菜单。

（5）按 Shift 键限制拖移或绘制为直线或 45°的倍数。

（6）按 Caps Lock 键使用画笔和磁性工具的精确十字线。

选择快捷方式

钢笔、自由钢笔、添加锚点、删除锚点、转换点工具	P
横排文字、直排文字、横排文字蒙版、直排文字蒙版	T
路径选择、直接选择工具	A
矩形、圆角矩形、椭圆、多边形、直线、自定义形状工具	U
抓手工具	H
旋转视图工具	R
缩放工具	Z
默认前景色和背景色	D
切换前景色和背景色	X
切换标准模式和快速蒙版模式	Q
标准屏幕模式、带有菜单栏的全屏模式、全屏模式	F
临时使用移动工具	Ctrl
临时使用吸色工具	Alt
临时使用抓手工具	空格

续表

打开工具选项面板	Enter
快速输入工具选项（当前工具选项面板中至少有一个可调节数字）	0～9
循环选择画笔	［或］
选择第一个画笔	Shift＋［
选择最后一个画笔	Shift＋］
建立新渐变（在"渐变编辑器"中）	Ctrl＋N

编辑快捷方式

还原/重做前一步操作	Ctrl＋Z
还原两步以上操作	Ctrl＋Alt＋Z
重做两步以上操作	Ctrl＋Shift＋重做/取消 Ctrl＋Z
全部选取	Ctrl＋A
取消选择	Ctrl＋D
重新选择	Ctrl＋Shift＋D
羽化选择	Shift＋F6
反向选择	Ctrl＋Shift＋I
路径变选区	数字键盘的 Enter
载入选区	Ctrl＋点按图层、路径、通道面板中的缩略图滤镜
按上次的参数再做一次上次的滤镜	Ctrl＋F
退去上次所做滤镜的效果	Ctrl＋Shift＋F
重复上次所做的滤镜（可调参数）	Ctrl＋Alt＋F

视图快捷方式

显示彩色通道	Ctrl＋2
显示单色通道	Ctrl＋数字
以 CMYK 方式预览（开关）	Ctrl＋Y
放大视图	Ctrl＋＋
缩小视图	Ctrl＋－
满画布显示	Ctrl＋0
实际像素显示	Ctrl＋Alt＋0
左对齐或顶对齐	Ctrl＋Shift＋L
中对齐	Ctrl＋Shift＋C
右对齐或底对齐	Ctrl＋Shift＋R
左/右选择	1
下/上选择	1

绘图快捷方式

重做/取消	Ctrl+Z
剪切选取的图像或路径	Ctrl+X 或 F2
拷贝选取的图像或路径	Ctrl+C
合并拷贝	Ctrl+Shift+C
将剪贴板的内容粘到当前图形	Ctrl+V 或 F4
将剪贴板的内容粘到选框中	Ctrl+Shift+V

变换快捷方式

自由变换	Ctrl+T
应用自由变换(在自由变换模式下)	Enter
从中心或对称点开始变换(在自由变换模式下)	
限制(在自由变换模式下)	Shift
扭曲(在自由变换模式下)	Ctrl
取消变形(在自由变换模式下)	Esc
自由变换复制的像素数据	Ctrl+Shift+T
再次变换复制的像素数据并建立一个副本	Ctrl+Shift+Alt+T

图像调整快捷方式

删除选框中的图案或选取的路径	DEL
用背景色填充所选区域或整个图层	Ctrl+Backspace 或 Ctrl+Del
用前景色填充所选区域或整个图层	Alt+Backspace 或 Alt+Del
弹出"填充"对话框	Shift+Backspace
从历史记录中填充	Alt+Ctrl+Backspace
调整色阶	Ctrl+L
自动调整色阶	Ctrl+Shift+L
打开"曲线调整"对话框	Ctrl+M
打开"色彩平衡"对话框	Ctrl+B
打开"色相/饱和度"对话框	Ctrl+U
去色	Ctrl+Shift+U
反相	Ctrl+I

图层工具快捷方式

从对话框新建一个图层	Ctrl+Shift+N
以默认选项建立一个新的图层	Ctrl+Alt+Shift+N
通过拷贝建立一个图层	Ctrl+J
通过剪切建立一个图层	Ctrl+Shift+J

续表

与前一图层编组	Ctrl＋G
取消编组	Ctrl＋Shift＋G
向下合并或合并连接图层	Ctrl＋E
合并可见图层	Ctrl＋Shift＋E
盖印或盖印连接图层	Ctrl＋Alt＋E
盖印可见图层	Ctrl＋Alt＋Shift＋E
将当前层下移一层	Ctrl＋[
将当前层上移一层	Ctrl＋]
将当前层移到最下面	Ctrl＋Shift＋[
将当前层移到最上面	Ctrl＋Shift＋]
激活下一个图层	Alt＋[
激活上一个图层	Alt＋]
激活底部图层	Shift＋Alt＋[
激活顶部图层	Shift＋Alt＋]

附录二 AutoCAD 常用功能键和命令缩写

F1：帮助

F2：图形窗口/文字窗口

F3：自动捕捉开/关

F4：数字化仪开/关

F5：切换各等轴测平面间循环

F6：控制状态栏上的坐标显示

F7：网格开/关

F8：正交开/关

F9：捕捉开/关

F10：极轴追踪开/关

F11：对象捕捉追踪开/关

新建：Ctrl＋N　　保存：Ctrl＋S　　剪切：Ctrl＋X　　粘贴：Ctrl＋V

打开：Ctrl＋O　　打印：Ctrl＋P　　复制：Ctrl＋C　　全选：Ctrl＋A

命　令	中文名	缩　写	命　令	中文名	缩　写
Arc	圆弧	a	dtext	单行文字	dt
Area	面积	aa	dimaligned	对齐标注	Dal
Array	阵列	ar	Dimangular	角度标注	Dan
Attdef	属性	att	dimbaseline	基线标注	Dba
			dimcenter	圆心标记	dce
Bhatch	填充	h	dimcontinue	连续标注	dco
Block	块	b	dimdiameter	直径标注	ddi
boundary	边界	bo	Dimedit	标注编辑	ded
Break	打断	br	dimlinear	直线标注	dli
			dount	圆环	Do
Chamfer	倒角	cha	dimradius	半径标注	Dra
Circle	圆	c			
color	颜色	c	Ellipse	椭圆	el
Copy	拷贝	co	Erase	删除	e
			Explode	分解	x
Ddedit	编辑文字	ed	Extend	延伸	ex
Dimstyle	标注样式	d	export	输出	exp
Dist	距离	di			
Dsviewer	鸟瞰视图	av	Fillet	圆角	f

命　令	中文名	缩　写	命　令	中文名	缩　写
Group	组	g	Redraw	重画	r
			Regen	重生成	re
Hatch	填充	h	Rotate	旋转	ro
Insert	插入	i	Scale	缩放	sc
			Setvar	变量	set
Layer	图层	la	Snap	捕捉	sn
Line	直线	l	spline	样条曲线	Spl
List	查询	li	Style	文字样式	st
			Solid	二维曲面填充	so
Matchprop	属性匹配	ma	Stretch	拉伸	s
Measure	定距等分	me	Sytle	样式	st
Mirror	镜像	mi			
Move	移动	m	Toolbar	工具栏	to
mtext	多行文字	Mt/t	Trim	修剪	tr
Offset	偏移	o	View	视图	v
Pedit	编辑多段线	pe	Wblock	块写文件	w
Pline	多义线	pl			
Point	点	po	Xline	构造线	xl
Pan	平移	p	Xref	外部参照	xr
Properties	特性	ch			
Purge	清除	pu	Zoom	窗口缩放	z
polygon	正多边形	pol			
Qleader	快速引注	le			
Quit	退出	exit			

附录三　一些景观软件简介

1. Amap Genesis

AMAP 是 Advanced Modeling of Architecture of Plant 的缩写。Amap Genesis 是由法国农业科学研究中心 CIRAD 研发的一款植物建模软件,几乎可以制作所有 3D 植物,也是至今世界上唯一一套包含所有 3D 植物的园林设计系统,有极好的户外效果设计和分析软件,是世界上唯一解决了植物与建筑关系的软件,可以做出任意一种植物在不同的年龄、不同的季节和不同的生境的 3D 效果,是户外设计的高端软件。该软件拥有一个庞大的植物数据库,还包括一个植物生长引擎,可以应用 GIS (地理信息系统)的三维地形编辑系统。其模型真实度很高,Amap Genesis 的 3D 植物格式必须通过插件才能与 CAD 结合。Amap Maya plugin 是 MAYA 做园林的插件;Amap Softimage plugin 是 Softimage 做园林的插件,也可以和图圣的 TSCAD－GD,AnimaTek World Builder 完美结合。应用 Amap 软件制作的各种植物模型,可以调节有关树干、树叶、四季色相变化等各种参数,也可以通过制作地形,生成完整的自然景观动画。其中一个工作界面完全版本支持 3DS(3DS VIZ、3ds Max)、OBJ (Wavefront、Softimage、Maya,Explore)、IWO(Lightwave)、DXF(AutoCAD、Artlantis)和 Amap/Orchestra 格式。利用 AMAP 做户外效果是发达国家多年来应用的普遍工作软件,然而国内所知者甚少,有必要推广。

　　Amap 插件逼真的三维植物是以植物的生态学为基础,通过观察植物的结构,获得定性的理解和植物形式、结构,然后定量的测量植物形态的数据,植物的生长有一定的随机性,通过概率分布和应用理论来描述随机过程。例如,制作一年生与十年生、山坡与湿地、向阳与庇荫等年龄和立地条件有差别的同一种树种,它体现的树貌、树姿及长势、颜色等都有差别。因为能与用户界面紧密结合,可以在图像中添加许多自然因素,如风、霜、雨、雪等,是唯一能显示不同年龄、不同生长环境的同种植物真实面貌的程序。利用它可以在画面中随着控制时间及自然条件来改变植物的形象与造型。图 1 是 Amap 软件制作的一些示意图。相关网址:http://www.cirad.fr/en。

2. AnimaTek World Builder

AnimaTak 公司的 World Builder 可以做出三维地形、水、植物、岩石等,其生成的同种植物有近似性,富于变化,用于风景园林的设计中。它可以在植物的枝、叶及其各个器官上做出以假乱真的效果,达到植物表现的目的。其地形生成可以用贴图

图 1　Amap 做的各种树木花草

法生成,也可以用画出山脊的方法来生成地表。

　　L—objects 是在 World Builder 中为满足三维建模需要的面向对象的语言,它的主要目标是针对植物建模,通过增加面向对象的特征,增强了 L—systems 的最初概念。可以说 Animatek World Builder 是制作 3D 自然景观和动画的最佳专业软件。

　　该软件支持双处理器和网络渲染,输入文件格式支持 3DS,DXF,OBJ,Vista Pro DEM,USGS DEM,VUE,LWO,LWS,MOT,AWB Poly Mesh,AWB Animation, AWB Archive;输出文件格式支持 3DS,VRML,DXF,LWO,LWS,MOT,AWB Animation,AWB Archive;插件支持 3ds Max,3DS VIZ,Lightwave,Softimage, Cinema 4D。

　　特性:①完整的流体模拟系统可以生成河流和海洋;②混合材质提供许多材质,并可通过 alpha 通道修改材质;③能建立例如干裂泥浆、破碎岩石等特殊效果的平面裂纹;④非常容易地建造房屋和旗杆等;⑤快速建立自然生长状态的树林和岩石;⑥生成的彩虹漂亮生动;⑦真 3D 瀑布、喷泉、熔岩喷发等,OpenGL 实时渲染;⑧创建不规则的边缘羽化;⑨草地能观看实际效果;⑩运用图像贴图定义植物蔓延的道路;⑪渐变贴图使贴图完美覆盖在不规则表面;⑫Lightwave 兼容;⑬简化的树木图库加快了渲染速度;⑭Frensel 水倒影更真实的效果;⑮L 系统的植物建模和脚本系统;⑯建立有体积感的 3D 云。如图 2 至图 5 是 AWB 生成的效果。相关网址:www. digi-element. com。

图 2　AWB 的贴图生成地形技术

图 3　AWB 建立的水边植物景观

3. Digimation SpeedTree

Digimation 公司开发的一套用于制作树木植物的 3ds Max 插件,能够以比较少的多边形制作出具有非常自然的外观的树木,可在极短的时间内产生大量外观逼真的树林,并且可以受到风的吹动而让树木看起来更加逼真,插件提供的 Speed Shadows 工具可以正确产生树叶的阴影。SpeedForest 工具可轻易地在各种地形或道路上产生大片的树林,支持 MAX 的 Vray 引擎等。

它除了软件包带有多种树木库外,还有一个独立的树木植物制作软件 Speed-Tree CAD,它能够编辑树木的形态、种类,树干、树枝的枝节,树叶、花朵的颜色及各

图 4　AWB 建立的水边景观

图 5　AWB 建立的森林雾气

种细致的可调参数,能够实时预览树木受灯光的各位置照射及风力吹动的效果,大大减少了在场景中调整动画的难度。SpeedTree CAD 可以在 3ds Max 之外制作完成树木,并可以以树木库的形式保存,然后由 3ds Max 调出应用。SpeedTree 是模型与贴图的综合体,树木可调控内容很翔实,树叶、花果可以以贴图的方式来模拟,功能要比同类插件 RPC 和 Forest Pro Pack 强大,这个插件的库中已经内置了多个种类的树,并且还可以随机生成树叶的贴图,让每棵树看起来不一样,在同一棵树复制时也会随机生成不同姿态的树形,可以根据地形设定树木种植高低位置等,这些都是其他插件无法做到的。如果在 3ds Max 中加入 wind 的空间扭曲,树叶会随风飘动。

　　在众多的三维软件中,建立树木一直是个大难题,但又无法回避,特别是建筑动画、游戏制作、自然景观模拟等,都需要建立大量的树木,需要更加真实自然的效果。虽然 3ds Max 有很多的树木插件,如全息模型的 RPC、Onyx Computing 的 tree

Storm、Sisyphus object 的 Druid、Tree factory 等,它们有着各不相同的特点,但共同的缺点是模型大、渲染慢、变化小,无法制作真实的动画效果。由于采用新技术,SpeedTree 做的树渲染速度很快,它很好地解决了质量与速度的问题,而且软件使用很方便,所以是三维植物建模的首选。SpeedTree 也有解决远景树的方法,可以单独做面数少的树,当然贴图的树叶可以做多一点,也可以用它本身带有的贴图片的程序,这和 Forest Pro 类似。一般地,近处的树可用 SpeedTree 做,远处的树用 Forest Pro 来生成树的群体,比较有真实感。图6、图7是软件生成的实例图,其中图6是只有4种树的小丛林,文件中只有8.6万个节点,7.7万个面,渲染时间才12秒。

图6 SpeedTree 做的4种树的小丛林

图7 SpeedTree 做的森林

4. Forest Pro

如果只是静态的树木,如大片树林,可以用 Forest Pro 做,因为它的面最少,实际是用贴图方式来模拟。如果做动画的树,Forest Pro 也很好用,动画中有摄像机自动对齐技术。所有在二维贴图生成的树可以总是朝向摄像机,但注意某些角度有可能会出现不正常的面片。因为该软件实际技术是透明贴图技术,所以面很少,要有好的效果必须有好的树贴图。可很快渲染上千棵树,是速度非常快的插件,它可以很方便地调整每种树大小的随机比例和材质,有好的体积感强的贴图可以做很好的真实感强的场景。但要注意其阴影渲染要用光线追踪才会比较好。图8即是一种柏树贴图产生的树林变化。相关网址:www. itoosoft. com。

图 8 Forest Pro 用一种树做出来的生动变化

图 9 Forest Pro 用两种树做出来的森林变化

5. Vue d'Esprit pro

一款强大的 3D 自然景观创作工具,它有着令人惊奇的渲染质量,并且有良好的使用性,是一款很不错的景观软件。

特性:①改进的工作界面和 OpenGL 引擎,工作效率高;②大气、光照和云雾系统接近自然;③透视、天体和天际物体真实;④SolidGrowth2 的植物系统,超过 30 个种类,并且通过网上升级可获得更多;⑤Solid3D 超级快速地形渲染技术;⑥自发光物体,制作各种折射、透射效果;⑦渲染速度快速;⑧Poser、TrueSpace 输入、USGS-DEM 输入、Macintosh Pict bitmap 输入/输出、Mpeg1 and Mpeg2 输出、QuickTime输出、QuickTimeVR 全景图片输出、RealMovie 输出等格式。图 10 便是软件做的总体及局部效果。相关网址:www. e—onsoftware. com。

图 10　UVE 做的自然景观

6. World Construction Set

由 3D Nature 公司出品,专业图形图像仿真、地形建模、可视化、渲染以及动画软件,是创建山水风景的专业设计软件。World Construction Set 与 Animatek World Builder 相似,但稍逊于 Animatek World Builder。支持 DECAlpha、Intel、PowerMac 等。相关网址:www.3dnature.com。

7. OnyxTree Professional

由 Onyx 公司开发的一个用于专业树木建模的软件,并可以模拟风吹树叶的效果。其 3D 植物模型仅次于 Amap,它做的树有很强的观赏性和自然氛围,作景观配景很自然。其中 Trees storm 是 OnyxTree Professional 的 3ds Max 的插件。若精通 MAX,选用 Tree storm 做园林,将是很好的选择,Onyx Tree Professional 是它与 Tree storm 的完美结合,通过 Tree storm 插件在 3ds Max 中制作树木,根据风力摇动可以模拟风吹树叶的效果。

特性:①独立运行或利用 Tree Storm MAX 插件运行;②提供 280 种基本树木模型和 140 种树叶模型,加上大量可调整的参数,可以创作出任何植物,包括树木、灌木和草本;③可以创建树木刮风效果;④保存新创建的树木模型,以再次利用;⑤输出 BMP、DXF、TGA 格式文件;⑥保存新创建的树木模型,以再次利用。

可以将 Tree storm 和 RPC 结合使用,用 Tree storm 做好树形,再做成 RPC 来用,可以提高速度(图 11)。相关网址:www.onyxtree.com。

图 11 OnyxTree Professional 做的各种树

8. Corel Bryce 3D

Metacreations 公司推出的 3D 景观创造软件,中文名为山水大师,强大的 3D 地形、环境和动画工具。可以独立创造逼真的山水景色,其界面为 MAC 风格,简单易用,可轻松做出雄伟的高山峻岭,只要置放水、树木、石头、瀑布、彩虹、天空、水草、建筑物等物件就可以构筑一幅世界级的山光水色,打开动画钮,调整物件大小、色彩、风、涟漪等参数,轻风摇曳的绿色公园、泛起阵阵涟漪的湖面、川流不息的河流、气势磅礴的瀑布、风起云涌的云彩等几乎是信手拈来、几可乱真,配上 3ds Max 透过 Z—Buffer(具 Z 轴空间资料的静态图)合成,可创造媲美侏罗纪公园的震撼效果。程式语言化的参数物件编辑系统,提供使用者更进一步的发挥,适用在广告影片、GAME 场景、多媒体光碟、建筑景观、郊野游乐设施开发规划等,唯一的限制是我们的想象力。用它制作山、水、天空的效果非常好,但有时过于亮丽,显得不太真实。

特性:支持网络渲染,利用多计算机的强劲能力来渲染一段动画或者图片;并且无限制支持系统的数量。并且支持独立于平台之上,允许 Mac 和 Windows 用户在各自的平台或者一起渲染他们的图片。Premium Rendering 选项给 Bryce 带来上一层次的质量提升。创建自然的相片级真实度的图片,带有景深、模糊反射和柔化阴影;TreeLab 制作出精美的 3D 树木。用户可以精确定义树的外观和在场景中的种树,可以定义树的分枝,可以选择超过 60 种不同树的类型。Metaballs 是一种基本的对象类型,可以允许用户快速建立和试验复杂的造型,将模型建立带入一个崭新的世界;LightLab 提供了灯光照射的精确控制。可以制作出精确、细致的灯光,随光盘提供 68 个模型插件。只要几分钟,就可以自己制作出一幅漂亮的 3D 山水图画(图 12、图 13)。

可以改变天空的颜色,编辑云、太阳、月亮、雾、薄雾、彩虹、彗星等,制造出自己想象的天空。支持众多输入输出格式。输入 3D 包括 DXF、HF、PGM、WRL、VSA、DDF 等 10 种格式,2D 的包括 JPG、BMP、TIFF、Photoshop、TARGA 等;输出格式除了上面的以外,还多了 HTML、MOV、RM 等适合网络传输的格式。相关网址:www.corel.com。

图 12　Bryce 做的雪景

图 13　Bryce 做的小景观

9. Xfrog

德国 Greenworks 公司的园林软件包，主要用于生态系统，其 MAYA 插件 FU-MANCHU 可和 Amap maya plugin 媲美。Xfrog 超强的做树插件（独立软件，有 MAX 的接口）完成各种树木和植物的建模。Xfrog 有 9 张光盘模型素材库，包括 AutumnTree、Blossoming、Europe1、Europe2、Flowers1、Flowers2、Houseplants、Mediterranean、Usa. Southwest。图 14 是其基本植物，图右侧为其光盘对应树的简介。

Greenworks 公司的 Xfrog 是一个过程化的建模、渲染、动画系统，可以用来制作有机结构的物体，并可以根据自然规则，创作出生物的生长过程动画。相关网址：www. greenworks. de。

07. 欧洲山毛榉 (Fagus sylvatica)
乔木，每年会落叶的阔叶木　形状：宽大外扩貌
原产地：欧洲（从挪威到西西里岛）
Xfrog 模型：40 m., 20 m., 8 m.；秋天的橙绿色叶子
生长环境：高山树林从海拔 600 到 1.700 公尺之间.，石灰质土壤
生长气候：凉爽，寒冷
请注意：　欧洲山毛榉是欧洲的高山树木中生长范围最广的树木之一.然而，生长速度太慢却造成了被生长迅速的云杉木取代的下场.因为阳光照射不易，山毛榉森林的的土质呈现酸性反应.山毛榉木质容易弯曲，并含有香脂.
08. 银杏 (Ginkgo biloba)
乔木，每年会落叶的银杏树　形状：宽大的圆锥形
原产地：中国（已长期灭绝于自然界中）
Xfrog 模型：30 m., 15 m., 6 m.；秋天的黄色叶子
生长环境：未知的荒地
生长气候：温和的
日本名称：Ichou.　请注意：银杏（2亿5千万年前的植物）是存在于地球上存活最久远的植物之一. 它的生殖系统过于老旧以致于现今并没有任何一种树木跟它类似(只有蕨类跟少数的其它植物跟它类似). 它已长期灭绝于自然界中，不过银杏在数千年前开始由寺庙的僧侣因其具有医学特性而栽培保护着.它对于污染具有免疫力.并且几乎免疫于现今的寄生虫害

图 14　Xfrog 的基本树木

10. Landscape Illustrator

由 LSI 软件公司出品，是绘制园林设计平面图的专业软件。由 6 个部分组成：①绘图程序：提供各种绘图工具，用于绘制设计图；使用精确的英制或米制刻度；素材库提供包括石头、路面、植物、符号等素材，可以直接贴到设计图中，并可添加个人素材库。②统计程序：对各种设计中使用的材料进行面积、数量的统计。③预算程序：利用内建的数据库，进行精确的预算。④打印预览。⑤输出图纸。⑥输出预算。图 15 是一个平面图。相关网址：www. lsisoft. com。

11. Eagle Point LANDCADD

美国的 LANDCADD 系列，是 Eagle Point Software 公司的园林景观软件产品。由数据采集、数据传送、结点定位、测量修正、表面建模、场地分析、场地规划、场地设计、基本平面、景观设计、喷灌设计、详图绘制、数量提取、植物数据库、视觉模拟等功能模块组成，各模块相对独立，相辅相成，而且为园林专业不同需求的设计人员提供了完整的选择方案，是目前最为专业的园林设计软件。这是一个很好的计算机辅助

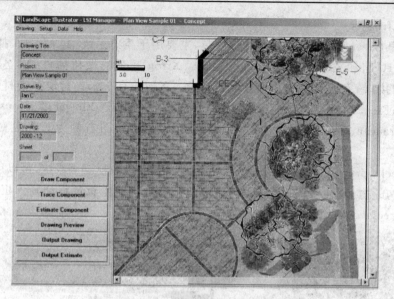

图 15　Landscape Illustrator 生成的平面图

园林设计与绘图系列专业软件,运行于 AutoCAD、MicroStation、Intellicad 等图形支撑平台上,并有独立内置平台。其功能覆盖了园林设计的所有内容,并有开放的结构体系。相关网址:www. eaglepoint. com。

12. 3D Landscape

FastTrak 公司的产品。由景观设计和电子指南两部分组成,两部分的紧密结合可以使设计者轻松完成设计工作。该软件使用极为方便,是家庭庭院入门设计的理想软件,设计完成后可实时生成三维动画,直观地观看实际效果。用于园林规划,可看作是园林规划初步可用的专用软件,其图为示意图式,远达不到效果图的档次。

它是一个不太精确的园林设计软件,但用于进行草图设计,非常方便快捷,仍不失为一个好帮手。它可快速直观地制作、修改方案;易于多方案比较,能快速直观地演进构思过程;可方便地制作大致的地形、研究光照、工程造价、植物生长等;可以多角度显示 3D 空间效果图,能省去制作透视图的时间。实践中,绿化简单分为乔木、灌木、草坪,设计有喷泉、躺椅、水池、花丛等。但不能做出真正意义上的三维真彩色树木图形,具体的几何体构筑物也只能粗糙地表现,可将 3D Landscape 的图片转入到 Photoshop 中做真彩色的处理。

13. TSCAD 图圣园林设计系统

可以说这是较好的国产园林设计软件,其特色在于中国古建优质建模,可以说是专为中国园林古建设计的,其 3D 植物模块仍需进步,植物模块远没有古建模块出色。TSCAD 图圣园林设计系统(国内软件)包含的全部图库,能直接生成施工图及

3D 模型。相关网址：www. landscapist. com。

14. 家园规划园林设计软件 HCAD

基于 AutoCAD 平台，适用于城市规划设计、村镇规划设计、小城镇设计、园林设计、工厂总图设计的专业 CAD 软件。它以 ACAD2000（2002）为图形支撑平台，所有代码都用 VC＋＋6.0 和 ObjectARX2000 编写。软件具有良好的延续性、实用性、可操作性和开放性，最大限度地满足用户的设计需要。也有不少专用模块，如绿化模块包括功能如下：草坪填充、绘制、树篱、可绘制树林，拥有数十种自定义的地面铺装图案。可以实现草坪的绘制；花的绘制；竹类的绘制；绿篱的绘制；乔灌木的绘制；绿化树的绘制。相关网址：www. homeland. com. cn。

15. Archvision RPC 插件

著名的 Archvision 公司推出的用于设置 3ds Max 场景的插件，此插件允许你在 3ds Max 场景中放置、编辑、创建、渲染由 Archvision 提供的丰富的高质量的素材库，生成的对象可以是三维动态的，可以用于动态人物、植物等的生成，轻松且方便地大量应用动态人物和植物等场景对象。其中包括 RPC 环境、汽车、人物、树、植物、房屋、办公用品、喷泉等，并且提供了 Mass populate 工具用于在场景中快速地放置大量的 RPC 素材。RPC 树库的 RPC 树木模型，可用于 Photoshop、MAYA、3D studio、Lightwave、3ds Max 等。RPC 的各种库还可以通过 RPC Creator 等软件来生成自己的素材库。相关网址：www. archvision. com。

16. ShagHair for 3ds Max

著名的 MAX 毛发制作插件，由 Digimation 公司出品，专用于制作较短的毛发和草。Shag Hair 可以产生真实的毛发效果，它不是使用几何模型来制作一根根的毛发，而是使用类似于粒子系统的特殊算法，所以渲染速度非常快。功能也非常强大，可以在模型的不同部分长出不同形态的毛发或草，通过样条曲线定义毛发的形态，毛发或草系统有自己的材质和灯光，可以快速地产生毛发间或草间的投影效果，同时支持动力学，可以真实地模拟毛发或草之间以及和模型之间的碰撞计算。更好的动力学及与 SimCloth 整合，新的毛发或草材质类型，通过速度缓冲器支持运动模糊。相关网址：www. digimation. com。

17. MAYA 与 3DS VIZ 相关部分

MAYA 是三维动画软件，曲线建模能力很强，软件有导入 3DS 模型的插件，材质模块无所不能，渲染的精细度比 Softimage 3D 的 Mental Ray 稍差，但真实感很强。Fur 与 Cloth 专做毛发和布料，有"伟大的"Paint Effect 模块，这个模块本质上为后期处理特效，可以用笔刷直接画出花草树木、雨雪，内建摇晃抖动动画，且几乎可与纯三维模型一般操作，缺点是无法导出模型及参与光线跟踪的反射折射。MAYA 的三维植物绘图相对比较形象、自然，操作简单。利用 MAYA 还可以制作人为环境的景观,如有一定株行距的人工林、绿化带等。

3DS VIZ 的 ACE Extended 中提供了 12 种树(foliage),如图 16。每一类树的高度(High)、繁茂程度(Density)、修剪程度(Pruning)可调,可以设定是否显示树叶(Leaves)、树干(Trunk)、果实(Fruit)、树枝(Branches)、花(Flowers)、根系(Roots),特别是树冠显示方式和细节呈现程度也可以参数化选择。这些树面数比较多,一般适于树种植量少的环境。

图 16   ACE Extended 中提供了 12 种树

18. Punch Architectural Series

Punch 汇聚 22 个专业程序,强大且容易使用,可以使你充分发挥想象力设计出理想中的花园别墅。工具能够创建从简单到复杂的各种物件,甚至可以在三维状态下直接修改设计,包括突破性的直接照片设计预览技术(PhotoView)和超过 2000 种植物的植物搜索引擎,可以完美完成别墅的结构设计、内部布置到花园设计等各种工作,实时三维效果技术、丰富的图库和强大的植物数据库使你的工作更专业和高效率。带有增强的编辑功能和精确尺度定义功能。

19. 3D deck

3D deck 专门用于设计别墅露台。可以设计单层和多层露台;其开放式设计与环境融为一体,单独控制每一个物体,围绕露台放置各种家具和植物;可以设置各种类型的门、窗和灯光设备;直观的实物堆砌;效果直观展示;无论是改变投影、设置栏杆、楼梯或改变露台样式,都只需要鼠标点取;可以自动计算所需材料;而且有多媒体设计指南,提供全面的使用指导。

20. Photo Garden Design

为 Sierra 公司出品的园林设计效果图软件,主要进行立面效果图制作,是一个比较优秀、便捷的效果图软件。它可以直接导入背景照片,作为效果图背景。贴图库包括动物、家具、房屋设施、汽车、娱乐设施、花架、拱门、栅栏、露台、草坪、水池、树木、灌木、草本、多年生植物等数百种。可以直接调节贴图的对比度、亮度、色调,调制出各种色彩的新贴图,展示出树木的四季变化。贴图大小可以任意调节,可以产生旋转、变形翻转等效果。也可以输入自制贴图。可以直接打印或输出 bmp、jpg 等 8 种格式的图片。

21. Design Ware Landscape

为 Design Imaging Group 公司出品,软件易用,可替代 Photoshop 做后期处理,最为出色的是自带庞大的照片级真实材质库,其中树木 330 种、灌木 530 种、植物组合 260 种、花 150 种(球状、绿篱状、攀缘状)、棕榈 70 种、沙漠植物 100 种、地被 40 种、藤蔓 20 种,每幅材质的分辨率最大 640×480 dpi,以每英寸 150 点的精度打印时,单株尺寸可达到 5～10 cm,效果图尚可。

22. The Essential Textures

为 3ds Max 的必备材质插件,Digimation 公司系列特效插件之一,共有 48 种程序式贴图(与 MAX 内建的"Cellular"、"Wood"和"Marble"等类似),可以组合出无限多种材质效果,这 48 种程序式贴图完全符合 MAX 和 VIZ 标准,可以作动画设定,并且在渲染时控制消除锯齿状的效果,使画面更精致平滑。它还能创造出各种质感,如大量倒入河中的粗糙流体、青褐色的树皮、老旧的太空船电镀表面、加上旋转的乳浆物等,可利用插件提供的不同预设值,做出很细腻的凹凸效果、不规则的碎形、有机生物的组织纹路、转场效果等。相关网址:www. digimation. com。

23. Sitni Sati DreamScape

为著名的 3ds Max 插件,它可以在 MAX 中创建并渲染出真实的地形、海洋、天空、山川、云层、户外光源及其他许多相关的效果,其新的渲染技术的使用,减少了内存的使用量,可以渲染出更大、更细致的图像。其中 Paint Elevation 功能可以让你自由地绘制地形甚至增加腐蚀的效果。除了可以自己编辑地形外,还可以输入各类标准地形资料,如 DEM、SDRS 及 Terragen。此外,插件还提供了专门处理海水材质的 Sea Material,当它和 Sea Surface 一起使用时,可以快速地制作出极真实的海水质感,包括海面的反射光、折射光、凹凸贴图、泡沫以及水底的质感。相关网址:www. afterworks. com。

24. Visual landscaping

"可视造景"是美国 Eagle Point Software 公司在 LANDCADD 的基础上推出的实用园林景观设计软件。它将二维和三维设计、渲染表现、图片处理、植物数据库、概预算统计,以及绘图工具等功能有机集成。软件使用简单,界面清晰流畅,表达直观,对于电脑初学者来说很容易入门进行设计工作。

25. VID Region

为芬兰 Viasys 公司产品,具有表面建模、植被绿化、建筑、道路等设计模块,内置100多种北欧植物模型和栅栏、灯具、游乐设备等景物。其 5.0 版具有在设计场地中行走的虚拟现实功能。

26. YLHCAD 园林绿化辅助设计绘图系统

为中国铁道建筑研究设计院开发,汉字界面。由初始化、绘图、三维转换、库维护四大模块组成。初始化自动生成图框、标题栏、指北针、网格、比例尺等;绘图模块包括种植各种树木、绿篱、树林、花草等,绘制建筑、山石、道路、水体、设施等,标记用地类型及地界,铺装指定等。三维转换模块中可以实现平立图的自由随意转换。库维护模块提供增加、删除、修改符号库功能。

27. TOSS 园林设计系统

为江苏图圣数据艺术工程有限公司出品,是绿化及景园建筑规划的工具。它屏蔽了 AutoCAD 的操作细节,使设计人员直接面向对象及问题,设计图纸与三维模型更精确、更贴近用户需要,并可以实时渲染,产生工程数据文本。面向 AutoCAD3 做深度开发,中文界面友好易用。在用户不使用系统时,应用程序不驻留内存,确保系统易于安装、运行可靠,且可与其他辅助设计软件兼容。系统支持多形式的操作视口,使用滚动条、滑动条及拖曳器等多种参数输入工具;上百种 bmp 图库,同时能切换二维与三维的显示;开放性、定制性、易用性完美结合;用户可通过系统动态生成模式、保存模式、引入图库资源或定义新的图库资源。在绿化设计中,有包括"点栽""丛植"等模式可供选择。可以一次性选择多种树木,避免了每次只能选择单个树种的痛苦。参数化的道路、水域、停车场、桥、景墙、花架、亭、挡土墙等,符合国家行业规范和东方特点,实现了东方古建筑园亭等及三维坡地等高线的生成。

28. Lumion

Lumion 是一个建筑可视化软件,是一个实时的 3D 可视化工具,用来制作电影和静帧作品,涉及的领域包括建筑、规划和设计。Lumion 的强大就在于它能够提供优秀的图像,并将快速和高效工作流程结合在一起,为你节省时间、精力和金钱。能够直接在自己的电脑上创建虚拟现实。Lumion 渲染高清电影比以前更快,大幅度降低了制作时间。视频演示可以在短短几秒内就创造出惊人的建筑可视化效果。渲染和场景创建降低到只需几分钟,从 SketchUp、Autodesk 产品和许多其他的 3D 软件包导入 3D 内容,自带 3D 模型和材质,其高速的 GPU 渲染技术,能够实时编辑 3D 场景,使用内置的视频编辑器,创建非常有吸引力的视频,输出 HD MP4 文件,立体视频和打印高分辨率图像,也支持现场演示。

Lumion 支持格式:导入 DAE、FBX、MAX、3DS、OBJ、DXF 模型和导入 TGA、DDS、PSD、JPG、BMP、HDR 及 PNG 图像。自带高质量的且庞大丰富的内容库,里

面有建筑、汽车、人物、动物、街道、街饰、地表、石头等，是人们喜欢用来表现环境的重要原因，因此在园林表现中也成了主流软件。

29. 三维园林景观设计软件"佳园"GARLAND

"佳园"软件 GARLAND 是中国建筑科学研究院软件研究所开发的三维园林景观设计软件。它采用完全自主知识产权的三维 CAD 平台，包括三维园林景观设计、二维施工图绘制、植物数据库、三维真实感渲染、二维着色表现与图像处理五大基本模块。具有三维场地设计及分析、建筑造型、种植设计、景观设计、地形数据及植物数据分析等功能。

高效自动的地形分析模块，可用直观的三维彩色图形和数据表格表现分析结果。地形改造功能可在原有地形上进行挖、填操作，并能自动统计土方量。

景观设计部分提供了各种规划设计中常用的功能，可完成各种复杂的三维建筑形体、地块、道路和园林小品的设计，并提供了丰富的三维实景图块。

专为园林设计单位开发的种植功能，以内容丰富全面的植物数据库为基础，涵盖了各类常见的种植方式。软件中包含了内容丰富的三维模型库、植物平面图示库、植物彩色图片库和二维施工图符号库。

软件提供实景漫游功能，使设计人员身临其境地感受设计方案。用户可以随时走到任何位置，动态浏览三维实景，还可以即时修改方案。

即时生成苗木统计表，自动统计种植结果，高效准确，节省大量精力和时间。功能强大的植物数据库管理模块，容纳了数千种植物的生长特性、观赏特性、生态适应性、环境条件和用途等属性信息，提供了查看、添加、修改、删除、查找、归类、输出等选项，并能将查找结果生成子数据库，适合不同城市和地区的需要。

简便实用的施工图绘制模块、丰富的绘图和编辑菜单、专业的标注功能，能满足设计人员的各种绘图要求。

软件自带的渲染功能，可即时将设计结果渲染生成精美的彩色真实感效果图。它包含调整相机、布置光源、修改材质、纹理贴图等多项功能，操作直观简便，渲染速度快、质量高。软件新增的动画录制功能，可即时制作各种路径动画。

软件可兼容多种其他软件的文件格式，包括 AutoCAD 的 DWG 文件、3DS 文件、三维建筑设计软件 APM 的 T 文件、建筑造型和装修设计软件 DEC 的 DDD 文件等。

30. 中国古典建筑设计软件 GUCAD

为中国建筑科学研究院软件研究所开发的全自主版权的纯中文三维图形平台，集 AutoCAD 和 3ds Max 常用功能于一体；以中国古典建筑的各种营造法式和做法则例为依据，将其中规律编入计算机程序，自动生成各类古建模型；采用数据库管理，设计人员可随意调整式样、间数、尺寸、纹理等参数。

建筑形式包括庑殿、重檐、歇山、硬山、悬山、山门、垂花门、楼、阁、塔、榭、亭子、牌楼、影壁、游廊、墙、花窗等。可提供丰富的古建模型和小品库;真实感动态浏览,自带渲染和动画功能;可绘制平、立、剖面施工图;自动生成结构分析数据,可接力 PKPM 结构软件,完成结构设计。

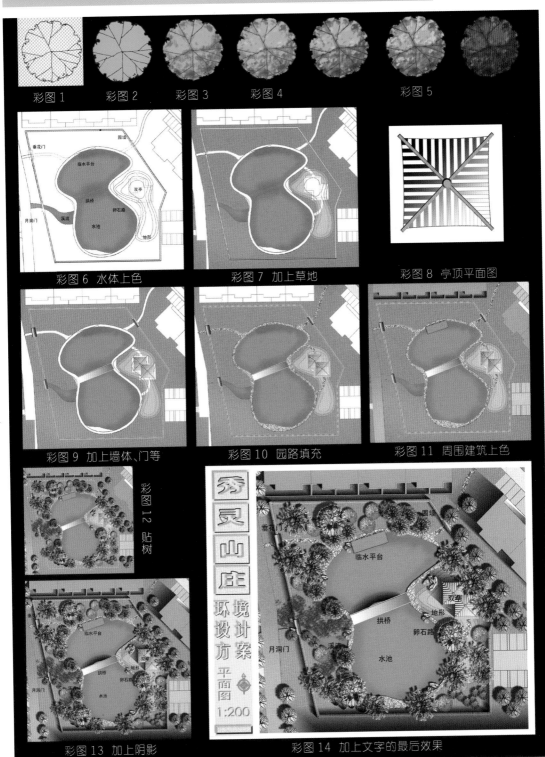

彩图 1　彩图 2　彩图 3　彩图 4　彩图 5

彩图 6　水体上色

彩图 7　加上草地

彩图 8　亭顶平面图

彩图 9　加上墙体、门等

彩图 10　园路填充

彩图 11　周围建筑上色

彩图 12　贴树

彩图 13　加上阴影

彩图 14　加上文字的最后效果

彩图 15

彩图 16

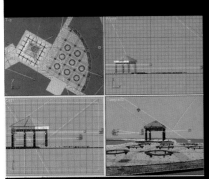

彩图 17 场景模型

彩图 18 模型渲染结果

彩图 19 去除黑背景色

彩图 20 添加背景

彩图 21 贴图用树

彩图 22 贴加树木

彩图 23 添加前景

彩图 24 最后效果

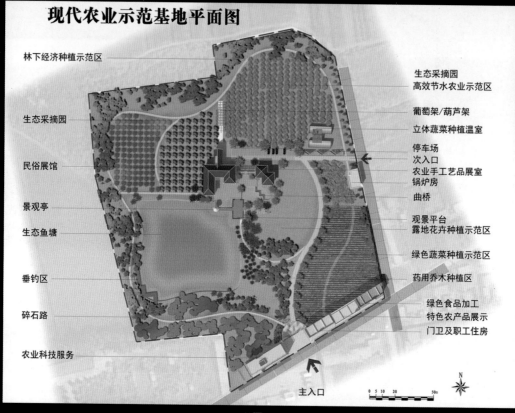

现代农业示范基地平面图

林下经济种植示范区

生态采摘园

民俗展馆

景观亭

生态鱼塘

垂钓区

碎石路

农业科技服务

生态采摘园
高效节水农业示范区

葡萄架/葫芦架

立体蔬菜种植温室

停车场
次入口
农业手工艺品展室
锅炉房
曲桥

观景平台
露地花卉种植示范区

绿色蔬菜种植示范区

药用乔木种植区

绿色食品加工
特色农产品展示
门卫及职工住房

主入口

彩图 25

现代农业示范基地鸟瞰图

彩图 26